谨以此书献给我的妻子 Laura，她照料了我的一切；我的女儿艾莉，祝你旅途愉快；我的儿子泰勒，欢迎回来。

——克里斯·斯皮尔

　　谨以此书献给我的妻子卡罗琳，她对"我需要写这本书"的要求充满耐心；也献给我蹒跚学步的儿子卢卡，他总能带给我快乐的时光。

——格雷格·图姆布斯

验证

SystemVerilog

测试平台编写指南

（原书第三版）

〔美〕克里斯·斯皮尔 格雷格·图姆布斯 著

张 春 译

科学出版社

北京

图字：01-2022-1739号

内 容 简 介

本书讲解了SystemVerilog Testbench强大的验证功能，清楚地解释了面向对象编程、约束随机测试和功能覆盖的概念。本书涵盖SystemVerilog所有验证结构，如类、程序块、随机化和功能覆盖等，并通过超过500个代码示例和详细解释，说明了学习多态性、回调和工厂模式等概念的内部工作原理。此外，本书提供了数百条指导原则，为全职验证工程师和学习这一技能的读者提供帮助，让读者可以更高效地使用这种语言，并解释了常见的编码错误，以便读者可以避免这些陷阱。

本书可供具有一定Verilog编程基础的工程技术人员参考阅读，也可作为高等院校电子类、自动化类、计算机类师生的参考用书。

图书在版编目（CIP）数据

SystemVerilog验证：测试平台编写指南：原书第三版/(美)克里斯·斯皮尔(Chris Spear)，(美)格雷格·图姆布斯(Greg Tumbush)著；张春译.—北京：科学出版社，2023.3（2024.8重印）

书名原文：SystemVerilog for Verification: A Guide to Learning the Testbench Language Features (Third Edition)

ISBN 978-7-03-072746-6

Ⅰ.①S… Ⅱ.①克… ②格… ③张… Ⅲ.①硬件描述语言–程序设计 Ⅳ.①TP312

中国版本图书馆CIP数据核字（2022）第123675号

责任编辑：孙力维 杨 凯 / 责任制作：魏 谨
责任印制：吴兆东 / 封面设计：张 凌

科学出版社 出版
北京东黄城根北街16号
邮政编码：100717
http://www.sciencep.com
天津市新科印刷有限公司印刷
科学出版社发行各地新华书店经销
*
2023年3月第 一 版　　　开本：787×1092　1/16
2024年8月第二次印刷　　印张：27
字数：628 000
定价：98.00元
（如有印装质量问题，我社负责调换）

前　言

本书的内容

本书可以作为学习 SystemVerilog 验证语言的第一阶段读物。本书描述了语言的工作原理并且包含了很多例子，这些例子演示了如何使用面向对象编程（OOP）的方法建立一个基本的、由功能覆盖率驱动并且受约束的随机分层测试平台。本书在创建测试平台方面有很多引导性的建议，能够帮你弄清楚如何以及为什么要使用类、随机化和功能覆盖率。一旦你掌握了这门语言，就可以通过参考文献中列举的方法学方面的书籍来学习关于建立测试平台的更多信息。

本书的目标读者

如果你要创建测试平台，那么本书可以提供必要的内容。如果你只用过 Verilog 或 VHDL 编写测试而现在想学习 SystemVerilog，那么本书可以教会你使用新的语言特性。Vera 和 Specman 的用户可以学到如何把一种语言同时用在设计和验证上。如果你读过 SystemVerilog 的语言参考手册，你会发现它里面塞满了各种语法，但却没有任何关于结构选择方面的引导。

克里斯写这本书的目的在于，就像很多客户一样，在以前的职业生涯中，他一直都使用 C 和 Verilog 这样的语言来编写测试，所以当面向对象编程（OOP）语言出现以后，就必须一切从头学起。几乎所有典型的错误他都碰到过，所以把它们都写下来，这样你就可以不用再犯同样的错误了。

在读本书之前，你应该能熟练地使用 Verilog-1995。而有关 Verilog-2001、SystemVerilog 设计结构和有助于理解本书概念的 SystemVerilog 断言知识都不是必需的。

第三版新增的内容

相比于 2006 年和 2008 年出版的前两版，第三版《SystemVerilog 验证》有很多改进。

- 我们的大学需要培训未来的验证工程师。本书适用于学术环境，每章末尾都有练习题，以测试你的理解能力。

- 合格的讲师应访问 http://extras.springer.com 以获取更多的资料，例如，幻灯片、测验、作业、解答，以及适合一学期课程的教学大纲样本。

- 2009 版本的 IEEE 1800 SystemVerilog 语言参考手册（LRM）中有很多大大小小的变化。本书尽量把相关的最新信息包括进来。

- Accellera 利用 VMM（验证方法手册）、OVM（开放验证方法学）、eRM（e 重用方法学）和其他方法学的思想创建了 UVM（通用验证方法学）。本书的许多例子都基于 VMM，因为对于验证新手来说，它的显式调用更容易理解。本书提供了新的例子以展示 UVM 概念，例如，测试注册表和配置数据库。

- 当寻找一个特定的主题时，工程师喜欢从索引开始向后查找，所以我们增加了条目的数量。

- 最后，特别感谢那些向我提建议的读者，他们指出了前两版中存在的错误，从低级的语法错误到代码错误，那些问题代码显然是在我刚刚结束从亚洲到波士顿长达 18 小时的飞行之后的那个早上，甚至是刚刚给孩子换过尿布之后写下来的。新版本经过了多次校验和复查，但我必须再次声明，所有错误都应归咎于我们。

创建 SystemVerilog 的原因

在 20 世纪 90 年代末，Verilog 硬件描述语言（HDL）成为描述硬件仿真和综合方面应用最广泛的语言。但是，被 IEEE 定为标准的最初两个版本（1364-1995 和 1364-2001）中只有一些简单的结构可以用于创建测试。它们的验证能力无法满足设计规模的增长，所以后来出现了商用的硬件验证语言（HVL），例如，OpenVera 和 e 语言。那些不愿意购买商用验证工具的公司只能花费大量人力创建自己的验证工具。

生产能力方面的危机以及设计技术方面的类似问题催生了 Accellera，它是一个由公司和用户共同组建的联盟，旨在创建下一代的 Verilog。来自 OpenVera 语言的捐赠构成了 SystemVerilog 作为 HVL 的基础。Accellera 的目标最终于 2005 年 11 月达成，IEEE 采纳了 IEEE 1800-2005 SystemVerilog 标准。2009 年 12 月，最新的 Verilog LRM 1364-2005 与前述的 2005 SystemVerilog 标准合并，成为 IEEE 1800-2009 SystemVerilog 标准。这两个标准的合并意味着现在有一种语言 SystemVerilog，可以同时用于设计和验证。

统一语言的重要性

验证通常被认为是一种从根本上有别于设计的行为。这种区分导致出现了一些专注于验证语言开发的活动，同时也使得验证工程师和设计工程师在原则上产生了重大分歧，甚至使他们的沟通出现了障碍。SystemVerilog 较好地解决了这一问题，它的语言特性是两个阵营都能接受的。两边的工程师们都不用放弃自己赖以成功的优势，同时，设计和验证工具在语法和语义上的统一又便利了他们的沟通。例如，一个设计工程师即使无法编写面向对象的测试平台环境，也很容易读懂一个这样的测试并明白其内容，这使得设计工程师和验证工程师可以在一起鉴别和解决问题。同样地，设计者明白自己模块的工作原理，他是为模块编写断言的最优人选，但验证工程师在创建模块间的断言方面可能会有更宽的视野。

把设计、测试平台和断言结构集中到一种语言里的另一个好处是，测试平台可以更容易地访问环境中的所有部分，而不需要采用专门的应用编程接口（API）。硬件验证语言（HVL）的价值在于它能够创建高层次、高灵活度的测试，而不在于它的循环结构或者声明风格。SystemVerilog 的基础正是那些工程师长期使用的 Verilog、VHDL 和 C/C++ 结构。

方法学的重要性

学习一门语言的语法与学习使用一种工具有一些不同。本书介绍的验证技术，专注于使用受约束的随机测试，利用功能覆盖率来衡量进度并指导验证。随着章节的展开，语言和方法学的特性会同时呈现。有关方法学的更多内容，可以参考 Bergeron et al.(2006)。

SystemVerilog 最有意义的优点在于，它允许用户在多个项目中使用连续的语法来构造可靠并且可重复的验证环境。

本书概要

SystemVerilog 语言包含设计、验证、断言和其他方面的很多特性。本书的内容主要集中在用于验证设计的结构上。使用 SystemVerilog 可以有很多种解决问题的途径。本书解释了各种解决方案之间的折中。

第 1 章验证导论，列出了各种验证技术，可作为学习和使用 SystemVerilog 语言的基础。这些引导性的建议强调在分层测试平台环境下由覆盖率驱动的随机测试。

第 2 章数据类型，涵盖了新的 SystemVerilog 数据类型，如数组、结构体、枚举类型、压缩变量和压缩结构。

第 3 章过程语句和子程序，展示了新的过程语句以及在任务和函数上的一些改进。

第 4 章连接设计和测试平台，展示了新的 SystemVerilog 验证结构，例如，程序块、接口和时钟块，以及如何使用它们来建立测试平台并且把测试平台连接到待测设计上。

第 5 章面向对象编程基础，介绍了面向对象编程，解释了如何创建类、构造对象以及使用句柄。

第 6 章随机化，展示了如何使用 SystemVerilog 中受约束的随机激励产生机制，包括很多技术和样例。

第 7 章线程以及线程间的通信，展示了如何在测试平台中创建多线程，并且使用线程间的通信机制来实现线程间的数据交换以及同步。

第 8 章面向对象编程的高级技巧指南，展示了如何使用面向对象编程来建立分层测试平台，以使得测试平台构件能被所有测试所共享。

第 9 章功能覆盖率，解释了不同类型的覆盖率以及如何使用功能覆盖率来衡量验证计划的进展。

第 10 章高级接口，展示了如何使用虚拟接口来简化测试平台代码，连接多个设计配置，以及使用过程代码创建接口，使得测试平台和设计可以在一个更高的抽象层次上工作。

第 11 章完整的 SystemVerilog 测试平台，展示了在第 8 章的引导下创建的一个受约束的随机测试平台。用了几个测试的例子来说明如何在不修改原来代码的情况下扩展测试平台的行为，当然这些做法都带有引入新漏洞的风险。

第 12 章 SystemVerilog 与 C/C++ 语言的交互，描述了如何使用直接编程接口把 C 或 C++ 代码与 SystemVerilog 连接起来。

本书使用的图标

表示验证方法学，用于引导你使用 SystemVerilog 测试平台的特性

表示代码编写中常见的错误，例如，语法错误、逻辑问题、线程方面的问题

关于作者

克里斯·斯皮尔（Chris Spear）在 ASIC 设计和验证领域工作了 30 年。他在数字设备公司（DEC）开始了自己的职业生涯，担任 DECsim 的 CAD 工程师，连接了有史以来的第一台 Zycad 设备。作为 VAX 8600 的硬件验证工程师，设计硬件行为仿真加速器。然后他转到 Cadence 公司，担任 Verilog XL 的应用工程师，随后在 Viewlogic 工作了一段时间。Chris 目前在 Synopsys 公司担任验证顾问，这是他十几年前创造的头衔。他编写了本书（*SystemVerilog for Verification*）的第一版和第二版。克里斯于 1981 年在康奈尔大学获得学士学位。业余时间，克里斯喜欢骑公路自行车，和妻子一起旅行。

格雷格·图姆布斯（Greg Tumbush）在 ASIC 和 FPGA 设计验证领域工作了 13 年。

他在空军研究实验室（AFRL）进行研究工作，后来在科罗拉多州的 Astek 公司担任首席 ASIC 设计工程师。随后在 Starkey Labs、AMI Semiconductor 和 ON Semiconductor 工作了 6 年，是 SystemC 和 SystemVerilog 的早期采用者。2008 年，格雷格离开了 ON Semiconductor，成立了 Tumbush Enterprises，在设计、验证和后端领域为客户提供咨询，以确保首次测试成功通过。他有一半的时间在科罗拉多大学担任讲师，教授研究生和高年级本科生的数字设计和验证课程。他有许多出版物，可以在 www.tumbush.com 上找到。格雷格于 1998 年在辛辛那提大学获得博士学位。

最后的说明

如果你想了解有关 SystemVerilog 和验证方面的更多信息，可以在 http://chris.spear.net/systemverilog 找到很多资源。这个网站中有本书大部分例子的源代码。想要在课堂上使用这本书的学者可以访问 http://extras.springer.com，获取幻灯片、代码、作业、答案和教学大纲样本。

大多数例子在 Synopsys 的 Chronologic VCS、Mentor 的 QuestaSim 和 Cadence 的 Incisive 上验证过。如果你认为在本书中找到了错误，请登录网站中的勘误页面进行核查。如果你是在某一章中第一个发现技术方面错误的人，那么你将得到一本我们亲笔签名的免费赠书。请在电子邮件的标题行注明"SystemVerilog"。

克里斯·斯皮尔
格雷格·图姆布斯

致　谢

我们感谢所有帮助过我们学习 SystemVerilog 以及审阅过本书的人，他们为此付出了大量的时间。尤其要感谢 Synopsys 和 Cadence 公司所有员工的支持，感谢 Mentor Graphics 公司通过 Questa Vanguard 项目给与 Questa 许可的支持。感谢 Cadence 公司的 Tim Plyant，帮助我们检查了上百个示例代码。

特别感谢 Mark Azadpour, Mark Barrett, Shalom Bresticker, James Chang, Benjamin Chin, Cliff Cummings, Al Czamara, Chris Felton, Greg Mann, Ronald Mehler, Holger Meiners, Don Mills, Mike Mintz, Brad Pierce, Tim Plyant, Stuart Sutherland, Thomas Tessier, Jay Tyer, Brent Nelson 教授和他的学生们，他们审阅了非常粗糙的草稿并提出很多改进意见。当然，所有错误归咎于我们。

Janick Bergeron 激发了我的灵感，并提供了无数的验证技术和高品质的审稿。没有他的指导，本书不可能成稿。

下列人员指出了第二版本中的错误，并且就本书的改进提出了非常有价值的建议：Alok Agrawal, Ching-Chi Chang, Cliff Cummings, Ed D´Avignon, Xiaobin Chu, Jaikumar Devaraj, Cory Dearing, Tony Hsu, Dave Hamilton, Ken Imboden, Brian Jensen, Jim Kann, John Keen, Amirtha Kasturi, Devendra Kumar, John Mcandrew, Chet Nibby, Eric Ohana, Simon Peter, Duc Pham, Hani Poly, Robert Qi, Ranbir Rana, Dan Shupe, Alex Seibulescu, Neill Shepherd, Daniel Wei, Randy Wetzel, Jeff Yang, Dan Yingling, Hualong Zhao。

最后，还要特别感谢 Jay Mcinerney 教会我对于代词的直率用法。

目　录

第1章 验证导论

> "有些人相信，我们缺乏能够描述这个完美世界的编程语言……"
>
> ——《黑客帝国》，1999

设想一下，你被委任去为别人建一幢房子。你该从哪里开始呢？是不是一开始就考虑如何选择门窗、涂料和地毯的颜色，或者浴室的用料？当然不是！首先你必须考虑房子的主人将如何使用房子内部的空间，这样才能确定应该建造什么类型的房子。你应该考虑的问题是他们是喜欢烹饪并且需要一个高端的厨房，还是喜欢在家里边看电影边吃外卖披萨？他们是需要一间书房或者额外的卧室，还是受预算所限要求更简朴一些？

在开始学习有关 SystemVerilog 语言的细节之前，你需要理解如何制定计划来验证你的设计，以及这个验证计划对测试平台结构的影响。就像所有房子都有厨房、卧室和浴室一样，所有测试平台也都需要共享一些用于产生激励和检验激励响应的结构。本章将就测试平台的构建和设计给出一些引导性的建议和编码风格方面的参考，以满足个性化的需要。这些技术使用了 Bergeron 等人 2006 年所著《SystemVerilog 验证方法学》书中的一些概念，但不包括基本类。UVM（Universal Verification Methodology）、OVM（Open Verification Methodology）等其他验证方法学也采用同样的概念。

作为一个验证工程师，你能学到的最重要的原则是"程序漏洞（Bug）利大于弊"。不要因为害羞而不敢去找下一个漏洞，每次找到漏洞都应该果断报警并记录下来。整个项目的验证团队假定设计中存在漏洞，所以在流片之前每发现一个漏洞就意味着最终到客户手里少一个漏洞。在设计周期的不同阶段，比如规格说明、编码、综合、制造，后期修复 Bug 的成本会呈指数上升，因此应该尽早、尽可能地发现这些 Bug。你应该尽可能细致深入地去检验设计，并提取出所有可能的漏洞，尽管这些漏洞可能很容易修复。不要让设计者拿走所有荣誉——没有你的耐心细致、花样翻新的验证，设计有可能无法正常工作！

本书假定你已经熟悉 Verilog 语言并且希望学习 SystemVerilog 硬件验证语言（Hardware Verification Language，HVL）。与硬件描述语言（Hardware Description Language，HDL）相比，HVL 具有一些典型的性质：

（1）受约束的随机激励生成。

（2）功能覆盖率。

（3）更高层次的结构，尤其是面向对象的编程、事务级建模。

（4）多线程及进程间的通信。

（5）支持 HDL 数据类型，例如 Verilog 的四状态数值。

（6）集成了事件仿真器，便于对设计施加控制。

还有其他很多有用的特性，但上述特性允许你创建高度抽象的测试平台，其抽象层次比使用 HDL 或计算机编程语言如 C 语言所能达到的还要高。

1.1 验证流程

验证的目的是什么？如果说是为了"寻找漏洞"，那只答对了一部分。硬件设计的目的在于创建一个基于设计规范并能完成特定任务的设备，例如，DVD 播放器、路由器或者雷达信号处理器。作为一个验证工程师，你的目的是确保该设备能够成功完成预定任务——也就是说，该设计是对规范的一种准确表达。设备在超出预定目标之外的行为你可以不用关心，当然你需要知道边界在哪里。

验证的流程并行于设计流程。对于每个设计模块，设计者需要首先阅读硬件规范，解析其中的自然语言表述，然后使用 RTL 代码之类的机器语言创建相应的逻辑。为了完成这个过程，设计者需要知道输入格式、传输函数以及输出格式。解析过程中总是会有模糊的地方，原因可能是规范文档本身表述不清楚，遗漏了细节或者前后不一致。作为一个验证工程师，你必须阅读硬件规范并拟定验证计划，然后按照计划，创建测试来检查 RTL 代码是否准确地实现了所有特性。因此，作为一名验证工程师，不仅要了解设计及其意图，而且还要考虑设计者可能没有想到的所有边界情况的测试用例。

如果有多人按照同一规范进行解读，那么设计流程可能会出现冗余。作为验证工程师，你的工作是阅读同样的硬件规范并对其含义做出独立的判断，然后利用测试来检查对应的 RTL 代码是否与你的解读一致。

1.1.1 不同层次的测试

设计中会潜藏着哪些类型的漏洞呢？最容易检测的是在代码块（block）层次上，代码块由每个设计者在模块（module）内创建。ALU（Arithmetic and Logic Unit）是否正确地执行了两个数的加法？是否每个总线事务都得以成功完成？是否所有数据包都经过了网络交换机？为了找出这些漏洞而去编写定向测试是一件十分烦琐的事情，原因是这些漏洞都被包含在设计的代码块里。

除了代码块以外，代码块的边界也是一个寻找漏洞的地方，也就是所谓的集成阶段。有意思的问题往往出现在多个设计者对同一规范产生不同解读的情况下。对于一个给定的协议，什么信号发生了变化？在什么时候变化？第一个设计者按照自己对规范的理解建立了一个总线驱动器，第二个设计者也按照自己的理解建立了一个接收器，但两者对规范的理解略有不同。你的工作就是找到两者在硬件逻辑上有争议的地方，然后也许可以帮助他们取得一致。

为了仿真一个代码块，你需要创建测试集来模拟周围代码块产生激励，这是一件困难而且烦琐的事情。好处是低层次的仿真运行起来会很快。但是，你可能会在设计和测试平台中同时找到漏洞，因为后者为了提供足够的激励，代码也会很长。当你开始集成所有代码块时，它们也会相互激励，这样你的负担就会少一些。多个代码块同时仿真可能会发现更多的漏洞，但是运行起来也会慢一些。在更高的层次上，分析行为以确定错误的根本原因会更耗时。

在待测设计（Design Under Test，DUT）的最高层次上，整个系统都被测试，但是仿真过程会简单很多。你的测试应该尽可能让所有代码块并发活动。所有输入输出端口都被激活，处理器正在处理数据，而高速缓存也正在载入数据。有了这些行为以后，数据分配和时序上的漏洞肯定会出现。

在待测设计的最高层次上，你能够运行更加精细的测试，可以让待测设计并发执行多种操作以激活尽可能多的代码块。如果一个 MP3 播放器正在播放音乐时，用户希望从计算机上下载新的音乐会发生什么？在下载的过程中，用户在播放器上按键又会发生什么？显然你知道，一个实际的设备在被使用时，有些用户会去做这些事情，那为什么不在设备制造完成之前去做同样的尝试呢？这种测试可以把易于使用的产品和经常发生故障的产品区分开来。

验证了待测设计能够执行所有预期的功能以后，你还需要看一下当出现错误时待测设计会怎样操作。设计是否能应对只进行了一半的事务、已经受损的数据或控制字段？仅仅尝试列举所有可能的问题就很困难，更不用说去判断设计会如何从这些错误中恢复了。所以错误注入和处理是验证过程中最具有挑战性的部分。

进入系统级验证时，验证的挑战性也会加大。在模块级，您可以看到单个信元正确地通过 ATM 路由器的模块，但是在系统级则需要考虑，如果有不同优先级的信元流，会发生什么？在最高的抽象层次上，下一个操作应该选择哪个信元并不是显而易见的。你可能不得不统计成千上万的信元，以便确定这种集总的操作是否正确。

最后一点，你永远也无法证明没有任何漏洞留下，所以你需要不停地尝试新的验证策略。

1.1.2　验证计划

验证计划是和硬件规范紧密联系在一起的，它描述了需要验证什么样的特性，以及采用哪些步骤。这些步骤可能包含定向或随机的测试、断言、软硬件协同验证、硬件仿真、形式验证，以及对验证 IP 的使用，等等。有关验证更全面的讨论，可参见 Bergeron（2006）。

1.2　验证方法学

本书利用了《System Verilog 验证方法学》一书中的 VMM（Verification Methodology Manual）概念，这些概念源于 Qualis 设计公司的 Janick Bergeron 等人发展出来的方法学。他们从业界的实践出发，利用丰富的项目经验重新定义这些方法和概念。VMM 中涉及的技术最初是用于 OpenVera 语言的，2005 年才被扩展用于 System Verilog。VMM 以及它的前身 RVM（Reference Verification Methodology），被成功应用于验证包括从网络设备到处理器的广泛的硬件设计。本书使用了很多相同的概念及方法，并做了大量简化。

本书可作为 SystemVerilog 语言的使用导引，描述了 SystemVerilog 语言的很多结构，并且在最优的个性化选择方面提供了很多建议。如果你是验证方面的新手，在面向对象程序设计（Object Orienten Programming，OOP）方面没什么经验，或者对受约束的随机测试法（Constrained Random Test，CRT）不了解，那么本书可以为你提供正确的导引。熟悉了这些内容之后，你就会发现进一步理解 UVM 和 VMM 是一件很容易的事情。

既然这样，为什么本书不直接讲解 UVM 或 VMM 的内容呢？和任何一种高级工具一样，这些验证方法学面向的是有经验的用户，它们在处理复杂问题方面十分出色。如果你负责验证一个 1 亿门规模的设计，里面含有很多通信协议、复杂的错误处理机制和IP 库，那么 UVM 或 VMM 是正确的选择。但是，如果你面对的是一些较小的模块，只带有单一协议，那可能不需要如此强大的方法学。记住你的代码块只是更大系统的一部分，UVM 或 VMM 兼容的代码对于当前和以后的项目都是可用的。验证的代价会超出你当前的项目。

UVM 和 VMM 有一套针对数据和环境的基本类，有用于日志文件管理和线程间通信的机制，还有其他很多内容。本书是关于 SystemVerilog 的介绍性读物，会讲解这些类和机制中包含的技术和诀窍，提升你对这些结构的洞察力。

1.3　基本测试平台的功能

测试平台的功能在于确定 DUT 的正确性，包含下列步骤：

（1）产生激励。

（2）把激励施加到 DUT 上。

（3）捕捉响应。

（4）检验正确性。

（5）对照整个验证目标测算进展情况。

有些步骤是测试平台自动完成的，有些则需要手工操作。而你选择的方法学则决定了上述步骤如何展开。

1.4　定向测试

当你需要验证一个设计的正确性时，传统的做法可能是使用定向测试。使用这种方式，首先需要阅读硬件规范，然后写下验证计划，计划中列有各种测试，每个测试针对一系列相关的特性。按照验证计划，接着编写针对待测设计具体特性的激励向量，然后使用这些向量对待测设计进行仿真。仿真结束后，手工查看结果文件和波形，确保设计的行为与预期一致。一旦测试结果正确，就可以在验证计划中把它勾掉，然后开始下一个测试。

这种渐进的方法比较容易取得稳步的进展，因此很受那些喜欢看到项目持续往前推进的管理者的欢迎。由于创建激励向量时并不需要什么基础设施，所以定向测试的结果

4

也会很快得到。只要给予足够的时间和人力，定向测试对于大部分设计验证来讲都是可以胜任的。

图 1.1 显示了定向测试如何逐步覆盖验证计划中的每个特性。每个测试都瞄准了一个特别的设计元素集合。如果有足够的时间，你可以写出实现整个验证计划 100% 覆盖率所需要的全部测试。

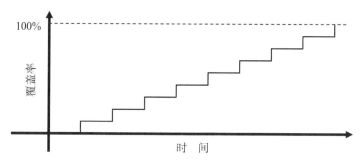

图 1.1   定向测试在时间上的进展

如果你没有足够的时间和资源来完成定向测试该怎么办？如同你所看到的，当你在时间轴上向前推进时，覆盖率可能维持不变。如果设计复杂度翻倍，那么测试就需要增加一倍的时间或者人力，这种情况是你所不愿意看到的。因此为了达到 100% 的覆盖率目标，需要一种可以更快找出漏洞的方法。暴力是行不通的，如果要验证 32 位加法器的每一个输入组合，那么估计在项目应该发货的几年后，仿真验证过程还在运行。

图 1.2 所示为整个设计空间和各种特性被定向测试案例覆盖的情形。在设计空间里有很多特性，其中有些存在漏洞。你需要编写各种测试去覆盖所有特性并找出漏洞。

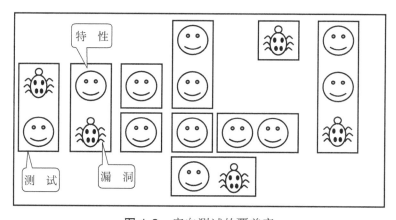

图 1.2   定向测试的覆盖率

1.5   方法学基础

本书使用如下原则：

（1）受约束的随机激励。

（2）功能覆盖率。

（3）使用事务处理器的分层测试平台。

（4）对所有测试通用的测试平台。

（5）独立于测试平台之外的个性化测试代码。

这些原则是相关联的。随机激励对于测试复杂设计十分关键。定向测试可以找出设计中预期的漏洞，而随机测试则能够找出预料不到的漏洞。使用随机激励时，需要用功能覆盖率来评估验证的进展情况。一旦开始使用自动生成的激励，则需要一种能够自动预测结果的方式——通常是记分板或者参考模型。建立包括自动预测在内的测试平台基础设施，是一件工作量很大的事情。一个分层的测试平台能够把问题分解成容易处理的小块，这样有助于控制复杂度。事务处理器能够为构建这些小块提供有用的模式。在适当的规划下，你可以建立一个测试平台所需的基础设施，它们能在所有测试中通用并且不需要经常性的修改。你只需要在某些地方放置"钩子"，以便测试能够在这些地方执行调整激励或注入错误这样的特定操作。针对单一测试的个性化代码必须与测试平台分开，这样可以避免增加基础设施的复杂度。

建立随机测试平台所需的时间要比传统的定向测试平台多得多——尤其是自检的部分。其结果是，可能需要很长的准备时间才能进行第一次可运行的测试。这会给项目管理者带来困扰，所以需要在测试时间表上把这部分考虑进去。从图1.3中可以看到，第一个随机测试运行前有比较长的初始延迟。

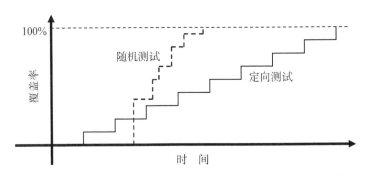

图 1.3　受约束的随机测试与定向测试随时间的进度比较

随机测试的前期准备工作看起来似乎令人沮丧，但是其回报却很高。每个随机测试都可以共享通用的测试平台，而不像每个定向测试都要从零开始编写。每个随机测试都会包含一部分代码，用于把激励约束到特定的方向上并触发任何期望的异常，比如创建一个协议违例。其结果是，受约束的随机测试平台找起漏洞来会比很多定向测试快很多。

随着漏洞出现率的下降，你应该创建新的随机约束去探索新的区域。最后的几个漏洞可能只能通过定向测试来发现，但是绝大部分的漏洞都应该会在随机测试中出现。如果创建一个随机测试平台，你总是可以把它约束到创建的定向测试中，但是定向测试台永远不能变成真正的随机测试平台。

1.6 受约束的随机激励

你希望仿真器能产生随机激励，同时又不希望这些激励数值完全随机。使用 System Verilog 语言可以描述激励的格式（例如，地址是 32 位，操作码是 ADD、SUB 或 STORE，长度 < 32 字节），然后让仿真器产生满足约束的数值。有关如何把随机激励数值约束成相关激励的内容将会在第 6 章讲述。这些数值会被发送到设计中去，同时也会被发送到一个负责预测仿真结果的高层模块中去。设计的实际输出最终需要和预测输出进行对比。

图 1.4 所示为受约束的随机测试在整个设计空间的覆盖率。首先值得注意的是，一个随机测试的覆盖范围往往比一个定向测试大。多出来的覆盖部分可能会与其他测试发生交叠，或者探测到事先没有预料到的新区域。在这些新区域中发现漏洞是一件幸运的事。如果这些对新区域的测试不合法，那么需要编写更多的约束去阻止随机测试产生非法的功能。最后，对于那些受约束的随机测试覆盖不到的地方，可能还需要编写一些定向测试。

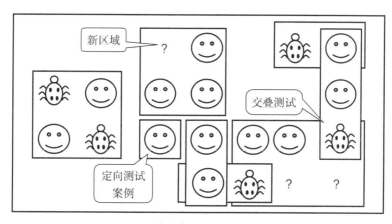

图 1.4 受约束的随机测试覆盖率

图 1.5 所示为达到完全覆盖的技术路线。从左上角受约束的随机测试开始，使用不同的种子多次运行。当你查看功能覆盖率报告时，注意找出覆盖率中的间隙，即覆盖盲区。然后针对这些盲区尝试做最小程度的代码修改，可能是使用新的约束，也可能是把错误或延迟加入到待测设计中。这个外部循环会花掉你大部分的时间，只对少数随机测试达不到的特性才编写定向测试。

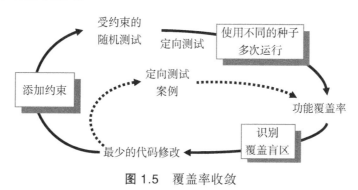

图 1.5 覆盖率收敛

1.7　随机化的对象是什么？

当你考虑对一个设计的激励进行随机化时，首先想到的可能是数据字段。这种数值最容易创建——只需调用 $random()$ 函数即可。问题是这种随机数据在找漏洞方面的回报很小。能够使用随机数据找到的漏洞类型基本上都是数据路径方面的漏洞，而且很可能都是比特级的错误。你还需要找出控制逻辑上的漏洞，这是最棘手的问题。

此外，你需要广泛考虑所有设计输入，如下所列：

（1）设备配置。

（2）环境配置。

（3）输入数据。

（4）协议异常。

（5）错误和违例。

（6）时延。

这些内容会在 1.7.1 ~ 1.7.4 节中讨论。

1.7.1　设备配置和环境配置

在对 RTL 设计进行测试的过程中，察觉不到漏洞最常见的原因是什么？是因为没有尝试足够多的不同配置。很多测试只针对仅仅经过复位的设计，或者通过施加固定的初始化向量集把设计引向一个已知的状态。这就好比是在个人电脑的操作系统刚刚安装完，还没有安装任何应用程序的时候，就对操作系统进行测试。测试结果当然会很好，但是并没有挖掘出实际的问题。

在一个实际的应用环境中，随着待测设计使用时间的增加，其配置会变得越来越随机。例如，我曾经帮一家公司验证一个分时复用的多路开关，它有 2000 个输入通道和 12 个输出通道。验证工程师说："这些通道在另外一边可以映射成各种不同的配置。每个输入可能作为单个通道使用，也可能会被进一步分割成多个通道。棘手的是，虽然大部分时间使用的是标准的通道分割方式，但由于其他分割方式的组合也是合法的，所以存在大量可能的用户配置。"

为了测试这个设备，对于每个通道的配置，验证工程师都必须写出好几十行的定向测试代码。结果显然是无力应对如此多的通道配置。后来，我和验证工程师一起编写了一个测试平台，对每个通道的参数都采用随机化策略，再把这部分代码放到一个循环里去完成所有开关通道的配置。现在验证工程师对于她的测试能够找出与配置相关的漏洞非常有信心，而这些漏洞在以前常常不易被察觉。

在实际应用中，设备所在的环境会包含其他部件。当你对待测设计进行验证时，实际上就是把测试平台连接起来模仿设备所在的环境。应该对整个环境的配置进行随机化，包括仿真的时长、设备的数量，以及它们的配置方式。当然，你需要创建约束以确保配置的合法性。

在另外一个 Synopsys 公司的客户案例中,一家公司设计了一个 I/O 交换芯片,用于把多套 PCI 总线连接到一套内部总线上。仿真一开始,他们随机选择了 PCI 总线的数目(1~4)以及总线上设备的数目(1~8),而且对每个设备上的参数也进行了随机化(如主从模式、CSR 地址等)。他们使用功能覆盖率对测试过的组合进行跟踪,以确保所有可能的组合都被覆盖。

其他环境参数还包括测试长度、错误注入比率,以及时延模式等。Bergeron(2006)在这方面有更多的例子。

1.7.2 输入数据

当你看到随机激励时,可能会想到选取一个总线写入的事务或 ATM 信元,然后把随机数值填充到其中的数据字段里。实际上,只要你按照本书第 5 章和第 8 章介绍的内容来认真准备事务类,你就会知道这种方式相当直接。你需要事先估计所有分层协议和错误注入,以及记分板的内容和功能覆盖率。

1.7.3 协议异常、错误和违例

最令人沮丧的事情莫过于个人电脑或移动电话之类的设备死机。大多数情况下,唯一的办法就是关机然后重新启动。死机最有可能的原因是,产品内部的一部分逻辑遇到错误无法恢复,因此使得设备不能正常工作。

怎样才能阻止这些问题出现在你创建的硬件上呢?应该尽量尝试去仿真在实际硬件中可能出现的错误,而且应该针对所有可能出现的错误进行仿真。如果一个总线事务没有完成会怎么样?如果遇到一个非法的操作呢?设计规范中有没有指出哪两个信号互斥?要对这些情况一一尝试,然后确保设备还能继续正常运作。

在尝试使用不当的命令去激励硬件的同时,还应注意捕捉出现的问题。例如,重新调用互斥的信号。你可以增加用于检验的代码来帮忙找出问题所在。这些代码应该至少能够在出错的地方打印一个警告信息,如果能够报告出错误并且使测试停下来则更好。花费大量时间在代码中追溯故障的根源,是一件令人感到非常不愉快的事情,尤其是在本来使用一个简单的断言就可以定位这个错误的情况下。关于如何在测试平台和设计代码中编写断言,可以参考 Vijayaraghavan 和 Ramanathan 在 2005 年出版的著作。只要确保能够使代码在出错的地方停止仿真,那么就很容易应对测试中的错误。

1.7.4 时延和同步

你的测试平台应该以多快的速度发送激励呢?使用随机时延有助于捕捉协议上的漏洞。时延最短的测试很容易编写,但它产生不了所有可能的激励。那些位于边界条件周围的隐蔽漏洞往往是在引入实际的时延之后才会暴露出来。

一个代码块对于来自同一接口的所有可能激励也许都能正常工作,但如果同时面对多个输入,隐蔽的漏洞可能就会出现。尝试协调各个驱动器使它们能够在不同速率下进行通信。如果输入以可能的最快速率到达,而输出却被卡在一个较低的速率上,该怎么办?如何处理来自多个输入的激励同时到达的情况? 如果这些激励带有不同的时延又该怎么办? 使用第9章介绍的功能覆盖率,可以测量随机生成的各种组合。

1.7.5 并行的随机测试

如何运行测试? 每个定向测试都带有一个测试平台,能够产生一组特定的激励和响应向量。如果你想改变激励,就需要改变测试。随机测试则包含了测试平台代码和随机种子。如果你对同一个测试运行 50 次,每次都采用不同的种子,那么你将会得到 50 个不同的激励集合。使用多个种子运行同一个测试可以加大覆盖率,同时也能减少工作量。

你需要为每次仿真选定一个独特的种子。有些人使用自然时间作为种子,但依然会引起重复。如果你半夜里在一个计算机集群系统上开始 10 项任务会怎么样? 多项任务可能会在同一时间在不同的计算机上启动,这样你还是会得到相同的随机种子并运行相同的激励。你应该把处理器的名称加入到种子里去。如果你的集群系统里面有多核计算机,那还是可能会出现两个相同的种子,在这种情况下你应该把处理器核的编号也加到种子里去,就能得到独一无二的种子了。

你需要对并行仿真的文件组织进行规划。每次仿真都会有一系列的输出文件,例如日志文件和功能覆盖率文件。你可以让每个仿真在不同的目录里运行,或者可以尝试给每个文件取不同的名字。最简单的办法是,在目录名后面加上随机种子的值。

1.8 功能覆盖率

1.6 节和 1.7 节讲述了如何创建激励并使这些激励遍历整个可能的输入空间。使用这种方法,你的测试平台会频繁访问部分区域,但需要花费很长的时间来达到所有可能的状态。即使对仿真时间不加限制,无法达到的状态还是永远也不会被访问到。你需要知道哪些部分已经被验证过,这样才能对验证计划中的项目进行核对。

1.8.1 测量和使用功能覆盖率

对功能覆盖率的测量和使用包含几个步骤。首先,你需要在测试平台中加入代码,用于监控进入设备中的激励,以及设备对激励的反应,并据此确定哪些功能已经被验证过,运行几次仿真,每次使用不同的种子。其次,把这些仿真的结果合并到一个报告中。然后,对结果进行分析。最后决定如何采用新的激励来达到那些尚未被测试到的条件和逻辑。第9章详细介绍了 SystemVerilog 的功能覆盖率。

1.8.2 从功能覆盖率到激励的反馈

随机测试需要使用反馈。最初的测试会被运行很多次,使用不同的种子,创建很多互异的输入序列。但是到了最后，即使使用新的种子，产生的激励很可能也无法在设计空间探测到新区域。随着功能覆盖率逐渐接近极限，你需要改变测试，以期找出新的方法去达到那些尚未被覆盖的区域。这被称为"覆盖率驱动的验证"，如图 1.6 所示。

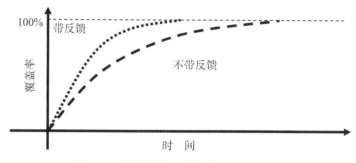

图 1.6 带反馈和不带反馈的测试进展

你的测试平台有没有可能为你做到这一点呢？在以前的一项工作中，我编写了一个程序，能够在每个周期为处理器产生一个总线事务，并为总线事务做出终止判断（成功、校验错误、重试）。那时候还没有使用 HVL，所以我编写了一个很长的定向测试集，然后花费很多时间编排终止判断代码，并让它们在合适的周期里给出判断。经过大量的手工分析以后才得出成功的结论——达到 100% 的覆盖率。但之后处理器的时序有了一点微小的改变！我不得不重新分析测试并改变激励。

更加有效的测试策略是使用随机总线事务和终止判断。运行时间越长，覆盖率就越高。另外一个好处是，这种测试在创建激励时灵活性很高，足以应对设计时序有改变的情形。为了做到这一点，你可以在测试代码中加入一个反馈循环，用于监测已生成的激励（是否已经产生所有写周期？）并根据情况调整约束的权重（把写的权重降到零）。这种改进能大大缩减达到完全覆盖的时间，而且只需要很少量的人工干预。

这并不是一种典型的情况，因为从功能覆盖率到激励的反馈往往是微不足道的。在实际的设计中，你应该如何改变激励以使它达到一个期望的设计状态呢？这不仅要求对设计有深入的了解，而且还需要高超的形式验证技术。总之答案并不简单，所以在受约束的随机激励中很少采用动态反馈。相反地，你需要手工分析覆盖率报告，然后调整随机约束。

有些形式分析工具如 Magellan（Synopsys，2003）用到了反馈。它首先对设计进行分析并找出所有可以达到的互异状态。然后运行一小段仿真看有多少状态被访问到。最后，在状态机和设计输入之间进行搜索，并计算出达到所有遗留状态所需要的激励，Magellan 再把这些激励施加到待测设计上。

1.9　测试平台的构件

仿真时，测试平台会把整个待测设计包围起来，就像一个硬件测试器连接到一个物理芯片上一样，如图 1.7 所示。测试平台和测试仪器都会产生激励并捕捉响应。不同的是，测试平台需要工作在一个很宽的抽象层次范围内，同时创建事务和激励序列并最终转换成比特向量。而测试仪器则只工作在比特级上。

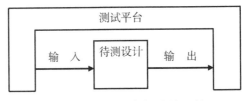

图 1.7 测试平台与设计环境

测试平台模块都包含什么呢？有很多的总线功能模型（Bus Function Model，BFM），你也可以把它们看成测试平台构件——从待测设计的角度看，它们和真实的构件没什么两样，但它们其实只是测试平台的组成部分，并非 RTL（Register Transfer Level，寄存器转换级）设计。如果实际应用中设备被连接到 AMBA、USB、PCI 和 SPI 总线上，那么你就必须在测试平台建立能够产生激励并校验响应的等效构件，如图 1.8 所示。这些构件并不是带有细节的可综合模型，而是遵循协议并且执行速度更快的高层次事务处理器。另一方面，如果你要在 FPGA 上实现设计原型或者是进行硬件仿真，那么这些 BFM 就需要是可综合的。

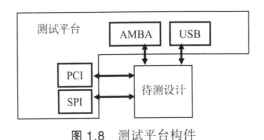

图 1.8 测试平台构件

1.10　分层的测试平台

对于任何一种新型的验证方法学来说，分层的测试平台都是一个关键概念。虽然分层似乎会使测试平台变得更复杂，但它能够把代码分而治之，确实有助于减轻工作负担。不要试图去编写一个包含所有功能的子程序，用它随机产生所有类型的激励，包括合法的和非法的，并使用多层协议进行错误注入。这样的子程序很快就会变得很复杂并且难以维护。另外，分层方法允许重用和封装作为 OOP（Object Oriented Programming，面向对象的程序设计）概念的验证 IP（VIP）。

1.10.1　不分层的测试平台

在你刚开始学习 Verilog 并尝试写测试程序的时候，这些程序看起来可能会和例 1.1 所示的用于执行一个简单 APB（AMBA 外设总线）写入的低层次代码很相似（VHDL 用户写出来的代码也与此类似）。

【例 1.1】驱动 APB 引脚

```
module test(PAddr, PWrite, PSel, PWData, PEnable, Rst, clk);
// 此处省略端口声明

   initial begin
     // 驱动复位
     Rst <= <0;
     #100 Rst <= 1'b1;

     // 驱动控制总线
     @(posedge clk)
     PAddr <= 16'h50;
     PWData <= 32'h50;
     PWrite <= 1'b1;
     PSel <= 1'b1;

     // 使 PEnable 翻转
     @(posedge clk)
     PEnable <= 1'b1;
     @(posedge clk)
     PEnable <= 1'b0;

     // 校验结果
     if (top.mem.memory[16'h50] == 32'h50)
       $display("Success");
     else
       $display("Error, wrong value in memory");
     $finish;
   end
endmodule
```

经过几天连续编写这种代码以后，你可能会意识到这是一种重复性的劳动，所以你会尝试创建可用于总线写入这种普通操作的任务，如例 1.2 所示。

【例 1.2】一个用于驱动 APB 引脚的任务

```
task write(reg [15:0] addr, reg [31:0] data);
// 驱动控制总线
  @(posedge clk)
  PAddr <= addr;
  PWData <= data;
  PWrite <= 1'b1;
  PSel <= 1'b1;
```

```
    // 使 PEnable 翻转
    @(posedge clk)
      PEnable <= 1'b1;
    @(posedge clk)
      PEnable <= 1'b0;
  endtask
```

这样，你的测试平台就会变得简单一些，如例 1.3 所示。

【例 1.3】低层次的 Verilog 测试

```
module test(PAddr, PWrite, PSel, PWData, PEnable, Rst, clk);
  // 此处省略端口声明

  // 此处省略例 1.2 所示的任务

  initial begin
    reset();                                    // 设备复位
    write(16'h50, 32'h50);                      // 把数据写入存储器

    // 校验结果
    if (top.mem.memory[16'h50] == 32'h50)
      $display("Success");
    else
      $display("Error, wrong value in memory");
    $finish;
  end
endmodule
```

把一些通用操作（例如复位、总线读出和总线写入）放到一个子程序中，可以帮助你提高工作效率并减少出错。这里，物理和命令层的建立只是通往分层测试平台的第一步。

1.10.2　信号和命令层

图 1.9 所示为一个测试平台中最低的几个层次。

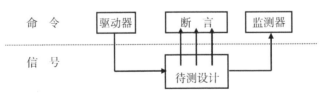

图 1.9　信号和命令层

在底部的信号层，包含待测设计和把它连接到测试平台的信号。

向上一层是命令层。执行总线读或写命令的驱动器驱动 DUT 的输入。DUT 的输出与监测器相连，监测器负责监控信号的变化，并把这些变化按照命令分组。断言也穿过命令层和信号层，它们负责监视独立的信号以及穿越整个命令的信号变化。

1.10.3 功能层

图 1.10 所示为加上功能层的测试平台，功能层向下面对的是命令层。代理（Agent）（在 VMM 中称为事务处理器）接收到来自上层的事务，例如，DMA 读或写，并把它们分解成独立的命令或事务。这些命令被送往用于预测事务结果的记分板（Scoreboard）。检验器（Checker）则负责比较来自监测器（Monitor）和记分板的命令。

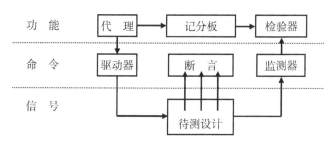

图 1.10 加上功能层的测试平台

1.10.4 场景层

如图 1.11 所示，功能层被位于场景层中的发生器（Generator）所驱动。什么是场景呢？记住一点，作为验证工程师，你的工作是确保待测设备能够完成预期的任务。一个设备案例是 MP3 播放器，它能一边播放事先存储好的音乐，一边从一台主机上下载新的音乐，并且同时对用户输入如音量调整或音轨控制等操作保持响应。这中间的每一个操作都能称为一个场景。下载一个音乐文件需要若干步骤，例如，前期准备时的控制寄存器读和写，歌曲传送过程中多次 DMA 写，以及之后的很多读写操作。场景层就是负责组织协调这些步骤的，操作的参数如音轨大小和寄存器位置等都采用受约束的随机值。

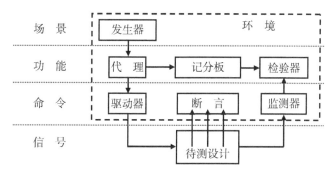

图 1.11 加上场景层的测试平台

测试平台环境中的这些块（图 1.11 虚线框内）是刚开始开发测试平台的时候画出来的。随着项目的进展，它们可能会有一些变化，你也可能会加入一些其他功能，但是这些块对于每个独立的测试都是不应该改变的。你可以通过在代码中留下"钩子"来做到这一点，这样即使这些块的行为需要在测试时改变，也不必重新编写代码。"钩子"可以利用工厂模式（8.2 节）和回调函数来创建。

1.10.5　测试的层次和功能覆盖率

你现在到了测试平台的最顶层——测试层，如图 1.12 所示。待测设计模块间的漏洞是比较难以发现的，因为这些模块可能是不同的人按照不同的规范设计出来的。

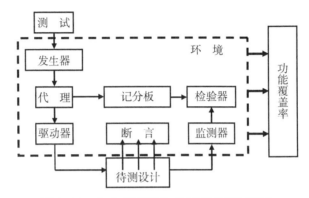

图 1.12　包含所有层次的完整的测试平台

位于顶层的测试就像一个乐队指挥，他不演奏任何乐器，但引领其他人的表演。测试包含了用于创建激励的约束。

功能覆盖率可以衡量所有测试在满足验证计划要求方面的进展。随着各项测量标准的完成，功能覆盖率代码在整个项目过程中会经常变化。由于代码经常被修改，所以它不作为测试环境的组成部分。

你可以在受约束的随机环境中创建定向测试，只需在随机序列中间插入定向测试的代码，或者把两部分代码并列即可。定向代码执行你期望的任务，而随机的"背景噪声"可能会使漏洞暴露出来，而且漏洞还有可能是在你从来没有想到过的模块里。

在你的测试平台中是否需要所有层次呢？答案要视待测设计而定。设计越复杂，所需的测试平台就要越完备。测试层则是必须要有的。对于一个简单的设计来说，场景层可能过于简单，可以把它合并到代理中。在估算对一个设计进行测试所需的工作量时，不要以门数作为计算依据，应该考虑设计人员的数目。设计团队里每增加一个人员，就意味着同时增加了一种对规范的不同解读。典型的硬件团队需要为每一位设计师配备两名以上的验证工程师。

当然，你可能还需要更多的层次。如果你的待测设计有多个协议层，那么每个层都应该在测试平台环境中有对应的层。例如，你使用 IP 封装 TCP 流量，然后通过以太网数据包的形式发送，对这种情况的测试应该考虑使用三个独立的层来产生和校验数据。如果能够使用已有的验证构件则更好。

图 1.12 中需要注意的最后一点是，它只给出了各块之间一些可能的连接方式，你

的测试平台模块间的连接可能会与之不同。比如你的测试层可能需要连接到驱动器层以迫使物理漏洞出现。这里给出的只是一些引导——实际当中应该是，你需要什么就创建什么。

1.11 建立一个分层的测试平台

现在来学习如何把前面图示的那些构件映射成 SystemVerilog 的结构。

首先，来看看其中的一个模块，驱动器（Driver）。

图 1.13 所示的驱动器接收来自代理的命令。驱动器可能会注入错误或者增加时延，然后再把命令分解成一些信号的变化，例如，总线请求或握手。这样一个测试平台模块通常被称为"事务处理器（transactor）"，它的核心部分是一个循环，有关事务处理器的示范代码如例 1.4 所示。

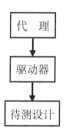

图 1.13 驱动器的连接

【例 1.4】基本的事务处理器代码

```
task run();
  done = 0;
  while (!done) begin
    // 获取下一个事务
    // 进行变换
    // 发送事务
  end
endtask
```

第 5 章给出了基本的 OOP 以及如何创建一个对象，并使对象里面包含事务处理器所需的子程序和数据。事务处理器的另一个例子是代理。它可能会把一个复杂的事务如 DMA 读分解成多个总线命令。同样在第 5 章，你也会看到如何创建一个对象并使对象里面包含构成一个命令所需的数据和子程序。使用 SystemVerilog 信箱可以实现这些对象在不同的事务处理器之间传递。在第 7 章，你将会学到很多方法，用于在不同层之间交换数据并使事务处理器实现同步。

1.12 仿真环境的阶段

到目前为止，你已经学习了仿真环境的构成部分。这些部分在什么时候执行呢？你希望把各个阶段清楚地定义好，以便协调测试平台，使项目中的所有代码能在一起工作。三个基本的阶段是建立（Build）、运行（Run）和收尾（Wrap-up）。每个阶段都可以再细分为更小的步骤。

建立阶段可以分为如下步骤：

（1）生成配置：把待测设计的配置和周围的环境随机化。

（2）建立环境：基于配置分配和连接测试平台构件。测试平台构件指的是存在于测试平台中的部分，注意与设计中的物理构件区分开，后者是采用 RTL 代码描述的。例如，如果配置选择了三个总线驱动器，那么测试平台应该在这个阶段对它们进行分配和初始化。

（3）对待测设计进行复位。

（4）配置待测设计：基于步骤（1）中生成的配置，载入待测设计的命令寄存器。

运行阶段是指测试实际运行的阶段，它有如下几个步骤：

（1）启动环境：运行测试平台构件，例如，各种 BFM 和激励发生器。

（2）运行测试：启动测试然后等待测试完成。定向测试的完成很容易判断，但随机测试却比较困难。可以使用测试平台的层作为引导。从顶层启动，等待一个层接收来自上一层（如果有的话）的所有输入，接着等待当前层空闲下来，然后再等待下一层。应该同时使用超时检测以确保待测设计或测试平台不出现死锁情况。

收尾阶段包含如下两个步骤：

（1）清空：在最下层完成以后，需要等待待测设计清空最后的事务。

（2）报告：一旦待测设计空闲下来，就可以清空遗留在测试平台中的数据了。有时候保存在记分板里面的数据从来就没有送出来，这些数据可能是被待测设计丢弃的。你可以根据这些信息创建最终报告，说明测试通过或者失败。如果测试失败，务必把相应的功能覆盖率结果删除，因为它们可能是不正确的。

如图 1.12 所示，测试启动仿真环境以后，仿真环境就会按上述步骤运行。在第 8 章中有关于这方面的更多细节。

1.13　最大限度的代码重用

为了验证一个带有数百个特性的复杂设备，你必须编写数百个定向测试。如果使用受约束的随机激励，你需要编写的测试就会少很多。与定向测试相比，随机测试的主要工作是构建测试平台，使它包含所有较低的层：场景、功能、命令以及信号。这个测试平台代码要能够被所有测试使用，所以它需要有很好的通用性。

这些建议似乎是在向你推荐一个极度复杂的测试平台，但你要记住，在测试平台中每输入一行，就等于给每个单独的测试都减少一行。相当于同时创建很多个测试，而这也正是建立一个复杂测试平台所能获得的巨额回报。当你阅读第 8 章时，头脑中一定要想着这一点。

1.14 测试平台的性能

如果你是第一次接触这种方法学,可能还是会怀疑它工作起来是否会优于定向测试?一个普遍的质疑便是测试平台的性能。一个定向测试通常可以在一秒之内运行完,但受约束的随机测试却要花费数分钟甚至数小时去搜索整个状态空间。这种论点的问题在于,它忽略了一个在验证上真实存在的瓶颈:创建一个测试所需要的时间。你可以在一天之内手工编写完一个定向测试,然后再花一两天的时间调试并手工验证结果。测试的实际运行时间比起你在其他方面花费的时间其实要少得多。

创建受约束的随机测试需要几个步骤。第一步也是最重要的一步是建立分层的测试平台,包括自检的部分。这项工作能给所有测试带来好处,所以是非常值得的。第二步是按照验证计划中列举的目标创建激励。你可以使用随机约束,也可以采用注入错误或协议违例等迂回的方式。以这其中的任何一种方式创建激励所花费的时间可能可以用于创建好几个定向测试,但是它的回报也要高很多。一个受约束的随机测试能够尝试成千上万种不同的协议违例,而在同样的时间里创建的定向测试却只能尝试几种情形,显然前者要比后者好得多。

在受约束的随机测试中,第三步是功能覆盖率。这项任务的开始是创建一个强有力的验证计划,这个计划必须带有清晰而且便于测量的目标。接下来你需要创建SystemVerilog代码,在仿真环境中添加工具用于收集数据。最后很重要的一点,你需要对结果进行分析,并据此判断是否满足目标要求,如果不满足,应该如何修改测试。

1.15 小 结

电子设计复杂度的持续增长要求以一种新颖的、系统的、自动化的方法来创建测试平台。从硬件规范到 RTL 编码、门级综合、芯片制造,以及最后到用户手里,项目每向前推进一步,修复单个漏洞所需要的代价就会增加十倍。定向测试每次只能测试一个特性,无法模拟设备在实际应用环境中面对的复杂的激励和配置。为了得到稳健的设计,你必须使用受约束的随机激励加上功能覆盖率,才能在可能的限度内创建出最广泛的激励。

1.16 练 习

1.为算术逻辑单元(ALU)写一个验证计划:
(1)高电平异步复位输入。
(2)时钟输入。
(3)4 位有符号输入 A、B。
(4)5 位有符号、输入时钟上升沿寄存输出 C。
(5)4 种操作。
①加:A + B

② 减：A – B

③ 位反转：A

④ 按"或"缩减：B

2. 模块级测试的优点和缺点是什么？为什么？

3. 系统级测试的优点和缺点是什么？为什么？

4. 定向测试的优点和缺点是什么？为什么？

5. 受约束的随机测试的优点和缺点是什么？为什么？

第 2 章　数据类型

和 Verilog 相比，SystemVerilog 提供了很多改进的数据结构。虽然其中部分结构最初是为设计者创建的，但对测试者也同样有用。本章将介绍这些对验证很有用的数据结构。

SystemVerilog 引进了一些新的数据类型，它们具有以下优点：

（1）双状态数据类型：更好的性能，更低的内存消耗。

（2）队列、动态和关联数组：减少内存消耗，自带搜索和分类功能。

（3）类和结构：支持抽象数据结构。

（4）联合和合并结构：允许对同一数据有多种视图（view）。

（5）字符串：支持内建的字符序列。

（6）枚举类型：方便代码编写，增加可读性。

2.1　内建数据类型

Verilog-1995 有两种基本数据类型：变量和线网（net）。它们各自都有四种取值：0，1，Z 和 X。RTL 代码使用变量来存放组合和时序值。变量可以是单比特或多比特的无符号数（reg [7:0] m），32 比特的有符号数（integer），64 比特的无符号数（time）或浮点数（real）。若干变量可以被一起存放到定宽数组里。线网可以用来连接设计当中的不同部分，例如，门和模块实例。尽管线网有很多种用法，但是大多数设计者还是使用标量或矢量来连接各个设计模块的端口。最后一点，所有存储都是静态的，意味着所有变量在整个仿真过程中都是存活的，子程序（routine）不能通过堆栈来保存形式参数和局部变量。Verilog-2001 允许使用者在静态和动态存储之间切换，例如堆栈。

SystemVerilog 增加了很多新的数据类型，以便同时帮助设计师和验证工程师。

2.1.1　逻辑（logic）类型

在 Verilog 中，初学者经常分不清 reg 和 wire 两者的区别。应该使用它们中哪一个来驱动端口？连接不同模块时又该怎样做？SystemVerilog 对经典的 reg 数据类型进行改进，使得它除了作为一个变量以外，还可以被连续赋值、门单元和模块所驱动。为了和寄存器类型相区别，这种改进的数据类型被称为 logic，因为一些 Verilog 新手认为 reg 声明的是寄存器，而不是信号。任何使用线网的地方均可以使用 logic 类型，但要求 logic 类型不能有多个结构性的驱动，例如，在对双向总线建模的时候。此时，需要使用线网类型，例如 wire，SystemVerilog 会对多个数据来源进行解析，然后确定最终值。

例 2.1 示范了在 SystemVerilog 中使用 logic 类型。

【例 2.1】logic 类型的使用

```
module logic_data_type(input logic rst_h);
  parameter CYCLE = 20;
  logic q, q_l, d, clk, rst_l;
  initial begin
    clk = 0;                                  // 过程赋值
    forever #(CYCLE/2) clk = ~clk;
  end

  assign rst_l = ~rst_h;                      // 连续赋值
  not n1(q_l, q);                             //q_l 被门驱动
  my_dff d1(q, d, clk, rst_l);               //q 被模块驱动

endmodule
```

由于 logic 类型只能有一个驱动，所以你可以用它来查找网单中的漏洞。把所有信号都声明为 logic 而不是 reg 或 wire，如果存在多个驱动，那么编译时就会出现错误。当然，有些信号你本来就希望它有多个驱动，例如双向总线，这些信号就需要被定义成线网类型，例如 wire 或 tri。

2.1.2　双状态数据类型

相比四状态数据类型，SystemVerilog 引入的双状态数据类型有利于提高仿真器的性能并减少内存的使用量。最简单的双状态数据类型是 bit，它是无符号的。另外四种带符号的双状态数据类型是 byte、shortint，int 和 longint，如例 2.2 所示。

【例 2.2】带符号的数据类型

```
bit b;                                        // 双状态，单比特
bit [31:0] b32;                              // 双状态，32 比特无符号整数
int unsigned ui;                             // 双状态，32 比特无符号整数
int i;                                        // 双状态，32 比特有符号整数
byte b8;                                      // 双状态，8 比特有符号整数
shortint s;                                   // 双状态，16 比特有符号整数
longint l;                                    // 双状态，64 比特有符号整数
integer i4;                                   // 四状态，32 比特有符号整数
time t;                                       // 四状态，64 比特无符号整数
real r;                                       // 双状态，双精度浮点数
```

你也许喜欢使用诸如 byte 的数据类型来替代类似 logic [7:0] 的声明，以使得程序更加简洁。但需要注意的是，这些新的数据类型都是带符号的，所以 byte 变量的最大值只有 127，而不是 255（它的范围是 -128 ~ 127）。你可以使用 byte unsigned，但这其实比使用 bit [7:0] 还要麻烦。在进行随机化时，带符号变量可能会造成意想不到的结果，这一点在第 6 章中会讨论到。

在把双状态变量连接到被测设计，尤其是被测设计的输出时务必要小心。如果被测设计试图产生 X 或 Z，这些值会被转换成双状态值，而测试代码可能永远也察觉不了。这些值被转换成了 0 还是 1 并不必要，重要的是要随时检查未知值的传播。使用 $isunknown 操作符，可以在表达式的任意位出现 X 或 Z 时返回 1，如例 2.3 所示。

【例 2.3】对四状态值的检查

```
if ($isunknown(iport) == 1)
  $display("@%0t: 4-state value detected on iport %b",
    $time, iport);
```

使用格式符 %0t 和参数 $time 可以打印当前的仿真时间，打印格式在 $timeformat() 子程序中指定。3.7 节中有关于时间值的详细介绍。

2.2 定宽数组

相比于 Verilog-1995 中的一维定宽数组，System Verilog 提供了更加多样的数组类型，功能上也大大增强。

2.2.1 定宽数组的声明和初始化

Verilog 要求在声明中必须给出数组的上下界。因为几乎所有数组都使用 0 作为索引下界，所以 System Verilog 允许只给出数组宽度的便捷声明方式，和 C 语言类似，如例 2.4 所示。

【例 2.4】定宽数组的声明

```
int lo_hi[0:15];                    //16个整数 [0]..[15]
int c_style[16];                    //16个整数 [0]..[15]
```

怎么计算一个容量已知的数组的寻址位数？System Verilog 的 $clog2() 函数可以计算以 2 为底的对数向上舍入值，如例 2.5 所示。

【例 2.5】计算内存的地址宽度

```
parameter int MEM_SIZE = 256;
parameter int ADDR_WIDTH = $clog2(MEM_SIZE);    //$clog2(256) = 8
bit [15:0] mem[MEM_SIZE];
```

```
bit [ADDR_WIDTH-1:0] addr;                          //[7:0]
```

你可以通过在变量名后面指定维度的方式创建多维定宽数组。例 2.6 创建了几个二维的整数数组，大小都是 8 行 4 列，最后一个元素的值被设置为 1。多维数组在 Verilog-2001 中已经引入，但这种紧凑型声明方式却是新的。

【例 2.6】声明并使用多维数组

```
int array2 [0:7][0:3];                              // 完整的声明
int array3 [8][4];                                  // 紧凑的声明
array2[7][3] = 1;                                   // 设置最后一个元素
```

如果你的代码试图从一个越界的地址中读取数据，那么 SystemVerilog 将返回数组元素类型的缺省值。也就是说，对于一个元素为四状态类型的数组，例如 logic，返回的是 X，而对于双状态类型，例如 int 或 bit，则返回 0。这适用于所有数组类型，包括定宽数组、动态数组、关联数组和队列，同时也适用于地址中含有 X 或 Z 的情况。线网在没有驱动的时候输出是 Z。

很多 SystemVerilog 仿真器在存放数组元素时使用 32 比特的字边界，所以 byte、shortint 和 int 都是存放在一个字中，而 longint 则存放到两个字中。

如例 2.7 所示，在非合并数组中，字的低位用来存放数据，高位则不使用。图 2.1 所示的字节数组 b_unpack 被存放到三个字的空间里。

【例 2.7】非合并数组的声明

```
bit [7:0] b_unpack[3];                              // 非合并数组
```

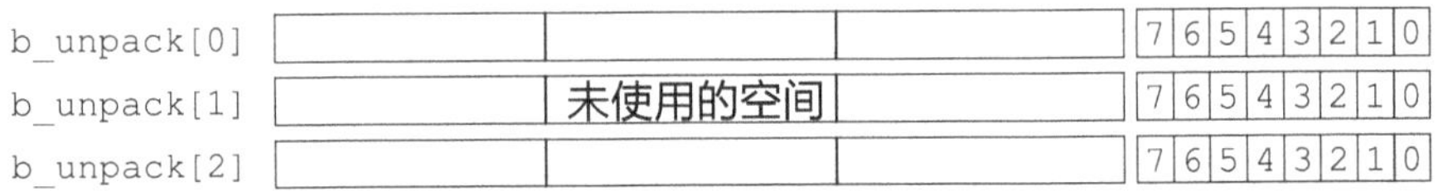

图 2.1 非合并数组的存放

非合并数组会在 2.2.6 小节中介绍。

仿真器通常使用两个或两个以上连续的字来存放 logic 和 integer 等四状态类型，这会比存放双状态变量多占用一倍的空间。

2.2.2 常量数组

例 2.8 示范了如何使用常量数组，即用一个单引号加大括号来初始化数组（注意：这里的单引号并不等同于编译器指引或宏定义中的单引号）。你可以一次性为数组的一部分或所有元素赋值，也可以在大括号前面标上重复次数，对多个元素重复赋值。

【例 2.8】初始化一个数组

```
initial begin
  static int ascend[4] = '{0, 1, 2, 3};            // 对 4 个元素进行初始化
  int descend[5];
```

```
descend = '{4, 3, 2, 1, 0};                    // 为 5 个元素赋值
descend[0:2] = '{7, 6, 5};                     // 为前 3 个元素赋值
ascend = '{4{8}};                              // 四个值全部为 8
ascend = '{default:42};                        // 所有元素赋值为 42
end
```

注意在例 2.8 中，数组 ascend 声明的同时进行了初始化。2009 版的语言参考手册（Language Reference Manual，LRM）指出要么在静态块里声明这些变量，要么使用 static 关键字。由于本书建议用 automatic 声明测试模块和程序，因此在 initial 块内声明变量时需要增加 static 关键字，并进行初始化。

2009 版的语言参考手册（LRM）新增加的功能是 %p 格式化描述符，以赋值的格式打印输出数据对象的内容。它可以打印输出任何 SystemVerilog 的数据类型，包括数组、结构、类等。例 2.9 使用 %p 打印输出了一个数组。

【例 2.9】用 %p 打印输出

```
initital begin
  ascend = '{0, 1, 2, 3};
  $display("%p", ascend);                      //'{0, 1, 2, 3}
  ascend = '{4{8}};
  $display("%p", ascend);                      //'{8, 8, 8, 8}
end
```

2.2.3　基本的数组操作——for 和 foreach

最常见的操作数组的方式是使用 for 或 foreach 循环。在例 2.10 中，i 被声明为 for 循环内的局部变量。SystemVerilog 的 $size 函数返回数组的宽度。在 foreach 循环中，只需要指定数组名并在其后面的方括号中给出索引变量，SystemVerilog 便会自动遍历数组中的元素。索引变量将自动声明，并只在循环内有效。

【例 2.10】在数组操作中使用 for 和 foreach 循环

```
initial begin
  bit [31:0] src[5], dst[5];
  for (int i = 0; i<$size(src); i++)
    src[i] = i;                                // 初始化 src 数组
  foreach (dst[j])
    dst[j] = src[j] * 2;                       //dst 的值是 src 的两倍
end
```

注意，在例 2.11 中，对多维数组使用 foreach 的语法可能会与你设想的有所不同。使用时并不是像 [i][j] 这样把每个下标分别列在不同的方括号里，而是用逗号隔开后放在同一个方括号里，像 [i, j]。

【例 2.11】初始化并遍历多维数组

```
int md[2][3] = '{'{0, 1, 2}, '{3, 4, 5}};
initial begin
  $display("Initial value:");
  foreach (md[i, j])                              // 这是正确的语法格式
    $display("md[%0d][%0d] = %0d", i, j, md[i][j]);

  $display("New value:");
  // 对最后三个元素重复赋值 5
  md = '{'{9, 8, 7}, '{3{5}}};
  foreach (md[i, j])                              // 这是正确的语法格式
    $display("md[%0d][%0d] = %0d", i, j, md[i][j]);
end
```

例 2.11 的输出结果如例 2.12 所示。

【例 2.12】多维数组元素值的打印输出结果

```
Initial value:
md[0][0] = 0
md[0][1] = 1
md[0][2] = 2
md[1][0] = 3
md[1][1] = 4
md[1][2] = 5
New value:
md[0][0] = 9
md[0][1] = 8
md[0][2] = 7
md[1][0] = 5
md[1][1] = 5
md[1][2] = 5
```

如果你不需要遍历数组中的所有维度，可以在 foreach 循环里忽略掉它们。例 2.13 把一个二维数组打印成一个方形的阵列。它在外层循环中遍历第一个维度，然后在内层循环中遍历第二个维度。

【例 2.13】打印一个多维数组

```
initial begin
  byte twoD[4][6];
  foreach(twoD[i, j])
    twoD[i][j] = i*10+j;

  foreach (twoD[i]) begin                          // 遍历第一个维度
```

```
      $write("%2d:", i);
      foreach(twoD[, j])                        // 遍历第二个维度
        $write("%3d", twoD[i][j]);
      $display;
   end
end
```

例 2.13 的输出结果如例 2.14 所示。

【例 2.14】打印多维数组的输出结果

```
0: 0  1  2  3  4  5
1:10 11 12 13 14 15
2:20 21 22 23 24 25
3:30 31 32 33 34 35
```

最后要补充的是，foreach 循环会遍历原始声明中的数组范围。数组 f[5] 等同于 f[0:4]，而 foreach(f[i]) 等同于 for(int i = 0; i <= 4; i++)。对于数组 rev[6:2] 来说，foreach(rev[i]) 语句等同于 for(int i = 6; i >= 2; i--)。

2.2.4 基本的数组操作——复制和比较

你可以在不使用循环的情况下对数组进行聚合比较和复制（聚合操作适用于整个数组而不是单个元素），比较只限于等于比较或不等于比较。例 2.15 列出了几个比较的例子。操作符 ?: 是一个袖珍型的 if-else 语句，在例 2.15 中用来对两个字符串进行选择。例子最后的比较语句使用了数组的一部分 src[1:4]，它实际上产生了一个有四个元素的临时数组。

【例 2.15】数组的复制和比较操作

```
initial begin
  bit [31:0] src[5] = '{0, 1, 2, 3, 4},
            dst[5] = '{5, 4, 3, 2, 1};

  // 两个数组的聚合比较
  if (src == dst)
    $display("src == dst");
  else
    $display("src != dst");

  // 把 src 所有元素值复制给 dst
  dst = src;

  // 只改变一个元素的值
  src[0] = 5;
```

```
// 所有元素的值是否相等（否！）
$display("src %s dst", (src == dst) ? " == " : " != ");

// 使用数组片段对第 1-4 个元素进行比较（结果是相等的）
$display("src[1:4] %s dst [1:4]",
        (src[1:4] == dst[1:4]) ? " == " : " != ");
end
```

长度不同的数组之间的复制会导致编译错误。对数组的算术运算不能使用聚合操作，例如 a = b+c 这样的加法、减法等运算，而应该使用 foreach 循环。对于逻辑运算，例如异或等运算，只能使用循环或 2.2.6 节中描述的合并数组。

2.2.5　同时使用数组下标和位下标

在 Verilog-1995 中一个很不方便的地方就是不能同时使用数组下标和位下标。Verilog-2001 对定宽数组取消了这个限制。例 2.16 打印出数组的第一个元素（二进制 101）、它的最低位（1）以及紧接的高两位（二进制 10）。

【例 2.16】同时使用数组下标和位下标

```
initial begin
  bit [31:0] src[5] = '{5{5}};
  $displayb(src[0], ,                    //'b101或'd5
           src[0][0], ,                  //'b1
           src[0][2:1]);                 //'b10
end
```

虽然这个变化并不是 SystemVerilog 新增加的，但可能有很多使用者并不知道 Verilog-2001 中这个有用的改进。另外，$display 语句中的连续两个逗号会产生一个空格。

2.2.6　合并数组

对某些数据类型，你可能希望既可以把它作为一个整体来访问，也可以把它分解成更小的单元。例如，你有一个 32 比特的寄存器，有时候希望把它看成 4 个 8 比特的数据，有时候则希望把它看成单个的无符号数据。SystemVerilog 的合并数组就可以实现这个功能，它既可以用作数组，也可以用作单独的数据。与非合并数组不同的是，合并数组的存放方式是连续的比特集合，中间没有任何闲置的空间。

2.2.7　合并数组的例子

声明合并数组时，合并的位和数组大小作为数据类型的一部分必须在变量名前面指定。数组大小定义的格式必须是 [msb:lsb]，而不是 [size]。例 2.17 中的变量 bytes 是一个有 4 个字节的合并数组，使用单独的 32 比特的字来存放，如图 2.2 所示。

【例 2.17】合并数组的声明和用法

```
bit [3:0] [7:0] bytes;              //4 个字节组装成 32 比特
bytes = 32'hCAFE_DATA;
$displayh(bytes, ,                  // 显示所有 32 比特
        bytes[3], ,                 // 最高字节 "CA"
        bytes[3][7]);               //"CA" 的最高比特位 "1"
```

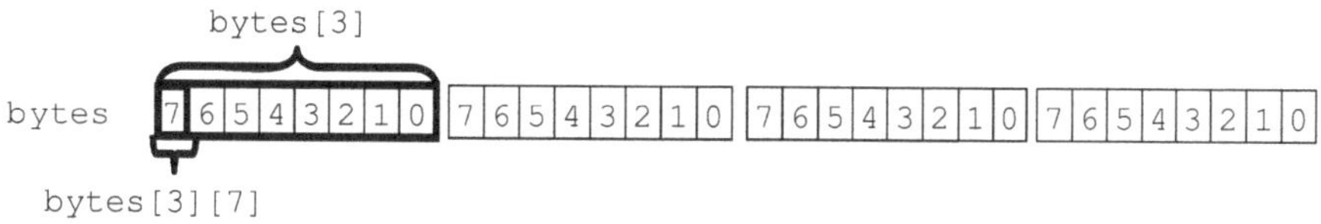

bytes[3]

bytes

bytes[3][7]

图 2.2　合并数组存放示意图

合并数组和非合并数组可以混合使用。你可能会使用数组来表示存储单元，这些单元可以按比特、字节或长字的方式进行存取。在例 2.18 中，barray 是一个有 5 个合并元素的非合并数组，每个元素宽度为 4 个字节，保存形式如图 2.3 所示。

【例 2.18】合并 / 非合并混合数组的声明

```
bit [3:0] [7:0] barray [5];         //5 个元素：合并后的 4 个字节
bit [31:0] lw = 32'h0123_4567;      //字
bit [7:0] [3:0] nibbles;            // 合并数组
barray[0] = lw;
barray[0][3] = 8'h01;
barray[0][1][6] = 1'b1;
nibbles = barray[2];                // 复制合并数组的元素值
```

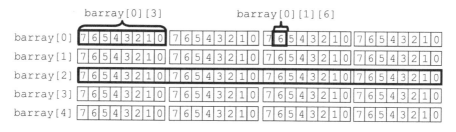

图 2.3　合并数组存放示意图

使用一个下标，可以得到一个字的数据 barray[0]。使用两个下标，可以得到一个字节的数据 barray[0][3]。使用三个下标，可以访问单个比特位 barray[0][1][6]。注意，数组声明中在变量名后面指定了数组的大小，barray[5]，这个维度是非合并的，所以在使用该数组时至少要有一个下标。

例 2.18 中的最后一行在两个合并数组间实现复制。由于操作是以比特为单位进行的，所以即使数组维度不同也可以进行复制。

2.2.8　合并数组和非合并数组的选择

究竟应该选择合并数组还是非合并数组呢？当你需要和标量进行相互转换时，使用合并数组会非常方便。例如，你可能需要以字节或字为单位对存储单元进行操作。图 2.3 中所示的 barray 可以满足这一要求。任何数组类型都可以合并，包括动态数组、队列和关联数组，2.3 ~ 2.5 节中会有进一步的介绍。

如果你需要等待数组中的变化，则必须使用合并数组。当测试平台需要通过存储器数据的变化来唤醒时，你会想到使用 @ 操作符，但这个操作符只能用于标量或者合并数组。在例 2.18 中，你可以把 lw 和 barray[0] 用作敏感信号，但不能用整个 barray 数组，除非把它扩展成 :@(barray[0] or barray[1] or barray[2] or barray[3] or barray[4])。

2.3　动态数组

前面介绍的基本的 Verilog 数组类型都是定宽数组，其宽度在编译时就确定了。但是如果直到程序运行之前都不知道数组的宽度呢？例如，你可能想在仿真开始的时候生成一批事务，事务的总量是随机的。如果把这些事务存放到一个定宽的数组里，那这个数组的宽度需要大到可以容量最大的事务量，但实际的事务量可能远远小于最大值，这就造成了存储空间的浪费。SystemVerilog 提供了动态数组类型，可以在仿真时分配空间或调整宽度，这样在仿真中就可以使用最小的存储量。

动态数组在声明时使用空的下标 []，这意味着数组的宽度不是在编译时给出，而是在程序运行时再指定。数组在最开始时是空的，所以必须调用 new[] 操作符来分配空间，同时在方括号中传递数组宽度。可以把数组名传给 new[] 构造符，并把已有数组的值复制到新数组里，如例 2.19 所示。

【例 2.19】使用动态数组

```
int dyn[], d2[];                          // 声明动态数组

initial begin
  dyn = new[5];                           //A: 分配 5 个元素
  foreach (dyn[j]) dyn[j] = j;            //B: 对元素进行初始化
  d2 = dyn;                               //C: 复制一个动态数组
  d2[0] = 5;                              //D: 修改复制值
  $display(dyn[0], d2[0]);                //E: 显示数值（0 和 5）
  dyn = new[20](dyn);                     //F: 分配 20 个整数值并进行复制
  dyn = new[100];                         //G: 分配 100 个新的整数值
                                          // 旧值不复存在
  dyn.delete();                           //H: 删除所有元素
end
```

在例 2.19 中，A 行调用 new[5] 分配了 5 个元素，于是动态数组 dyn 有了 5 个整型元素。B 行把数组的索引值赋值给相应的元素。C 行分配另一个数组并把 dyn 数组的元素值复制进去。D 行和 E 行显示数组 dyn 和 d2 是相互独立的。F 行首先分配 20 个新元素并把原来的 dyn 数组复制给开始的 5 个元素，然后释放 dyn 数组原有的 5 个元素所占用的空间，所以最终 dyn 指向了一个具有 20 个元素的数组。例 2.17 最后调用 new[] 分配 100 个元素，但并不复制原有的值，原有的 20 个元素随即被释放。最后，H 行删除了 dyn 数组。

系统函数 $size 的返回值是定宽数组或动态数组的宽度。动态数组有一些内建的子程序（routines），例如 delete 和 size。

如果你想声明一个常数数组但又不想统计元素的个数，可以使用动态数组并使用常量数组进行赋值。在例 2.20 中声明的 mask 数组具有 9 个 8 比特元素，SystemVerilog 会自动统计元素的个数，这比声明一个定宽数组然后不小心弄错宽度要好。

【例 2.20】使用动态数组保存元素数量不定的列表

```
bit [7:0] mask[] = '{8'b0000_0000, 8'b0000_0001,
                     8'b0000_0011, 8'b0000_0111,
                     8'b0000_1111, 8'b0001_1111,
                     8'b0011_1111, 8'b0111_1111,
                     8'b1111_1111};
```

只要基本数据类型相同，例如都是 int，定宽数组和动态数组之间就可以相互赋值。在元素数目相同的情况下，可以把动态数组的值复制到定宽数组。

当你把一个定宽数组复制给一个动态数组时，SystemVerilog 会调用构造函数 new[] 来分配空间并复制数值。

可以声明多维动态数组，但必须小心构造子数组。记住，SystemVerilog 里的多维动态数组可以看作元素是动态数组的动态数组。首先构造最左面的维度，然后构造子数组。在例 2.21 中，每个子数组的宽度都不相同。

【例 2.21】多维动态数组

```
// 元素是动态数组的动态数组
  int d[][];

initial begin
  // 构造第一个或最左面的维度
  d = new [4];

  // 构造第二个维度，每个数组的宽度都不相同
  foreach (d[i])
    d[i] = new[i+1];
```

```
// 初始化元素  d[4][2] = 42;
foreach(d[i, j])
   d[i][j] = i*10 + j;
end
```

2.4　队　列

SystemVerilog 引进了一种新的数据类型——队列，它结合了链表和数组的优点。队列与链表相似，可以在一个队列中的任何地方增加或删除元素，这类操作在性能上的损失比动态数组小得多，因为动态数组需要分配新的数组并复制所有元素的值。队列与数组相似，可以通过索引实现对任一元素的访问，而不需要像链表那样去遍历目标元素之前的所有元素。

队列的声明是使用带有美元符号的下标：[$]。队列元素的编号从 0 到 $。例 2.22 示范了如何使用方法（method）在队列中增加和删除元素。注意队列的常量（literal）只有大括号而没有数组常量中开头的单引号。

【例 2.22】队列的操作

```
int j = 1,
  q2[$] = {3, 4},          // 队列的常量不需要使用"'"
  q[$] = {0, 2, 3};        //{0, 2, 3}

initial begin
  q.insert(1, j);          //{0, 1, 2, 3}       在 #1 号元素之前插入 j
  q.delete(1);             //{0, 2, 3}          删除 #1 号元素

  // 下面的操作执行速度很快
  q.push_front(6);         //{6, 0, 2, 3}       在队列前面插入
  j = q.pop_back;          //{6, 0, 2}          j = 3
  q.push_back(8);          //{6, 0, 2, 8}       在队列末尾插入
  j = q.pop_front;         //{0, 2, 8}          j = 6
  foreach (q[i])
     $display(q[i]);       //                   打印整个队列
  q.delete();              //{}                 删除队列
end
```

SystemVerilog 的队列类似于标准模板库（Standard Template Library）中的双端队列。通过增加元素来创建队列，SystemVerilog 会分配额外的空间以便你能够快速插入新元素。当元素增加到超过原有空间的容量时，SystemVerilog 会自动分配更多的空间。其结果是，你可以扩大或缩小队列，但不用像动态数组那样在性能上付出很大代价，SystemVerilog 会随时记录闲置的空间。注意不要对队列使用构造函数 new[]。

尽管有些仿真器允许使用以上方法在一个队列中插入另一个队列，但语言参考手册（LRM）不允许这么做。

你可以使用字下标串联来替代方法。如果把 $ 放在范围表达式的左边，那么 $ 将代表最小值，例如 [$:2] 就代表 [0:2]。如果把 $ 放在范围表达式的右边，则代表最大值，如例 2.23 中初始化块的第一行中 [1:$] 就表示 [1:2]。

【例 2.23】队列操作

```
int j = 1,
  q2[$] = {3, 4},                // 队列的常量不需要使用 " ' "
  q[$] = {0, 2, 5};              //{0, 2, 5}

initial begin                    // 结果
  q = {q[0], j, q[1:$]};         //{0, 1, 2, 5} 在 2 之前插入 1
  q = {q[0:2], q2, q[3:$]};      //{0, 1, 2, 3, 4, 5} 在 q 中插入一个队列
  q = {q[0], q[2:$]};            //{0, 2, 3, 4, 5} 删除第 1 个元素

  // 下面的操作执行速度很快
  q = {6, q};                    //{6, 0, 2, 3, 4, 5}          在队列前面插入

  j = q[$];                      //j = 5                       从队列末尾取出数据
  q = q[0:$-1];                  //{6, 0, 2, 3, 4}             效果和上一行相同

  q = {q, 8};                    //{6, 0, 2, 3, 4, 8}          在队列末尾插入

  j = q[0];                      //j = 6                       从队列前面取出数据
  q = q[1:$];                    //{0, 2, 3, 4, 8}             效果和上一行相同

  q = {};                        //{}                          清空队列
end
```

队列中的元素是连续存放的，所以在队列的前面或后面存取数据非常方便。无论队列有多大，这种操作耗费的时间都是一样的。在队列中间增加或删除元素需要对已经存在的数据进行搬移以便腾出空间。相应操作耗费的时间会随着队列的大小线性增加。

你可以把定宽或动态数组的值复制给队列。

2.5 关联数组

如果你只是偶尔需要创建一个大容量的数组，那么动态数组已经足够好用了，但是如果你需要超大容量的数组，该怎么办呢？假设你正在对一个有着几个 G 字节寻址范围的处理器进行建模。在典型的测试中，这个处理器可能只访问了用来存放可执行代码和

数据的几百或几千个字节，这种情况下对几 G 字节的储存空间进行分配和初始化显然是浪费的。

　　System Verilog 提供了关联数组类型，用来保存稀疏矩阵的元素。这意味着当你对一个非常大的地址空间进行寻址时，System Verilog 只为实际写入的元素分配空间。在图 2.4 中，关联数组只保留 0:3，42，1000，4521 和 200,000 等位置上的值。这样，用来存放这些值的空间比有 200,000 个条目的定宽数组或动态数组占用的空间要小得多。

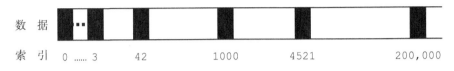

数据

索引　0 …… 3　42　1000　4521　200,000

图 2.4　关联数组

　　仿真器可以采用树或哈希表的形式存放关联数组，但有一定的额外开销。当保存索引值比较分散的数组时，例如使用 32 位地址或 64 位数据作为索引的数据包，这种额外开销显然是可以接受的。关联数组采用在方括号中放置数据类型的形式来进行声明，例如 [int] 或 [Packet]。例 2.24 示范了关联数组的声明、初始化、打印输出和遍历过程。

　　【例 2.24】关联数组的声明、初始化和使用

```
byte assoc[byte], idx = 1;
initial begin
  // 对稀疏分布的元素进行初始化
  do begin
    assoc[idx] = idx;
    idx = idx << 1;
  end while (idx != 0);

  // 使用 foreach 遍历数组
  foreach (assoc[i])
    $display("assoc[%h] = %h", i, assoc[i]);

  // 使用函数遍历数组
  if (assoc.first(idx))                          // 得到第一个索引
    do
      $display("assoc[%h] = %h", idx, assoc[idx]);
    while (assoc.next(idx));                      // 得到下一个索引

  // 找到并删除第一个元素
  void'(assoc.first(idx));
  void'(assoc.delete(idx));
  $display("The array now has %0d elements", assoc.num());
end
```

例 2.24 中的关联数组 assoc 具有稀疏分布的元素：1、2、4、8、16，等等。简单的 for 循环并不能遍历该数组，你需要使用 foreach 循环遍历数组。如果你想控制得更好，可以在 do...while 循环中使用 first 和 next 函数。这些函数可以修改索引参数的值，然后根据数组中是否剩下元素返回 0 或 1。可以使用 num 或 size 函数得到关联数组的元素个数。

和 Perl 语言中的哈希数组类似，关联数组也可以使用字符串索引进行寻址。例 2.25 使用字符串索引读取文件，并建立关联数组 switch，以实现从字符串到数字的映射。有关字符串的更多细节会在 2.15 节给出。

【例 2.25】使用带字符串索引的关联数组

```
/* 输入文件的内容如下:
  42     min_address
  1492   max_address
*/

int switch[string], min_address, max_address, i, file;
initial begin
  string s;
  file = $fopen("switch.txt", "r");
  while (! $feof(file)) begin
    $fscanf(file, "%d %s", i, s);
    switch[s] = i;
  end
  $fclose(file);

  // 获取最小地址值
  // 如果找不到字符串，对于 int 数组返回默认值 0
  min_address = switch["min_address"];

  // 获取最大地址值
  // 如果 max_address 不存在，返回 1000
  if (switch.exists("max_address"))
    max_address = switch["max_address"];
  else
    max_address = 1000;

  // 打印数组所有元素
  foreach (switch[s])
    $display("switch['%s'] = %0d", s, switch[s]);
end
```

如果你试图读取尚未被写入的元素，SystemVerilog 会返回数组类型的缺省值，例如对于 bit 或 int 这样的双状态类型缺省值是 0，对于 logic 这样的四状态类型缺省值是 X。仿真器可能会给出警告信息。可以使用 exists() 函数检查元素是否已经存在。

你可以用"索引：元素"对形式的数组常量初始化关联数组，如例 2.26 所示。当使用 %p 打印输出数组时，数组的元素会以相同的格式输出。

【例 2.26】初始化和打印关联数组

```
int power_of_2[int] = '{0:1, 1:2, 2:4};
initial begin
  for (int i = 3; i < 5; i++)
    power_of_2[i] = 1 << i;
  $display("%p", power_of_2);            //'{0:1, 1:2, 2:4, 3:8, 4:16}
end
```

也可以使用通配符声明关联数组，例如 wild[*]。这种形式意味着索引可以是任何数据类型，所以不建议使用这种风格。这种风格有很多潜在问题，例如在 foreach 循环里，foreach(wild[j]) 中的变量 j 应该是什么类型，int、string、bit 还是 logic？

2.6　数组的方法

SystemVerilog 提供了很多数组的方法，可用于任何一种非合并的数组类型，包括定宽数组、动态数组、队列和关联数组。这些方法有简有繁，简单的如求当前数组的大小，复杂的如对数组进行排序。如果不带参数，则方法中的圆括号可以省略。

2.6.1　数组缩减方法

基本的数组缩减方法是把一个数组缩减成一个值，如例 2.27 所示。缩减方法可以用来计算数组中所有元素的和、积或逻辑运算。

【例 2.27】数组缩减操作

```
byte b[$] = {2, 3, 4, 5};
int w;
w = b.sum();                    // 14 = 2 + 3 + 4 + 5
w = b.product();                //120 = 2 * 3 * 4 * 5
w = b.and();                    //0000_0000 = 2 & 3 & 4 & 5
```

其他数组缩减方法还有 or（或）和 xor（异或）。

SystemVerilog 没有提供专门从数组里随机选取一个元素的方法。所以对于定宽数组、队列、动态数组和关联数组，可以使用 $urandom_range($size(array)-1)，而对于队列和动态数组还可以使用 $urandom_range(array.size()-1)。有关 $urandom_range 的更多信息可参考 6.10 节。

如果想从一个关联数组中随机选取一个元素，你需要逐个访问该元素之前的元素，原因是没有办法直接访问第 *N* 个元素。例 2.28 示范了如何从一个以整数值作为索引的关联数组中随机选取一个元素。首先选取一个随机数，然后遍历整个数组。如果数组是以字符串作为索引，只需要将 idx 的类型改为 string 即可。

【例 2.28】从一个关联数组中随机选取一个元素

```
// 声明并初始化一个有 7 个元素的关联数组
int aa[int] = '{0:1, 5:2, 10:4, 15:8, 20:16, 25:32, 30:64};
int idx, element, count;

element = $urandom_range(aa.size()-1);
foreach(aa[i])
  if (count++ == element) begin
    idx = i;                          // 保存关联数组的索引
    break;                            // 退出
  end

$display("element#%0d aa[%0d] = %0d",
         element, idx, aa[idx]);
```

2.6.2 数组定位方法

数组中的最大值是什么？数组中有没有包含某个特定值？要想在非合并数组中查找数据，可以使用数组定位方法。你可能会觉得奇怪，为什么这些方法的返回值是一个队列。毕竟数组里只有一个最大值。

例 2.29 使用数组定位方法 min 和 max 函数找出数组中的最小值和最大值。这些方法也适用于关联数组。unique 方法返回的是在数组中具有唯一值的队列，即排除掉重复的数值。

【例 2.29】数组定位方法：min、max、unique

```
int f[6] = '{1, 6, 2, 6, 8, 6};        // 定宽数组
int d[] = '{2, 4, 6, 8, 10};           // 动态数组
int q[$] = {1, 3, 5, 7},               // 队列
    tq[$];                             // 用来保存结果的临时队列

tq = q.min();                          //{1}
tq = d.max();                          //{10}
tq = f.unique();                       //{1, 6, 2, 8}
```

使用 foreach 循环固然可以实现数组的完全搜索，但是如果使用 System Verilog 的定位方法，则只需一个操作便可完成。表达式 with 可以指示 System Verilog 如何进

行搜索，如例 2.30 所示。如果数组内不存在要搜索的内容，定位方法将返回一个空的队列。

【例 2.30】数组定位方法：find

```
int d[] = '{9, 1, 8, 3, 4, 4}, tq[$];

// 找出所有大于 3 的元素
tq = d.find with (item > 3);                      //{9, 8, 4, 4}
// 等效代码
tq.delete();
foreach (d[i])
  if (d[i] > 3)
    tq.push_back(d[i]);

tq = d.find_index with (item > 3);               //{0, 2, 4, 5}
tq = d.find_first with (item > 99);              //{} - 没有找到
tq = d.find_first_index with (item == 8);        //{2} d[2]=8
tq = d.find_last with (item == 4);               //{4}
tq = d.find_last_index with (item == 4);         //{5} d[5]=4
```

在条件语句 with 中，item 被称为重复参数，它代表了数组中一个单独的元素。item 是缺省的名字，你也可以指定别的名字，只要在数组方法的参数列表中列出来就可以了，如例 2.31 所示。

【例 2.31】重复参数的声明

```
tq = d.find_first with (item == 4);              // 本例的四个语句都是等同的
tq = d.find_first() with (item == 4);
tq = d.find_first(item) with (item == 4);
tq = d.find_first(x) with (x == 4);
```

例 2.32 示范了几种对数组子集进行求和的方式。第一行求和（total）是先把元素值与 7 进行比较，比较表达式返回 1（为真）或 0（为假），所以计算结果是数组 {1, 0, 1, 0, 0, 0} 的和。第二行将布尔运算的结果和对应的元素相乘，计算结果是 {9, 0, 8, 0, 0, 0} 的和，即 17。第三行计算所有值小于 8 的元素的和。第四行求和（total）则使用条件操作符 ?: 进行计算。最后一行计算了元素值 4 的个数。

【例 2.32】数组定位方法

```
int count, total, d[] = '{9, 1, 8, 3, 4, 4};

count = d.sum(x) with (x > 7);                    //2 = sum{1, 0, 1, 0, 0, 0}
total = d.sum(x) with ((x > 7) * x);              //17 = sum{9, 0, 8, 0, 0, 0}
count = d.sum(x) with (x < 8);                     //4 = sum{0, 1, 0, 1, 1, 1}
```

```
total = d.sum(x) with (x < 8 ? x : 0);          //12 = sum{0, 1, 0, 3, 4, 4}
count = d.sum(x) with (x == 4);                 //2 = sum{0, 0, 0, 0, 1, 1}
```

当你把数组缩减方法与条件语句 with 结合使用时，会发现惊人的结果，例如 sum 方法。在例 2.32 中，sum 方法的结果是条件表达式为真的次数。对于例 2.32 的第一个运算语句来说，总共有两个数组元素大于 7（9 和 8），所以 count 最后得 2。

 返回值为索引的数组定位方法，其返回的队列类型是 int 而非 integer，例如 find_index 方法。如果你在这些语句中不小心用错了数据类型，那么代码有可能通不过编译。

要小心 SystemVerilog 关于操作的位宽的规则。通常，当把一些单个比特值相加的时候，SystemVerilog 会保证计算的精度，不会丢失任何比特。但 sum 方法使用数组元素的位宽进行计算，所以如果数组元素是单比特的，计算结果也只有一个比特，而不是预期的结果。解决办法是使用例 2.33 所示的 with 表达式。

【例 2.33】计算数组的单比特元素的和

```
bit one[6];                                     // 元素是单个比特的数组
int total;

initial begin
  foreach (one[i])
    one[i] = i;                                 //one[i] 是 0 或 1

  // 计算单个比特的和
  total = one.sum();                            //total = 1 = (0+1+0+1+0+1) & 1

  // 计算 32 位有符号数
  total = one.sum() with (int'(item));          //total = 3
end
```

2.6.3 数组的排序

SystemVerilog 有几个可以改变数组中元素顺序的方法。你可以对元素进行正排序、逆排序，或打乱它们的顺序，如例 2.34 所示。注意，与 2.6.2 节中的数组定位方法不同的是，排序方法改变了原始数组，而数组定位方法则是新建一个队列来保存结果。

【例 2.34】对数组排序

```
int d[] = '{9, 1, 8, 3, 4, 4};
d.reverse();                                    //'{4, 4, 3, 8, 1, 9}
d.sort();                                       //'{1, 3, 4, 4, 8, 9}
```

```
d.rsort();                          //'{9, 8, 4, 4, 3, 1}
d.shuffle();                        //'{9, 4, 3, 8, 1, 4}
```

reverse 和 shuffle 方法不能带 with 条件语句，所以它们的作用范围是整个数组。例 2.35 示范了如何使用子域对一个结构进行排序。结构和合并结构在 2.9 节会有解释。

【例 2.35】对结构数组进行排序

```
struct packed { bit [7:0] r, g, b; } c[];
c = '{'{r:7, g:4, b:9}, '{r:3, g:2, b:9}, '{r:5, g:2, b:1}};

c.sort with (item.r);              // 只对红色（red）像素进行排序
//'{'{r:3, g:2, b:9}, '{r:5, g:2, b:1}, '{r:7, g:4, b:9}};

c.sort(x) with ({x.g, x.b}); // 先对绿色（green）像素后对蓝色（blue）像素进行排序
//'{'{r:5, g:2, b:1}, '{r:3, g:2, b:9}, '{r:7, g:4, b:9}};
```

只有定宽数组、动态数组、队列可以排序、反转、打乱次序。关联数组不能重新排序。

2.6.4　使用数组定位方法建立记分板

数组定位方法可以用来建立记分板。例 2.36 定义了包结构（Packet），然后建立了一个由包结构队列组成的记分板。2.8 节会解释如何使用 typedef 创建结构。

【例 2.36】带数组方法的记分板

```
typedef struct packed
  {bit [7:0] addr;
  bit [7:0] pr;
  bit [15:0] data; } Packet;

Packet scb[$];

function void check_addr(bit [7:0] addr);
  int intq[$];

  intq = scb.find_index() with (item.addr == addr);
  case (intq.size())
  0: $display("Addr %h not found in scoreboard", addr);
  1: scb.delete(intq[0]);
  default:
    $display("ERROR: Multiple hits for addr %h", addr);
  endcase
endfunction : check_addr
```

例 2.36 中的 check_addr() 函数在记分板里寻找和参数匹配的地址。find_index() 方法返回一个 int 队列。如果该队列为空（size == 0），则说明没有匹配；如果该队列有一个成员（size == 1），则说明有一个匹配，该匹配元素随后被 check_addr() 函数删除掉；如果该队列有多个成员（size > 1），则说明记分板里有多个包地址和目标值匹配。

对于包信息的存储，更好的方式是采用类，第 5 章会有相关介绍。而关于结构的更多信息可参见 2.9 节。

2.7 选择存储类型

下面介绍基于灵活性、存储器用量、速度和排序要求正确选择存储类型的一些准则。这些准则只是一些经验法则，其结果可能会因仿真器的不同而不同。

2.7.1 灵活性

如果数组的索引是连续的非负整数 0、1、2、3 等，则应该使用定宽数组或动态数组。当数组的宽度在编译时已经确定应选择定宽数组，如果要等到程序运行时才知道数组宽度则选择动态数组。例如，长度可变的数据包使用动态数组存储会很方便。当你编写处理数组的子程序时，最好使用动态数组，因为在元素类型（如 int、string 等）匹配的情况下，同一个子程序可以处理不同宽度的数组。同样地，只要元素类型匹配，任意长度的队列都可以传递给子程序。关联数组也可以作为参数传递，而不用考虑数组宽度的问题。相比之下，带定宽数组参数的子程序则只能接受指定宽度的数组。

当数组索引不规则时，例如，对于由随机数值或地址产生的稀疏分布索引，则应选择关联数组。关联数组也可以用来对基于内容寻址（content-addressable）的存储器建模。

对于那些在仿真过程中元素数目变化很大的数组，例如，保存预期值的记分板，队列是一个很好的选择。

2.7.2 存储器用量

使用双状态类型可以减少仿真时的存储器用量。为了避免浪费空间，应尽量选择 32 比特的整数倍作为数据位宽。仿真器通常会把位宽小于 32 比特的数据存放到 32 比特的字里。例如，对于一个大小为 1024 的字节数组，如果仿真器把每个元素都存成一个 32 比特字，则会浪费 3/4 的存储空间。使用合并数组有助于节省存储空间。

对于具有 1000 个元素的数组，数组类型的选择对存储器用量的影响不大（除非这种数组的量非常大）。对于具有 1000 到一百万个活动元素的数组，定宽数组和动态数组具有最高的存储器使用效率。如果你需要用到大于一百万个活动元素的数组，那就有必要重新检查一下算法是否有问题。

因为需要额外的指针，队列的存取效率比定宽数组或动态数组稍差。但是，如果你把长度经常变化的数据集存放到动态存储空间，那么你需要手工调用 new[] 来分配和复制内存。这个操作的代价会很高，可能会抵销使用动态存储空间带来的全部好处。

对兆字节量级的存储器建模应该使用关联数组。注意，因为指针带来的额外开销，关联数组里每个元素所占的空间可能会比定宽数组或动态数组所占的空间大好几倍。

2.7.3　速　度

还应根据每个时钟周期内的存取次数来选择数组类型。对于少量的读写，任何类型都可以使用，因为即使有额外开销，相比整个 DUT 也会显得很小。但是如果数组的操作很频繁，则数组的宽度和类型就变得很关键。

因为定宽数组和动态数组都存放在连续的存储器空间里，所以访问其中的任何元素耗时都相同，与数组的大小无关。

队列的读写速度与定宽数组或动态数组基本相当。队列首尾元素的存取几乎没有任何额外开销，而在队列中间插入或删除元素则需要对其他元素进行搬移以便腾出空间。当你需要在一个很长的队列里插入新元素时，你的测试程序可能会变得很慢，这时最好考虑改变新元素的存储方式。

对关联数组进行读写时，仿真器必须在存储器里进行搜索。SystemVerilog 的语言参考手册（LRM）并没有阐明这个过程是如何完成的，但最常用的方法是使用哈希表和树型结构。相比其他类型的数组，这要求更多的运算量，所以关联数组的存取速度是最慢的。

2.7.4　数据访问

由于 SystemVerilog 能够对任何类型的一维数组（定宽、动态、关联数组以及队列）进行排序，所以你应该根据数组中元素增加的频繁程度来选择数组的类型。如果元素是一次性全部加入，则选择定宽数组或动态数组，这样你只需对数组进行一次分配；如果元素是逐个加入，则选择队列，因为在队列首尾加入元素的效率很高。

如果数组的值不连续且彼此互异，例如 `{1, 10, 11, 50}，那么你可以使用关联数组并把元素值本身作为索引。使用子程序 first、next 和 prev 可以从数组中查找某个特定值进而找到它的相邻值。因为链表的是双重链接的，所以可以很容易同时找到比当前值大的值和小的值。关联数组和链表也都支持对元素的删除操作。相比之下，关联数组通过给定索引的方式来存取元素，还是比链表要快得多。

例如，你可以使用一个关联数组来存放预期的 32 比特数值。数值生成后便直接写入索引的位置。如果想知道某个数值是否已被写入，可以用 exists 函数来检查。如果不需要某个元素时，可以用 delete 函数把它从关联数组中删除。

2.7.5　选择最优的数据结构

以下是针对数据结构选择的一些建议：

（1）网络数据包。特点：长度固定，顺序存取。针对长度固定或可变的数据包可分别采用定宽数组或动态数组。

（2）保存期望值的记分板。特点：仿真前长度未知，按值存取，长度经常变化。一般情况下可使用队列，这样方便在仿真期间连续增加和删除元素。如果你能够为每个事务给出一个固定的编号，例如，1、2、3……那么可以把这个编号作为队列的索引。如果事务涉及的全都是随机数值，那么只能把它们压入队列中并从中搜索特定的值。如果记分板有数百个元素，而且需要经常对元素进行增删操作，则使用关联数组在速度上可能会快一些。如果将事务建模成对象，那么计分板可以是句柄的队列，详见第 5 章关于类的内容。

（3）有序结构。如果数据按照可预见的顺序输出，那么可以使用队列；如果输出顺序不确定，则使用关联数组。如果不用对记分板进行搜索，那么只需要把预期的数值存入信箱（mailbox），如 7.6 节所示。

（4）对超过百万个条目的特大容量存储器进行建模。如果你不需要用到所有存储空间，可以使用关联数组实现稀疏存储。如果你确实需要访问所有存储空间，试试有没有其他办法可以减少数据的使用量。请确保使用的是双状态类型的 32 比特合并数据，以节约仿真器使用的内存。

（5）文件中的命令名或操作码。特点：把字符串转换成固定值。从文件中读出字符串，然后使用命令名作为字符串索引在关联数组中查找命令名或操作码。

2.8 使用 **typedef** 创建新的类型

typedef 语句可以用来创建新的类型。例如，你要求一个算术逻辑单元（ALU）在编译时可配置，以适应 8 比特、16 比特、24 比特或 32 比特等不同位宽的操作数。在 Verilog 中，你可以为操作数的位宽和类型分别定义一个宏（macro），如例 2.37 所示。

【例 2.37】Verilog 中用户自定义的类型宏

```
// 老的 Verilog 风格
`define OPSIZE 8
`define OPREG reg [`OPSIZE-1:0]

`OPREG op_a, op_b;
```

这种情况下，你并没有创建新的类型，只是在进行文本替换。在 SystemVerilog 中，可以如例 2.38 所示创建新的类型。本书约定，除了 uint 以外，所有用户自定义类型都带后缀"_t"。

【例 2.38】SystemVerilog 中用户自定义类型

```
// 新的 SystemVerilog 风格
parameter OPSIZE = 8;
typedef reg [OPSIZE-1:0] opreg_t;

opreg_t op_a, op_b;
```

一般来说，即使数据位宽不匹配，例如，值被扩展或截断，SystemVerilog 都允许在这些基本类型之间进行复制而不会给出警告。

注意，可以把 parameter 和 typedef 语句放到一个程序包（package）里，以使它们能被整个设计和测试平台所共用，见 2.10 节。

 用户自定义的最有用的类型是双状态的 32 比特的无符号整数，如例 2.39 所示。在测试平台中，很多数值都是正整数，例如，字段长度或事务次数，这种情况下如果定义有符号整数就会出问题。把对 uint 的定义放到通用定义程序包中，就可以在仿真程序的任何地方使用它。

【例 2.39】uint 的定义

```
typedef bit [31:0] uint;              //32 比特双状态无符号数
typedef int unsigned uint;            // 等效的定义
```

对新的数组类型的定义并不是很明显。你需要把数组的下标放在新的数组名称中。例 2.40 创建了一种新的类型 fixed_array5_t，它是一个包含 5 个元素的定宽数组。例 2.40 接着声明了一个这种类型的数组并进行了初始化。

【例 2.40】用户自定义数组类型

```
typedef int fixed_array5_t[5];
fixed_array5_t   f5;                  // 和 "int f5[5]" 等价

initial begin
  foreach (f5[i])
    f5[i] = i;
end
```

自定义类型的一个用途是声明关联数组，在声明关联数组的同时必须声明一个简单数据类型的索引。你可以修改例 2.24 的第一行来使用 64 位数据，如例 2.41 所示。

【例 2.41】用户自定义关联数组索引

```
typedef bit[63:0] bit64_t;
bit64_t assoc[bit64_t], idx = 1;
```

2.9 创建用户自定义结构

Verilog 的最大缺陷之一是没有数据结构。在 SystemVerilog 中你可以使用 struct 语句创建结构，和 C 语言类似。但 struct 的功能比类少，所以还不如直接在测试平台中使用类，这一点在第 5 章中会有详述。就像 Verilog 的模块（module）中同时包括数据（signals）和代码（always/initial 代码块及子程序）一样，类里面也包含数据和程序，以便调试和重用。struct 只是把数据组织到一起。如果缺少可以操作数据的程序，那么也只是解决了一半的问题。

由于 struct 只是一个数据的集合，所以它是可综合的。如果你想在设计代码中对一个复杂的数据类型进行建模，例如像素，可以把它放到 struct 里。结构可以通过模块端口进行传递。如果你想生成带约束的随机数据，那就应该使用类了。

2.9.1 使用 struct 创建新类型

你可以把若干变量组合到一个结构中。例 2.42 创建了一个名为 pixel 的结构，它有三个无符号的字节变量，分别代表红、绿、蓝。

【例 2.42】创建一个 pixel 类型

```
struct {bit [7:0] r, g, b;} pixel;
```

例 2.42 中的前置声明只创建了一个 pixel 变量。要想在端口和程序中共享它，则必须创建一个新的类型，如例 2.43 所示。

【例 2.43】pixel 结构

```
typedef struct {bit [7:0] r, g, b;} pixel_s;
pixel_s my_pixel;
```

在 struct 的声明中使用后缀 "_s" 可以方便用户识别自定义类型，简化代码的共享和重用过程。

2.9.2 对结构进行初始化

你可以在声明或者过程赋值语句中把多个值赋给一个结构体，就像数组那样。如例 2.44 所示，赋值时要把数值放到带单引号的大括号中。

【例 2.44】对 struct 类型进行初始化

```
initial begin
  typedef struct {int a;
                  byte b;
                  shortint c;
                  int d;} my_struct_s;
  my_struct_s st = '{32'haaaa_aaaad,
                     8'hbb,
                     16'hcccc,
                     32'hdddd_dddd};

  $display("str = %x %x %x %x ", st.a, st.b, st.c, st.d);
end
```

2.9.3 创建可容纳不同类型的联合

在硬件中，寄存器里某些位的含义可能与其他位的值有关。例如，不同的操作码对应的处理器指令格式也不同。带立即操作数的指令，它在操作数位置上存放的是一个常量。整数指令对这个立即数的译码结果会与浮点指令大不相同。例 2.45 把无符号位矢量 b 和整数 i 存放在同一位置上。

【例 2.45】使用 typedef 创建联合

```
typedef union { bit [31:0] b; int i; } num_u;
num_u un;
un.i = -1;                                        // 把数值设为无符号整数
```

这里，使用后缀 "_u" 来表示联合类型。

 如果需要以若干不同的格式对同一寄存器进行频繁读写，联合类型非常有用。但是，不要滥用，尤其不要仅仅因为想节约存储空间就使用联合。与结构相比，联合可能可以节省几个字节，但是付出的代价却是必须创建并维护一个更加复杂的数据结构。如 8.4.4 节中所提到的，使用一个带判别变量的类可以达到同样的效果。这个判别变量的好处在于它标明了需要处理的数据类型，据此可以对相应字段实施读、写和随机化等操作。假如你只需要一个数组，并想使用所有比特来提高存储效率，那么使用 2.2.6 节介绍的合并数组是很合适的。

2.9.4　合并结构

SystemVerilog 提供的合并结构允许对数据在存储器中的排布方式有更多的控制。合并结构是以连续比特集的方式存放的，中间没有闲置的空间。例 2.43 中的 pixel 结构使用了三个数值，所以它占用了三个长字的存储空间，即使它实际只需要三个字节。你可以用 packed 关键字指定把它合并到尽可能小的空间里，如例 2.46 所示。

【例 2.46】合并结构

```
typedef struct packed {bit [7:0] r, g, b;} pixel_p_s;
pixel_p_s my_pixel;
```

当希望减少存储器的使用量或存储器的部分位代表了数值时，可以使用合并结构。例如，可以把若干个比特域合并成一个寄存器，也可以把操作码和操作数合并在一起来包含整个处理器指令。

2.9.5　在合并结构和非合并结构之间进行选择

当在合并结构和非合并结构之间选择时，必须考虑结构通常的使用方式和元素的对齐方式。如果对结构的操作很频繁，例如，需要经常对整个结构体进行复制，使用合并结构的效率会比较高。但是，如果操作经常是针对结构内的个体成员而非整体，那就应该使用非合并结构。当结构的元素不按字节对齐，或者元素位宽与字节不匹配，又或者元素是处理器的指令字时，使用合并结构和非合并结构在性能上的差别会更大。对合并结构中尺寸不规则的元素进行读写，需要移位和屏蔽操作，代价很高。

2.10　包

在一个新的项目开始时，需要产生新的类型和参数。例如，处理器需要和公司的 ABC 总线通信，测试平台需要定义 ABC 数据类型和参数来描述总线宽度和时序。另一个项目可能会用到这些类型，另外增加关于 XYZ 总线的内容。

你可以为每一个总线建立独立的文件，使用"'include"语句在编译时包含这些文件。注意，每个总线相关的名字都必须是独一无二的，即使是那些希望永远都对外不可见的内部变量。怎样才能管理好这些类型，以免发生名称冲突的情况？

SystemVerilog 的包（Package）允许在模块、包、程序和接口间共享声明，在第 4 章会详细描述。例 2.47 所示是 ABC 总线包。

【例 2.47】ABC 总线的包

```
package ABC;
  parameter int abc_data_width = 32;
  typedef logic [abc_data_width-1:0] abc_data_t;
  parameter time timeout = 100ns;
  string message = "ABC done";
endpackage                        //ABC
```

可以使用 import 语句从包里导入符号。只有当一个符号在搜索路径里没有定义时，编译器才会到导入的包里寻找。在例 2.48 中，如果本地没有相同的名字，第一个 import 语句会使符号 abc_data_width、abc_data_t 和 timeout 可见。ABC 中的变量 message 被模块里的同名变量隐藏了。

【例 2.48】导入包

```
module test;
  import ABC::*;                    // 寻找 ABC 里的符号

  abc_data_t data;                  //abc_data_t 来自包 ABC
  string message = "Test timed out"; // 本地的 message 隐藏了包 ABC 里的 message 符号

  initial begin
    #(timeout);                     //timeout 来自包 ABC
    $display("Timeout - %s", message);
    $finish;
  end
endmodule
```

如果确实需要使用 ABC 中的 message，则使用 ABC::message。

可以使用范围操作符"::"导入指定的符号。例 2.49 从 ABC 中导入所有符号，从 XYZ 中只导入 timeout。

【例 2.49】从包中选择性地导入符号

```
module test;
  import ABC::*;                               // 寻找 ABC 里的符号
  import XYZ::timeout;                         // 只导入 timeout
  string message = "Test timed out";           // 隐藏了 ABC 中的 message

  initial begin
   #(timeout);                                 // 来自 XYZ
   $display("Timeout - %s", message);
   $finish;
  end
endmodule
```

包只能看见包内部定义的符号，或者包自己导入的包。不能层次化地引用来自包外部的符号，例如，信号、子程序和模块。包是完全独立的，可以被放到任何需要的地方，没有任何外部依赖。

包可以包含子程序和类，详见 5.4 节。

2.11　类型转换

SystemVerilog 有一些规则确保计算表达式的时候不会丢失或者略微丢失精度。例如，两个 8 位数相加时，以 9 位精度进行相加以避免溢出；两个 8 位数相乘时，SystemVerilog 计算出 16 位的结果。

SystemVerilog 数据类型的多样性意味着你可能需要在它们之间进行转换。如果源变量和目标变量的比特位分布完全相同，例如，整数和枚举类型，那它们之间可以直接相互赋值。如果源变量和目标变量比特位分布不同，例如，字节数组和字数组，则需要使用流操作符重新安排比特分布，见 2.12 节。

2.11.1　静态转换

静态转换操作不对转换值进行检查。如例 2.50 所示，转换时指定目标类型，并在需要转换的表达式前加上单引号即可。注意，Verilog 对整数和实数类型，或者不同位宽的向量之间进行隐式转换。

【例 2.50】在整型和实型之间进行静态转换

```
int i;
real r;
i = int '(10.0 - 0.1);                         // 转换是非强制的
r = real'(42);                                 // 转换是非强制的
```

2.11.2 动态转换

动态转换函数 \$cast 允许对越界的数值进行检查。相关内容可参见 2.13.3 节中对于枚举类型的解释和示例。

 当希望 SystemVerilog 使用更高精度的数据类型时应使用静态转换，例如，用 sum 方法对单比特类型的数组元素求和。当需要转换的数据个数比目标类型多时，例如，从整数转换为枚举类型，应使用动态转换。

2.12 流操作符

流操作符 << 和 >> 用在赋值表达式的右边，后面带表达式、结构或数组。流操作符用于把其后的数据打包成一个比特流。操作符 >> 把数据从左至右变成流，<< 则把数据从右至左变成流，如例 2.51 所示。你也可以指定一个片段宽度，把源数据按照这个宽度分段以后再转变成流。不能将比特流结果直接赋值给非合并数组，应该在赋值表达式的左边使用流操作符把比特流拆分到非合并数组中。

【例 2.51】基本的流操作

```
initial begin
  int h;
  bit [7:0] b, g[4], j[4] = '{8'ha, 8'hb, 8'hc, 8'hd};
  bit [7:0] q, r, s, t;

  h = { >> {j}};                      //0a0b0c0d 把数组打包成整型
  h = { << {j}};                      //b030d050 位倒序
  h = { << byte {j}};                 //0d0c0b0a 字节倒序
  {>>{g}} = { << byte {j}};           //0d, 0c, 0b, 0a 拆分成数组
  b = { << {8'b0011_0101}};           //1010_1100 位倒序
  b = { << 4 {8'b0011_0101}};         //0101_0011 半字节倒序
  {>> {q, r, s, t}} = j;              // 把 j 分散到四个字节变量里
  h = {>>{t, s, r, q}};               // 把字节集中到 h 里
end
```

你也可以使用很多连接符 { } 来完成同样的操作，但是流操作符用起来会更简洁并且易于阅读。

如果你需要打包或拆分数组，可以使用流操作符完成具有不同尺寸元素的数组间的转换。例如，你可以将字节数组转换成字数组，对于定宽数组、动态数组和队列都可以这样操作。例 2.52 示范了队列之间的转换，这种转换也适用于动态数组。数组元素会根据需要自动分配。

【例 2.52】使用流操作符进行队列间的转换

```
initial begin
  bit [15:0] wq[$] = {16'h1234, 16'h5678};
  bit [7:0]  bq[$];

  // 把字数组转换成字节数组
  bq = { >> {wq}};                          //12 34 56 78

  // 把字节数组转换成字数组
  bq = {8'h98, 8'h76, 8'h54, 8'h32};
  wq = { >> {bq}};                          //9876 5432
end
```

　　　　数组下标失配是在数组间进行流操作时常见的错误。数组声明中的下标 [256] 等同于 [0:255] 而非 [255:0]。由于很多数组使用 [high:low]（由高到低）的下标形式进行声明，使用流操作把它们的值赋给带 [size] 下标形式的数组，会造成元素倒序。同样，如果把声明形式为 bit [7:0] src [255:0] 的非合并数组使用流操作赋值给声明形式为 bit [7:0] [255:0] dst 的合并数组，则数值的顺序会被打乱。对于合并的字节数组，正确的声明形式应该是 bit [255:0] [7:0] dst。

流操作符也可用来将结构（例如，ATM 信元）打包或拆分到字节数组中。在例 2.53 中使用流操作把结构转换成动态的字节数组，然后又将字节数组反过来转换成结构。

【例 2.53】使用流操作符在结构和数组间进行转换

```
initial begin
  typedef struct {int a;
                  byte b;
                  shortint c;
                  int d;} my_struct_s;
  my_struct_s st = '{32'haaaa_aaaa,
                     8'hbb,
                     16'hcccc,
                     32'hdddd_dddd};
  byte b[];

  // 将结构转换成字节数组
  b = { >> {st}};                    //{aa aa aa aa bb cc cc dd dd dd dd}

  // 将字节数组转换成结构
  b = '{8'h11, 8'h22, 8'h33, 8'h44, 8'h55, 8'h66, 8'h77,
```

```
        8'h88, 8'h99, 8'haa, 8'hbb};
    st = { >> {b}};                      //st = 11223344, 55, 6677, 8899aabb
  end
```

2.13 枚举类型

枚举类型允许建立相关的但是独立的常量，例如，状态机里的状态或者指令中的操作码。在传统的 Verilog 里，你只能使用文本宏。宏的全局作用范围太大，而且有时候在调试工具里是不可见的。枚举创建了一种强大的变量类型，仅限于一些特定名称的集合。例如，使用 ADD、MOVE 或 ROTW 这些名称有利于编写和维护代码，比直接使用 8'h01 这样的常量或者宏要好得多。另一种定义常量的方法是使用参数。但参数需要对每个数值单独进行定义，而枚举类型却能自动为列表中的每个名称分配不同的数值。

最简单的枚举类型声明包含一个常量名称列表以及一个或多个变量，如例 2.54 所示。通过这种方式创建的是一个匿名的枚举类型，它只能用于这个例子中声明的变量。

【例 2.54】一个简单的枚举类型

```
enum {RED, BLUE, GREEN} color;
```

建议创建一个命名的枚举类型，有利于声明更多新变量，尤其是当这些变量被用作子程序参数或模块端口时。你需要首先创建枚举类型，然后再创建相应的变量，如例 2.55 所示。使用内建的 name() 函数，可以得到枚举变量值对应的字符串。

【例 2.55】枚举类型，建议的代码风格

```
// 创建代表 0，1，2 的数据类型
typedef enum {INIT, DECODE, IDLE} fsmstate_e;
fsmstate_e pstate, nstate;                    // 声明自定义类型变量

initial begin
  case (pstate)
    IDLE: nstate = INIT;                      // 数据赋值
    INIT: nstate = DECODE;
    default: nstate = IDLE;
  endcase
  $display("Next state is %s",
          nstate.name());                     // 显示状态的符号名
end
```

这里，使用后缀"_e"表示枚举类型。

2.13.1 定义枚举值

枚举值缺省为从 0 开始递增的整数。你可以定义自己的枚举值。例 2.56 中使用 INIT 代表缺省值 0，DECODE 代表 2，IDLE 代表 3。

【例 2.56】指定枚举值

```
typedef enum {INIT, DECODE = 2, IDLE} fsmtype_e;
```

枚举常量，如例 2.56 中的 INIT，它们的作用范围和变量是一样的。因此，如果你在不同的枚举类型中用到同一个枚举常量名，例如，把 INIT 用于不同的状态机，那么你必须在不同的作用域里声明它们，例如，模块、程序块、函数和类。

如果没有特别指出，枚举类型会被当成 int 类型存储。由于 int 类型的缺省值是 0，所以在给枚举常量赋值时务必小心。在例 2.57 中，position 会被初始化为 0，这并不是一个合法的 ordinal_e 变量。这种情况是语言本身所规定的，并非工具的缺陷。因此，把 0 指定给一个枚举常量可以避免这个错误，如例 2.58 所示。

【例 2.57】指定枚举值：不正确

```
typedef enum {FIRST = 1, SECOND, THIRD} ordinal_e;
ordinal_e position;
```

【例 2.58】指定枚举值：正确

```
typedef enum {BAD_0 = 0, FIRST = 1, SECOND, THIRD} ordinal_e;
ordinal_e position;
```

2.13.2　枚举类型的子程序

SystemVerilog 提供了一些可以遍历枚举类型的函数。

（1）first() 返回第一个枚举常量。

（2）last() 返回最后一个枚举常量。

（3）next() 返回下一个枚举常量。

（4）next(N) 返回以后第 N 个枚举常量。

（5）prev() 返回前一个枚举变量。

（6）prev(N) 返回以前第 N 个枚举变量。

当到达枚举常量列表的头或尾时，函数 next 和 prev 会自动以环形方式绕回。

注意，要在 for 循环中使用变量来遍历枚举类型中的所有成员并非易事。你可以使用 first 访问第一个成员，使用 next 访问后面的成员。当循环变量超出定义的边界时 for 循环终止，但 next 函数永远会返回一个枚举类型的变量。如果使用 current!=current.last()，则循环会在到达最后一个成员之前终止。如果使用 current<=current.last()，则会造成死循环，因为 next 给出的值永远不会大于最后一个值。类似于 for 循环的步长为 0.3，而循环变量定义为 bit[1:0]，所以循环永远不会退出。你可以通过使用整数循环变量，或者递增枚举变量来解决这个问题。但如果枚举值是不连续的，例如 1、2、3、5、8，这两种方法都会给出非法值。

实际上，可以使用 do...while 循环遍历所有值，检查变量的值是否绕回初始值，如例 2.59 所示。

【例 2.59】遍历所有枚举成员

```
typedef enum {RED, BLUE, GREEN} color_e;
color_e color;
color = color.first;
do
  begin
  $display("Color = %0d/%s", color, color.name());
  color = color.next;
  end
while (color != color.first);                        // 环形绕回时即完成
```

2.13.3 枚举类型的转换

枚举类型的缺省类型为双状态 int。你可以使用简单的赋值表达式把枚举变量的值直接赋给非枚举变量如 int，如例 2.60 所示。但 System Verilog 不允许在没有进行显式类型转换的情况下把整型变量赋给枚举变量。System Verilog 要求显式类型转换的目的在于让你意识到可能存在的数值越界情况。

【例 2.60】整型和枚举类型之间相互赋值

```
typedef enum {RED, BLUE, GREEN} COLOR_e;
COLOR_e color, c2;
int c;

initial begin
  color = BLUE;                           // 赋一个已知的合法值
  c = color;                              // 将枚举类型转换成整型（1）
  c++;                                    // 整型递增（2）
  if (!$cast(color, c))                   // 将整型显式转换回枚举类型
    $display("Cast failed for c = %0d", c);
  $display("Color is %0d / %s", color, color.name());
  c++;                                    //3 对于枚举类型已经越界
  c2 = color_E'(c);                       // 不做类型检查
  $display("c2 is %0d / %s", c2, c2.name());
end
```

在例 2.60 中，$cast 被当成函数进行调用，目的在于把其右边的值赋给左边的量。如果赋值成功，$cast() 返回 1。如果因为数值越界而导致赋值失败，则不进行任何赋值，函数返回 0。如果把 $cast 当成任务使用并且操作失败，则 System Verilog 会打印出错误信息。

你也可以像例 2.51 所示的那样使用 type'(val) 进行类型转换，但这种方式并不进行任何类型检查，所以转换结果可能会越界。例如，在例 2.51 中进行静态类型转换以后，赋给 c2 的值实际上已经越界。所以应该尽量避免使用这种方式。

2.14 常 量

SystemVerilog 中有好几种类型的常量。Verilog 中创建常量的最典型的方法是使用文本宏。它的好处是，宏具有全局作用范围并且可以用于位段和类型定义。它的缺点同样是因为宏具有全局作用范围，在你只需要一个局部常量时可能会引发冲突。此外，宏定义需要使用 ` 符号，这样它才能被编译器识别和扩展。

Verilog 中的 parameter 并没有严格的类型界定，而且其作用范围仅限于单个模块。Verilog-2001 增加了带类型的 parameter，但其有限的作用范围仍然使得它无法获得广泛应用。在 SystemVerilog 中，参数可以在程序包里声明，因此可以在多个模块中共同使用。这种方式可以替换 Verilog 中很多用来表示常量的宏。你可以用 typedef 替换那些单调乏味的宏，还可以选择 parameter。

SystemVerilog 也支持 const 修饰符，允许在变量声明时对其进行初始化，但不能在过程代码中改变其值，如例 2.61 所示。

【例 2.61】const 变量的声明

```
initial begin
  const byte colon = ":";
  ...
end
```

在例 2.61 中，colon 的值在仿真器运行时，在 initial 块开头就被初始化。const 作为子程序参数的情况将在第 3 章的例 3.11 中给出。

2.15 字符串

如果你曾经使用过 Verilog 中的 reg 变量来保存字符串，那么你所受的煎熬将会结束。SystemVerilog 中的 string 类型可以用来保存长度可变的字符串。单个字符是 byte 类型。长度为 N 的字符串，元素编号从 0 到 N-1。注意，和 C 语言不一样的是，字符串的结尾并不带标识符 null，所有尝试使用字符 "\0" 的操作都会被忽略。字符串使用动态的存储方式，所以你不用担心存储空间会全部用完。

例 2.62 示范了与字符串相关的几种操作。函数 getc(N) 返回位置 N 上的字节，toupper 返回一个所有字符大写的字符串，tolower 返回一个所有字符小写的字符串。大括号 {} 用于串接字符串。任务 putc(M, C) 把字节 C 写到字符串的 M 位上，M 必须介于 0 和 len 所给出的长度之间。函数 substr(start, end) 提取出从位置 start 到 end 之间的所有字符。

【例 2.62】字符串方法

```
string s;

initial begin
  s = "IEEE ";
  $display(s.getc(0));                          // 显示: 73 , ASCII 字符 ('I')
  $display(s.tolower());                        // 显示: ieee

  s.putc(s.len()-1, "-");                       // 将空格变为'-'
  s = {s, "1800"};                              //"IEEE-1800"

  $display(s.substr(2, 5));                     // 显示: EE-1

  // 创建临时字符串, 注意格式
  my_log($sformatf("%s %5d", s, 42));
end

function void my_log(string message);
  // 把信息打印到日志里
  $display("@%0t: %s", $time, message);
endfunction
```

稍加留意便可发现动态字符串的用处有多大。在别的语言如 C 语言里,你必须不停地创建临时字符串来接收函数返回的结果。在例 2.62 中,函数 $sformatf 替代了 Verilog-2001 中的函数 $sformat。这个新函数返回一个格式化的临时字符串,并且可以直接传递给其他子程序。这样你就可以不用定义新的临时字符串并在格式化语句与函数调用过程中传递这个字符串。尽管大多数仿真器支持非正式的(未公开的)$psprintf 函数,它的功能和 $sformatf 函数相同,但在语言参考手册(LRM)里没有这方面的记录。

有两种方法可以比较字符串,但它们的表现各不相同。一种方法是用比较操作符, s1 == s2, 字符串相同时返回 1, 不同时返回 0。另一种方法是用字符串比较函数, s1.compare(s2), s1 大于 s2 时返回 1, 相等时返回 0, 小于时返回 -1。后者的结果和 ANSI C 的 strcmp() 函数相同, 但可能和你预期的结果不同。

2.16 表达式的位宽

在 Verilog 中,表达式的位宽是造成行为不可预知的主要源头之一。例 2.63 使用四种不同方式实现 1+1。方式 A 使用两个单比特变量,在这种精度下得到 1+1=0。方式 B 由于赋值表达式的左边有一个 8 比特的变量,所以其精度是 8 比特,得到的结果是

1+1=2。方式 C 采用一个常数哑元强迫 System Verilog 使用 2 比特精度。最后，在方式 D 中，第一个值在转换符的作用下被指定为 2 比特的值，所以结果是 1+1=2。

【例 2.63】表达式位宽依赖于上下文

```
bit [7:0] b8;
bit one = 1'b1;                          // 单比特
$displayb(one + one);                    //A: 1+1 = 0

b8 = one + one;                          //B: 1+1 = 2
$displayb(b8);

$displayb(one + one + 2'b0);             //C: 1+1 = 2，使用了常量

$displayb(2'(one) + one);                //D: 1+1 = 2，采用强制类型转换
```

有一些技巧可以避免这个问题。首先，避免像例 2.63 中方式 A 那样由于溢出造成精度受损的情况。也可以使用临时变量，像例 2.63 中的 b8 那样，以得到期望的位宽。其次，可以另外加入其他的值去强制获取最小精度，就像例 2.63 中的 2'b0。最后，在 System Verilog 中，还可以通过对变量进行强制转换以达到期望的精度。

2.17　小　结

System Verilog 提供了很多新的数据类型和结构，使得你可以在较高的抽象层次上编写测试平台，不用担心比特层次的表示问题。队列很适合用于创建记分板，你可以在上面频繁地增加或删除数据。动态数组允许你在程序运行时再指定数组宽度，为测试平台提供了极大的灵活性。关联数组可用于稀疏存储和一些只有单一索引的记分板。枚举类型通过创建具名常量列表而使得代码更便于读写。

但你不应该满足于使用这些数据结构来写测试程序。第 5 章里所讲述的 System Verilog 的 OOP 特性将帮你在更高抽象层次上设计代码，进而提高代码的稳健性和可重用性。

2.18　练　习

1. 对于以下代码：

```
byte my_byte;
integet my_integer;
int my_int;
bit [15:0] my_bit;
shortint my_short_int1;
shortint my_short_int2;
```

```
my_integer = 32'b000_1111_xxxx_zzzz;
my_int = my_integer;
my_bit = 16'h8000;
my_short_int1 = by_bit;
my_short_int2 = my_short_int1 - 1;
```

判断：

（1）my_byte 的取值范围？

（2）my_int 以十六进制表示是多少？

（3）my_bit 以十进制表示是多少？

（4）my_short_int1 以十进制表示是多少？

（5）my_short_int2 以十进制表示是多少？

2. 对于以下代码：

```
bit [7:0] my_mem[3];
logic [3:0] my_logicmem[4];
logic [3:0] my_logic;


my_mem = '{default:8'hA5};
my_logicmem = '{0, 1, 2, 3};
my_logic = 4'hF;
```

按照下面的次序执行，计算每一步的赋值结果。

① my_mem[2] = my_logicmem[4];

② my_logic = my_logicmem[4];

③ my_logicmem[3] = my_mem[3];

④ my_mem[3] = my_logic;

⑤ my_logic = my_logicmem[1];

⑥ my_logic = my_mem[1];

⑦ my_logic = my_logicmem[41];

3. 编写 SystemVerilog 代码，满足以下要求：

（1）声明一个双状态数组 my_array，数组有 4 个 12 位的元素。

（2）按以下要求初始化 my_array 数组：

① my_array[0] = 12'h012

② my_array[1] = 12'h345

③ my_array[2] = 12'h678

④ my_array[3] = 12'h9AB

（3）使用以下方法遍历 my_array 数组，打印每个元素的 [5:4] 位。

① 使用 for 循环

② 使用 foreach 循环

4. 声明一个 5×31 的多维非合并数组 my_array1，每个元素都是 4 状态数值。

57

（1）下面哪一个赋值语句是合法的，并且在允许范围内。

① my_array1[4][30] = 1'b1;

② my_array1[29][4] = 1'b1;

③ my_array1[4] = 32'b1;

（2）画出合法赋值语句执行后的 my_array1 的保存图。

5. 声明一个 5×31 的多维合并数组 my_array2，每个元素都是双状态数值。

（1）下面哪一个赋值语句是合法的，并且在允许范围内。

① my_array2[4][30] = 1'b1;

② my_array2[29][4] = 1'b1;

③ my_array2[3] = 32'b1;

（2）画出合法赋值语句执行后的 my_array2 的保存图。

6. 对于以下代码，判断输出结果。

```
module test;
  string street[$];

  initital begin
    street = {"Tejon", "Bijou", "Boulder"};
    $display("Street[0] = %s", street[0]);
    street.insert(2, "Platte");
    $display("Street[2] = %s", street[2]);
    street.push_front("St. Vrain");
    $display("Street[2] = %s", street[2]);
    $display("pop_back = %s", street.pop_back);
    $display("street.size = %d", street.size);
  end
endmodule //test
```

7. 编写以下问题的代码：

（1）使用关联数组建立处理器的内存，字长为 24 位，地址空间为 2^{20} 个字。假设复位时 PC 从 0 地址开始，程序空间从 0×400 开始，ISR 指向最大地址。

（2）用以下指令填充内存：

① 24'hA50400;　// 跳转到主程序，0x400

② 24'h123456;　// 位于 0x400 的指令 1

③ 24'h789ABC;　// 位于 0x401 的指令 2

④ 24'h0F1E2D;　//ISR = 中断返回

（3）打印数组中的元素和元素数。

8. 编写满足以下要求的 SystemVerilog 代码：

（1）产生一个 3 字节的队列，初始化内容为 2，-1，127。

（2）以十进制方式打印队列的和。

（3）打印队列的最小值和最大值。

（4）对队列的所有元素排序，打印排序后的队列。

（5）打印队列内负值元素的索引。

（6）打印队列内的正值元素。

（7）对队列反向排序，打印排序后的队列。

9. 定义一个 7 位自定义类型，使用新的数据类型封装下图的数据包，并将包头赋值为 7'h5A。

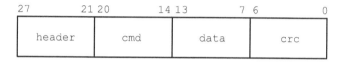

10. 编写满足以下要求的 SystemVerilog 代码：

（1）产生一个 4 位的自定义类型 nibble。

（2）产生一个实数变量 r，初始化为 4.33。

（3）产生一个 short int 变量 i_pack。

（4）产生一个非合并数组 k，包含 4 个上述 nibble 自定义类型的元素，初始化为 4'h0, 4'hF, 4'hE 和 4'hD。

（5）打印输出 k。

（6）基于 bit 方式把数组 k 用流操作从右到左打包给 i_pack，并打印输出。

（7）基于 nibble 方式把数组 k 用流操作从右到左打包给 i_pack，并打印输出。

（8）将 r 类型转换为 nibble，赋值给 k[0]，打印输出。

11. ALU 的操作码如表 2.1 所示。

表 2.1　ALU 的操作码

操作码	编　码
加法：A + B	2'b00
减法：A − B	2'b01
按位取反：A	2'b10
按位或缩减：B	2'b11

写出完成以下任务的测试平台：

（1）建立操作码的枚举类型 opcode_e。

（2）建立 opcode_e 类型的变量 opcode。

（3）每 10ns 遍历 opcode 的所有取值。

（4）例化一个 ALU，带有一个 2 位输入的操作码。

第 3 章　过程语句和子程序

在进行设计验证时，你需要写很多代码，其中大部分代码在任务和函数里。SystemVerilog 在这方面增加了许多改进使得它更接近 C 语言，从而使代码的编写变得更加容易，尤其是在处理参数传递上。如果你有软件工程方面的背景知识，肯定会对这些改进感到很熟悉。

3.1　过程语句

SystemVerilog 从 C 和 C++ 中引入了很多操作符和语句。你可以在 for 循环中定义循环变量，它的作用范围仅限于循环内部，有助于避免一些代码漏洞。自动递增符 "++" 和自动递减符 "--" 既可以作为前缀，也可以作为后缀。"+="、"-="、"^=" 等复合赋值运算符使代码更紧凑。如果在 begin 或 fork 语句中使用标识符，那么在对应的 end 或 join 语句中可以放置相同的标识符，这使得程序块的首尾匹配更加容易。你也可以把标识符放在 SystemVerilog 的其他结束语句里，例如，endmodule、endtask、endfunction，以及本书将介绍的其他语句。例 3.1 展示了一些新的语法结构。

【例 3.1】新的过程语句和操作符

```
initial
  begin : example
  integer array[10], sum, j;

  // 在 for 语句中声明 i
  for (int i = 0; i < 10; i++)      //i 递增
    array[i] = i;

  // 把数组里的元素相加
  sum = array[9];
  j = 8;
  do                                //do...while 循环
    sum += array[j];                // 复合赋值
  while (j--);                      // 判断 j = 0 是否成立
  $display("Sum = %4d", sum);       //%4d 指定宽度
end : example                       // 结束标识符
```

SystemVerilog 为循环功能增加了两个新语句。第一个是 continue，用于在循环中跳过本轮循环剩下的语句，直接进入下一轮循环；第二个是 break，用于终止并跳出循环。

例 3.1 中的复合赋值语句等同于 "sum = sum + array[j];"。例 3.2 中的循环使用 Verilog-2001 中的文件输入输出系统任务从一个文件中读取命令。如果读到的命令只是一个空行，则执行 continue 语句，跳过对这个命令的进一步处理；如果读到的命令是 "done"，代码将会执行 break 终止循环。

【例 3.2】在读取文件时使用 break 和 continue 语句

```
initial begin
  bit [127:0] cmd;
  int file, c;

  file = $fopen("commands.txt", "r");
  while (!$feof(file)) begin
    c = $fscanf(file, "%s", cmd);
    case (cmd)
      "":      continue;        // 空行，跳到本轮循环的末尾
      "done": break;           //done，终止并跳出循环
      ...                      // 此处处理其他命令
    endcase  // case(cmd)
    end
  $fclose(file);
end
```

SystemVerilog 扩展了 case 语句，不再需要列出所有可能情况，并且可以像例 3.3 那样列出取值的范围。7.1 节中将有这方面的介绍。这是 inside 操作符的一种使用情况，6.4.5 节将有更详细的介绍。

【例 3.3】列出取值范围的 case-inside 语句

```
case ( graduation_year ) inside      //注意 "inside" 关键字
  [ 1950 : 1959 ] : $display ( "Do you like bobby sox? " );
  [ 1960 : 1969 ] : $display ( "Did you go to Woodstock? " );
  [ 1970 : 1979 ] : $display ( "Did you dance to disco? " );
endcase
```

3.2　任务、函数以及 void 函数

在 Verilog 中，任务（task）和函数（function）之间有很明显的区别。其中最重要的一点是，任务可以消耗时间而函数不能。函数里面不能带有诸如 #100 的时延语句或诸如 @(posedge clock)、wait(ready) 的阻塞语句，也不能调用任务。另外，Verilog 中的函数必须有返回值，并且返回值必须被使用，例如用到赋值语句中。

SystemVerilog 对这条限制稍有放宽，允许函数调用任务，但只能在由 fork...join_none 语句生成的线程中调用，7.1 节中将有这方面的介绍。

如果你有一个不消耗时间的 SystemVerilog 任务，应该把它定义成 void 函数，这种函数没有返回值。这样它就能被任何任务或函数所调用了。从最大灵活性的角度考虑，所有用于调试的子程序都应该定义成 void 函数而非任务，以便于被任何其他任务或函数所调用。例 3.4 可以输出状态机的当前状态值。

【例 3.4】用于调试的 void 函数

```
function void print_state();
  $display("@%0t: state = %s", $time, cur_state.name());
endfunction
```

在 SystemVerilog 中，如果你想调用函数并且忽略它的返回值，可以使用 void 函数进行结果转换，如例 3.5 所示。有些仿真器，如 VCS，允许在不使用上述 void 语法的情况下忽略返回值。语言参考手册（LRM）规定这种情况应输出一个警告。

【例 3.5】忽略函数的返回值

```
void'($fscanf(file, "%d", i));
```

3.3 任务和函数概述

SystemVerilog 在任务和函数上做了一些小改进，使得它们看起来更像 C 或 C++ 的程序。一般情况下，在定义或调用不带参数的子程序时并不需要带空括号 ()。为了清楚起见，本书对于这种情形的子程序将全部带括号。

在 SystemVerilog 中，你可能会注意到的第一个改进就是 begin...end 块变成可选了，而在 Verilog-1995 中则对单行以外的子程序都是必需的。在例 3.6 中去掉了 begin...end, task / endtask 和 function / endfunction 的关键词已经足以定义这些子程序的边界。

【例 3.6】不带 begin...end 的简单任务

```
task multiple_lines;
  $display("First line");
  $display("Second line");
endtask : multiple_lines
```

3.4 子程序参数

SystemVerilog 对子程序的很多改进使参数的声明变得更加方便，同时也扩展了参数的传递方式。

3.4.1　C 语言风格的子程序参数

SystemVerilog 和 Verilog-2001 在任务和函数参数的声明上更加简洁，更少重复。例 3.7 中的 Verilog 任务要求对一些参数进行两次声明，一次是方向声明，另一次是类型声明。

【例 3.7】Verilog-1995 的子程序参数

```
task mytask1;
  output       [31:0]      x;
  reg          [31:0]      x;
  input                    y;
  ...
endtask
```

而在 SystemVerilog 中，你可以采用简明的 C 语言风格，如例 3.8 所示。注意必须使用通用的输入类型 logic。

【例 3.8】C 语言风格的子程序参数

```
task mytask2 (output   logic [31:0] x,
              input    logic y);
...
endtask
```

3.4.2　参数的方向

在声明子程序参数方面还可以更便捷，因为缺省的类型和方向是"logic 输入"，所以在声明类似参数时不必重复。例 3.9 所示为采用 SystemVerilog 的数据类型，但以 Verilog-1995 的风格编写的一个子程序头。

【例 3.9】Verilog 风格的烦冗的子程序参数

```
task t3;
  input a, b;
  logic a, b;
  output [15:0] u, v;
  bit [15:0] u, v;
  ...
endtask
```

可以把它重写成例 3.10 的形式。

【例 3.10】带缺省类型的子程序参数

```
task t3(a, b, output bit [15:0] u, v);      // 简写（偷懒）的声明方式
  …
endtask
```

参数 a 和 b 是 1 比特宽度的 logic 输入，参数 u 和 v 是 16 比特宽度的 bit 类型输出。尽管有这种简洁的编程方式，但不建议使用这种方式，因为如同 3.4.6 节中解释的那样，这种方式将使代码滋生一些细小且难以发现的漏洞。所以建议对所有子程序参数的声明都带上类型和方向。

3.4.3 高级的参数类型

Verilog 对参数的处理方式很简单：在子程序开头把 input 和 inout 的值复制给本地变量，在子程序退出时则复制 output 和 inout 的值。除了标量以外，没有其他方法把存储器传递给 Verilog 子程序。

在 SystemVerilog 中，参数的传递方式可以指定为引用而不是复制。这种 ref 参数类型比 input、output 或 inout 更好用，你可以用 ref 参数把数组传递给子程序。下面的例 3.11 计算了校验和。

【例 3.11】使用 ref 和 const 传递数组

```
function automatic void print_csm11 (const ref bit [31:0] a[]);
  bit [31:0] checksum = 0;
  for (int i = 0; i < a.size(); i++)
    checksum ^= a[i];
  $display("The array checksum is %h", checksum);
endfunction
```

例 3.11 中的 "^=" 复合赋值符是 "checksum = checksum ^ a[i];" 的简写形式。SystemVerilog 允许不带 ref 进行数组参数的传递，这时数组会被复制到堆栈区里。这种操作的代价很高，除非是对特别小的数组。

SystemVerilog 的语言参考手册（LRM）规定了 ref 参数只能用于带自动存储的子程序。如果你对程序或模块指明了 automatic 属性，则整个子程序内部都是自动存储的。3.6 节中有关于存储的更多细节。

例 3.11 也用到了 const 修饰符。其结果是虽然数组变量 a 指向调用程序中的数组，但子程序不能修改数组的值。如果你试图改变数组的值，编译器将报错。

向子程序传递数组时应尽量使用 ref 以获取最佳性能。如果你不希望子程序改变数组的值，可以使用 const ref 类型。这种情况下，编译器会进行检查，确保数组不被子程序修改。

ref 参数的第二个好处是在任务里可以修改变量而且修改结果对调用它的函数随时可见。当你有若干并发执行的线程时，这可以给你提供一种简单的信息传递方式。更多细节可参考第 7 章关于使用 fork-join 的介绍。

在例 3.12 中，一旦 enable 有效，初始化块中的 thread2 块马上可以获取来自存储器的数据，不用等到 bus_read 任务完成总线上的数据处理后返回，这可能需要若干个时钟周期。

【例 3.12】在多线程间使用 ref

```
task automatic bus_read(input logic [31:0] addr,
                        ref   logic [31:0] data);
  // 请求总线并驱动地址
  bus_request <= 1'b1;
  @(posedge bus_grant) bus_addr <= addr;

  // 等待来自存储器的数据
  @(posedge bus_enable) data <= bus_data;

  // 释放总线并等待许可
  bus_request <= 1'b0;
  @(negedge bus_grant);
endtask


logic [31:0] addr, data;


initial
  fork
    bus_read(addr, data);
    begin : thread2
      @data; // 在数据变化时触发
      $display("Read %h from bus", data);
    end
  join
```

data 参数作为 ref 类型传递，因此只要任务中的 data 发生变化，@data 语句就会被触发。如果 data 声明为 output 类型，那么直到总线事务结束时 @data 语句才会被触发。

3.4.4　参数的缺省值

当测试程序越来越复杂时，你可能希望在不破坏已有代码的情况下增加额外的控制。在例 3.11 的函数里，你可能想打印数组中间部分元素的校验和，但是又不希望改写代码，为每次函数调用增加额外的参数。在 SystemVerilog 中，你可以为参数指定一个缺省值，如果在调用时不指明参数，则使用缺省值。例 3.13 为 print_csm 函数增加了 low 和 high 两个参数，这样你就能够输出指定范围内的数组内容的校验和。

【例 3.13】带缺省参数值的函数

```
function automatic void print_csm(const ref bit [31:0] a[],
                                   input bit [31:0] low = 0,
                                   input int high = -1);
  bit [31:0] checksum = 0;

  if (high == -1 || high >= a.size())
    high = a.size()-1;

  for (int i = low; i <= high; i++)
    checksum ^= a[i];
  $display("The array checksum is %h", checksum);
endfunction
```

你可以使用例 3.14 所示的方式调用上述函数。注意，第一个调用对两种形式的 print_csm 子程序都是可行的。

【例 3.14】使用参数的缺省值

```
print_csm(a);              //a[0:size()-1] 中所有元素的校验和 —— 缺省情况
print_csm(a, 2, 4);        //a[2:4] 中所有元素的校验和
print_csm(a, 1);           // 从 a[1] 开始
print_csm(a,, 2);          //a[0:2] 中所有元素的校验和
print_csm();               // 编译错误：a 没有缺省值
```

使用 −1（或其他任何越界值）作为缺省值，对于获知调用时是否有指定值，不失为一个好方法。

Verilog 中的 for 循环总是在执行初始化（int i = low）和条件测试（i <= high）之后再开始循环。所以，如果你不小心把一个大于 high 或数组宽度的数值传递给 low，那么 for 循环的循环体将不会被执行。

3.4.5　采用名字进行参数传递

你也许已经注意到，在 SystemVerilog 的语言参考手册（LRM）中，任务或函数的参数有时被称为端口 "port"，就像模块的接口一样。如果你有一个带有许多参数的任务或函数，其中一些参数有缺省值，而你又只想对部分参数进行设置，那么你可以通过采用类似 port 的语法指定子程序参数名字的方式来指定一个子集，如例 3.15 所示。

【例 3.15】采用名字进行参数传递

```
task many (input int a = 1, b = 2, c = 3, d = 4);
  $display("%0d %0d %0d %0d", a, b, c, d);
endtask

initial begin              //a b c d
```

```
many(6, 7, 8, 9);              //6 7 8 9 指定所有值
many();                        //1 2 3 4 使用缺省值
many(.c(5));                   //1 2 5 4 只指定 c
many(, 6, .d(8));              //1 6 3 8 混合方式
end
```

3.4.6 常见的代码错误

在编写子程序代码时最容易犯的错误就是，你往往会忘记在缺省的情况下参数的类型是与其前一个参数相同的，而第一个参数的缺省类型是单比特输入。先看看例 3.16 所示的简单的任务头。

【例 3.16】原始的任务头

```
task sticky(int a, b);
```

这两个参数都是整型输入。编写任务时，你需要访问一个数组，因此又加入了一个新的数组参数，并且使用 ref 类型以便让数组值不被复制。修改后的子程序头如例 3.17 所示。

【例 3.17】加入额外数组参数的任务头

```
task automatic sticky(ref int array[50],
                      int a, b);           // 这些参数的方向是什么？
```

a 和 b 的参数类型是什么？它们的方向和前一个 ref 类型的参数的方向相同。通常不必对简单的 int 变量使用 ref 类型，但编译器不会对此做出任何反应，连警告都没有，所以你不会意识到正在使用一个错误的方向类型。

如果在子程序中使用了非缺省输入类型的参数，应该明确指明所有参数的方向，如例 3.18 所示。

【例 3.18】加入额外数组参数的任务头

```
task automatic sticky(ref   int array[50],
                      input int a, b);     // 明确指定方向
```

3.5 子程序的返回

Verilog 中子程序的结束方式比较简单，当你执行完子程序的最后一条语句，程序就会返回到调用子程序的代码上。此外，函数还会返回一个值，该值被赋给与函数同名的变量。

3.5.1 返回（return）语句

System Verilog 增加了 return 语句，使子程序中的流程控制变得更方便。例 3.19

中的任务由于发现错误需要提前返回。如果不这样做，任务中剩下的部分就必须被放到一个 else 条件语句中，会使得代码变得不规整，可读性也降低了。

【例 3.19】在任务中用 return 返回

```
task automatic load_array(input int len, ref int array[]);
  if (len <= 0) begin
    $display("Bad len");
    return;
  end

  // 任务中其余的代码
  ...
endtask
```

return 语句也可以简化函数，如例 3.20 所示。

【例 3.20】在函数中用 return 返回

```
function bit transmit(input bit [31:0] data);
  // 发送处理
  ...
  return status;        // 返回状态: 0 = error
endfunction
```

3.5.2　从函数中返回一个数组

Verilog 的子程序只能返回一个简单值，例如，比特、整数或是向量。如果你想计算并返回一个数组，那就不是一件容易的事情了。在 System Verilog 中，函数可以采用多种方式返回一个数组。

第一种方式是定义一个数组类型，然后在函数的声明中使用该类型。例 3.21 使用了例 2.40 的数组类型，并创建了一个函数来初始化数组。

【例 3.21】使用 typedef 从函数中返回一个数组

```
typedef int fixed_array5_t [5];
fixed_array5_t f5;

function fixed_array5_t init(input int start);
  foreach (init[i])
    init[i] = i + start;
endfunction

initial begin
  f5 = init(5);
  foreach (f5[i])
```

```
    $display("f5[%0d] = %0d", i, f5[i]);
  end
```

使用上述代码的一个问题是，函数 init 创建了一个数组，该数组的值被复制到数组 f5 中。如果数组很大，那么可能会引起性能上的问题。

另一种方式是通过引用来进行数组参数的传递。最简单的办法是以 ref 参数的形式将数组传递到函数中，如例 3.22 所示。

【例 3.22】把数组作为 ref 参数传递给函数

```
function automatic void init(ref int f[5], input int start);
  foreach (f[i])
    f[i] = i + start;
endfunction

int fa[5];
initial begin
  init(fa, 5);
  foreach (fa[i])
    $display("fa[%0d] = %0d", i, fa[i]);
end
```

从函数中返回数组的最后一种方式是将数组包装到一个类中，然后返回对象的句柄。第 5 章给出了与类、对象和句柄相关的内容。

3.6　局部数据存储

Verilog 在 19 世纪 80 年代被创建时，最初的目的是用来描述硬件。因此，语言中的所有对象都是静态分配的。特别是子程序参数和局部变量，都是被存放在固定位置，而不像其他编程语言那样存放在堆栈区。诸如递归子程序一类的动态代码没有对应的芯片实现方式，那还有什么必要为它们建模呢？对于那些做验证的软件工程师来说，使用 Verilog 可能会有些困难，他们已经习惯了 C 语言一类基于堆栈区（stack-based）的语言，因此在使用子程序库创建复杂测试平台方面可能会显得力不从心。

3.6.1　自动存储

在 Verilog-1995 里，如果你试图在测试程序的多个地方调用同一个任务，由于任务里的局部变量会使用共享的静态存储区，所以不同的线程之间会窜用这些局部变量。在 Verilog-2001 里，你可以指定任务、函数和模块使用自动存储，从而迫使仿真器使用堆栈区存储局部变量。

在 SystemVerilog 中，模块（module）和 program 块中的子程序缺省情况下仍然使用静态存储。如果要使用自动存储，则必须在程序语句中加入 automatic 关键词。第 4 章将详细讲解用于编写测试平台代码的 program 块。7.1.6 节给出如何在创建多线程时使用动态存储。

例 3.23 所示的是一个用于监测数据何时被写入存储器的任务。

【例 3.23】在 program 块中指定自动存储方式

```
program automatic test();
  task wait_for_bus(input logic [31:0] addr, expect_data,
                    output logic success);
    while (bus_addr !== addr)
      @(bus_addr);
    success = (bus_data == expect_data);
  endtask

endprogram
```

因为参数 addr 和 expect_data 在每次调用时都使用不同的存储空间，所以对这个任务同时进行多次调用是没有问题的。但如果没有修饰符 automatic，由于第一次调用的任务处于等待状态，所以对 wait_for_mem 的第二次调用会覆盖它的两个参数。

3.6.2 变量的初始化

当你试图在声明中初始化局部变量时，类似的问题也会出现，因为局部变量实际上在仿真开始前就被赋了初值。常规的解决方法是避免在变量声明中赋予除常数以外的任何值。对局部变量使用单独的赋值语句也会使控制变得更方便。

例 3.24 中的任务在检测总线五个周期以后，创建了一个局部变量并试图把当前地址总线的值作为初值赋给它。

【例 3.24】静态初始化的漏洞

```
program initialization;                         // 有漏洞的版本

  task check_bus();
    repeat (5) @(posedge clock);
    if (bus_cmd == READ) begin
      // 何时对 local_addr 赋初值?
      logic [7:0] local_addr = addr << 2;       // 有漏洞
      $display("Local Addr = %h", local_addr);
    end
```

```
    endtask

endprogram
```

存在的漏洞是，变量 local_addr 是静态分配的，所以实际上在仿真一开始它就有了初值，而不是等到进入 begin...end 块中才进行初始化。同样，解决的办法是把程序块声明为 automatic，如例 3.25 所示。

【例 3.25】修复静态初始化的漏洞：使用 automatic

```
program automatic initialization; // 漏洞被修复
...
endprogram
```

此外，你如果不在声明中初始化变量，这个漏洞也可以避免，只是这种方式不太好记住，尤其是对那些习惯了 C 语言的程序员。例 3.26 给出了一种较为可取的编码风格，用于分离声明和初始化。

【例 3.26】修复静态初始化的漏洞：把声明和初始化拆开

```
logic [7:0] local_addr
local_addr = addr << 2;                    // 漏洞
```

3.7　时间值

SystemVerilog 有几种新结构，使你可以非常明确地在系统中指明时间值。

3.7.1　时间单位和精度

当你依赖于编译指示语句 `timescale 时，你在编译文件时就必须按照适当的顺序以确保所有时延都采用适宜的量程和精度。要求所有以编译指示语句 `timescale 开始的文件都以 `timescale 结束，将其恢复为公司规定的默认值，例如 1ns/1ns。这是避免出现编译次序问题的一种方法。

timeunit 和 timeprecision 声明语句可以明确地为每个模块指明时间值，从而避免含糊不清。例 3.27 展示了这些声明语句。注意，如果你使用这些语句替代 `timescale，则必须把它们放到每个带有时延的模块里。语言参考手册（LRM）有关于这方面更详细的描述。

3.7.2　时间参数

SystemVerilog 允许使用数值和单位来明确指定一个时间值。代码里可以使用类似 0.1ns 和 20ps 的时延。只要记得使用 timeunit 和 timeprecision，或者 `timescale 即可。你还可以通过使用经典的 Verilog 时间函数 $timeformat, $time 和 $realtime 来使代码在时间标度上更清楚。$timeformat 的 4 个参数分别是时间标度（–9 代表 ns，–12 代表 ps）、小数点后的数据精度、时间值后的后缀字符串，以及显示数值的最小宽度。

例 3.27 所示的是使用 $timeformat() 和 %t 指定符进行格式化后的多种时延以及打印结果。

【例 3.27】时间参数和 $timeformat

```
module timing;
  timeunit 1ns;
  timeprecision 1ps;
  initial begin
    $timeformat(-9, 3, "ns", 8);
    #1              $display("%t", $realtime); //1.000ns
    #2ns            $display("%t", $realtime); //3.000ns
    #0.1ns          $display("%t", $realtime); //3.100ns
    #41ps           $display("%t", $realtime); //3.141ns
  end
endmodule
```

3.7.3 时间和变量

你可以把时间值存储到变量里，并在计算和延时中使用它们。根据当前的时间量程和精度，时间值会被缩放或舍入。time 类型的变量不能保存小数时延，因为它们是 64 比特的整数，所以时延的小数部分会被舍入。如果你不希望这样，可以采用 realtime 变量。

例 3.28 使用实时（realtime）变量，它们在用作时延量的时候被舍入。

【例 3.28】时间变量及舍入

```
`timescale 1ns/100ps

module ps;

  initial begin
    realtime rtdelay = 800ps;               // 以 0.8 存储（800ps）
    time     tdelay  = 800ps;               // 舍入后为 1ns

    $timeformat(-12, 0, "ps", 5);
    #rtdelay;                               // 延时 800ps
    $display("%t", rtdelay);                //"800ps"
    #tdelay;                                // 再次延时 1ns
    $display("%t", tdelay);                 //"1000ps"
  End
```

```
endmodule
`timescale 1ns/1ns                                              // 复位成默认值
```

3.7.4 $time 与 $realtime 的对比

系统任务 $time 的返回值是根据所在模块的时间精度要求进行舍入的整数，不带小数部分，而 $realtime 的返回值则是带小数部分的完整实数。本书为简洁起见，所举例子中全部使用 $time，但请不要忘记你的测试平台可能需要使用 $realtime。

3.8   小   结

System Verilog 的程序化结构和任务、函数中的新特点使得它与诸如 C/C++ 一类的编程语言更加接近，从而也更便于编写测试平台。和 C/C++ 相比，System Verilog 还拥有额外的 HDL 结构，例如，时序控制、简单的线程控制和四态逻辑等。

3.9   练   习

1. 编写 System Verilog 代码，满足以下要求：

（1）产生一个有 512 个元素的整数数组。

（2）产生一个对数组寻址的 9 位地址变量。

（3）将数组的最后一个位置初始化为 5。

（4）将数组和地址作为参数调用 my_task() 任务 。

（5）编写有两个输入参数的 my_task() 任务，一个参数是 ref 类型的有 512 个元素的整数数组，另一个是 9 位的地址。my_task() 任务调用 print_int() 函数，参数是前缀自减地址索引的数组元素。

（6）编写 print_int() 函数，输出仿真时间和输入的值。函数没有返回值。

2. 如果下面 System Verilog 代码中的任务 my_task2() 是 automatic 类型，输出结果是什么？

```
int new_address1, new_address2;
bit clk;
initial begin
  fork
    my_task2(21, new_address1);
    my_task2(20, new_address2);
  join
  $display("new_address1 = %0d", new_address1);
  $display("new_address2 = %0d", new_address2);
end
```

```
initial
  forever #50 clk = !clk;

task my_task2(input int address, output int new_address);
  @(clk);
  new_address = address;
endtask
```

3. 如果练习 2 中的任务 my_task2() 不是 automatic 类型, 输出结果是什么？

4. 编写 SystemVerilog 代码, 指明用 ps（皮秒）为单位输出时间, 小数点后输出 2 位, 用尽可能少的字符。

5. 试用练习 4 中的格式化系统任务, 下面的代码会显示什么？

```
timeunit 1ns;
timeprecision 1ps;
parameter real t_real = 5.5;
parameter time t_time = 5ns;

initial begin
  #t_time $display("1 %t", $realtime);
  #t_real $display("1 %t", $realtime);
  #t_time $display("1 %t", $realtime);
  #t_real $display("1 %t", $realtime);
end

initial begin
  #t_time $display("2 %t", $time);
  #t_real $display("2 %t", $time);
  #t_time $display("2 %t", $time);
  #t_real $display("2 %t", $time);
end
```

第4章 连接设计和测试平台

验证一个设计需要经过几个步骤：生成输入激励、捕获输出响应、决定对错和衡量进度。因此，首先你需要一个合适的测试平台，并将它连接到设计上，如图4.1所示。

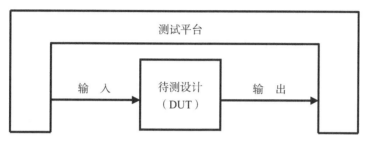

图 4.1 测试平台—设计环境

测试平台包裹着设计，发送激励并且捕获设计的输出。测试平台组成了设计周围的"真实世界"，模仿设计的整个运行环境。例如，一个处理器模型需要连接不同的总线和器件，这些总线和器件在测试平台中被建模成总线功能模型。一个网络设备连接多个输入和输出数据流，这些数据流根据标准的协议建模。一个视频芯片连接送入指令的总线，然后根据写入内存模型的数据重建图像。这里的核心概念是除了待测设计（DUT）的行为之外，测试平台还仿真了其他所有行为。

由于 Verilog 的端口描述烦琐，代码常会长达数页，并且容易产生连接错误，所以测试平台需要一种更高层次的方法来与设计建立通信。你需要一种可靠的描述时序的方法，这样就可以在正确的时间点驱动和采样同步信号，避免 Verilog 模型中常见的竞争状态。

4.1 将测试平台和设计分开

理想的开发过程，要求所有项目都有两个独立的小组：一个小组创建设计，另一个小组验证设计。当然在真实的开发过程中，有限的预算可能要求你身兼两职。每个小组都有自己的专长和技巧，比如创建可综合的 RTL 代码，或者找出设计中的潜在错误。两个小组各自阅读最初的设计规范，然后各自做出解释。设计者需要编写满足规范的代码，而验证工程师需要创建使得设计不满足设计规范的场景（scenarios）。

同样，测试平台的代码独立于设计的代码。在传统的 Verilog 中，两种代码处在不同的模块中。但是，使用模块来保存测试平台经常会引起驱动和采样的时序问题，所以 SystemVerilog 引入了程序块（program block），从逻辑上和时间上分开测试平台。更多的细节参见 4.3 节。

随着设计复杂度的增加，模块之间的连接也变得更加复杂。两个 RTL 模块之间可能有几十个连接信号，这些信号必须按照正确的顺序排列以使它们能正确通信。一旦出现不匹配的连接或错误的连接，设计就不能正确工作了。你可以使用信号名映射的信号连接方法，但这无疑会增加代码输入量。如果出现很难被发现的错误，例如，错误地交换了两个电平偶尔才会翻转的管腿，你可能在很长时间内都找不到问题的根源。更糟糕的是当在两个模块中增加一个新的信号时，不但需要编辑模块代码以增加新的端口，还需要编辑上一层次中连接器件的模块。同样，任何层次的错误就会导致设计无法正常工作，或者出现更坏的情况，系统间歇性地非正常工作！

　　解决上述问题的方法就是使用接口，它是 System Verilog 中一种代表一捆连线的结构。另外，它还可以描述时序、信号方向，甚至增加功能性代码。一个接口可以像模块那样例化，也可以像信号那样连接到端口。

4.1.1　测试平台和 DUT 之间的通信

　　下面几个小节给出了一个测试平台连接一个仲裁器的例子，前面的例子使用信号连接，后面的例子使用接口。图 4.2 是顶层设计的框图，包括测试平台、仲裁器、时钟生成器和连接的信号。这个 DUT（待测设计）是一个很小的设计，所以你可以把注意力集中在 System Verilog 概念上，不要陷入设计的内部细节中去。在本章的末尾将给出一个 ATM 路由器的例子。

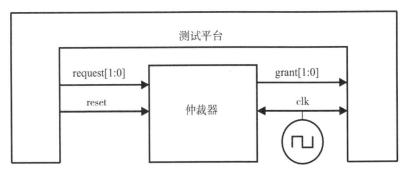

图 4.2　测试平台—没有使用接口的仲裁器

4.1.2　与端口的通信

　　下面的代码是一个把 RTL 模块连接到测试平台的例子。代码的第一部分是仲裁器模型的端口描述部分，它用了 Verilog-2001 的端口声明的风格，把端口类型和端口方向都放在代码前部，如例 4.1 所示。本节为了简洁起见省略了部分代码。

　　【例 4.1】使用端口的仲裁器模型

```
module arb_with_port   (output logic [1:0] grant,
                        input logic [1:0] request,
                        input bit rst, clk);

    always @(posedge clk or posedge rst) begin
        if (rst)
```

```
        grant <= 2'b00;
      else if (request[0])              // 高优先级
        grant <= 2'b01;
      else if (request[1])              // 低优先级
        grant <= 2'b10;
      else
        grant <= '0;
    end
  endmodule
```

如 2.2.1 小节所讨论的，System Verilog 已经扩展了传统的 reg 类型，可以像 wire 一样连接块。为了和传统的 reg 类型有所区别，reg 类型的新名字是 logic。唯一不能使用 logic 变量的地方就是含有多个驱动的连线，这时你必须使用连线类型，例如 wire 类型。

例 4.2 中的测试平台定义在另一个模块中，与设计所在的模块相互独立。一般来说，测试平台通过端口与设计连接。

【例 4.2】使用端口的测试平台模块

```
module test_with_port (input logic [1:0] grant,
                       output logic [1:0] request,
                       output bit rst,
                       input bit clk);
  initial begin
    @(posedge clk)
    request <= 2'b01;
    $display("@%0t: Drove req=01", $time);
    repeat (2) @(posedge clk);
    if (grant == 2'b01)
      $display("@%0t: Success: grant == 2'b01", $time);
    else
      $display("@%0t: Error: grant != 2'b01", $time);
      $finish;
  end
endmodule
```

顶层模块连接了测试平台和 DUT，并且含有一个简单的时钟生成器（clock generator），如例 4.3 所示。

【例 4.3】使用端口的顶层模块

```
module top;
  logic [1:0] grant, request;
  bit clk;
```

```
    always #50 clk = ~clk;

    arb_with_port a1 (grant, request, rst, clk);    //例 4.1
    test_with_port t1(grant, request, rst, clk);    //例 4.2
endmodule
```

例 4.3 中的模块很简单，但是真实的设计往往含有数百个端口和信号，需要数页代码来声明信号和端口，所有这些连接都是极易出错的。因为一个信号可能流经几个设计层次，它必须一遍又一遍地被声明和连接。最糟糕的是，如果你想添加一个新的信号，它必须在多个文件中定义和连接。SystemVerilog 接口可以解决这些问题。

4.2　接　口

逻辑设计已经变得如此复杂，即便是块之间的通信也必须分割成独立的实体。SystemVerilog 使用"接口"为块之间的通信建模，接口可以看作一捆智能的连线。接口包含连接和同步，还包含两个块或者更多块之间的通信功能、错误检查等。接口连接设计块和测试平台。

设计级的接口在 Sutherland（2006）的书中有讨论，本书仅讨论连接设计块和测试平台的接口。

4.2.1　使用接口来简化连接

对图 4.2 所示仲裁器的第一个改进就是将连线捆绑成一个接口，图 4.3 给出测试平台和仲裁器使用接口通信的示例。注意接口扩展到两个块（测试平台、仲裁器）中，包括测试平台和 DUT 的驱动、接收功能模块。时钟可以是接口的一部分，也可以是一个独立的端口。

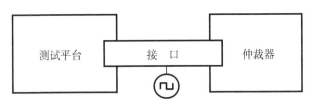

图 4.3　横跨两个模块的接口

如例 4.4 所示，最简单的接口仅仅是一组双向信号的组合。这些信号使用 logic 数据类型，可以使用过程语句驱动。

【例 4.4】仲裁器的简单接口

```
interface arb_if(input bit clk);
  logic [1:0] grant, request;
  bit rst;
endinterface
```

例 4.5 是待测设计，即仲裁器，它使用了接口而非端口。

【例 4.5】使用了简单接口的仲裁器

```
module arb_with_ifc (arb_if arbif);
  always @(posedge arbif.clk or posedge arbif.rst)
    begin
    if (arbif.rst)
      arbif.grant <= '0;
    else if (arbif.request[0])              // 高优先级
      arbif.grant <= 2'b01;
    else if (arbif.request[1])              // 低优先级
      arbif.grant <= 2'b10;
    else
      arbif.grant <= '0;
    end
endmodule
```

例 4.6 给出了测试平台。你可以使用实例名 arbif.request 来引用接口的信号。接口信号必须使用非阻塞赋值来驱动，这一点在 4.4.3 节和 4.4.4 节中有更加详细的解释。

【例 4.6】使用简单仲裁器接口的测试平台

```
module test_with_ifc (arb_if arbif);
  initial begin
    @(posedge arbif.clk);
    arbif.request <= 2'b01;
    $display("@%0t: Drove req = 01", $time);
    repeat (2) @(posedge arbif.clk);
    if (arbif.grant != 2'b01)
      $display("@%0t: Error: grant != 2'b01", $time);
    $finish;
  end
endmodule
```

所有这些块都在 top 模块中例化和连接，如例 4.7 所示。

【例 4.7】使用简单仲裁器接口的顶层模块

```
module top;
  bit clk;
  always #50 clk = ~clk;

  arb_if        arbif(clk);                 // 例 4.4
  arb_with_ifc  a1(arbif);                  // 例 4.5
```

```
    test_with_ifc t1(arbif);                    // 例 4.6
  endmodule : top
```

即使在这个小设计中你也可以看到使用接口的好处：连接变得更加简洁且不易出错。如果你希望在接口中放入一个新的信号，只需要在接口定义和实际使用这个接口的模块中进行修改，不需要改变其他任何模块，例如在 top 模块，信号只是穿过该模块，而不进行任何操作。这种特性极大地降低了连线出错的概率。

本书只演示了连接到顶层的发生器的单时钟接口。如果你的设计有多个时钟，把它们当作接口里的其他信号那样对待，并将接口连接到时钟发生器。把接口看作基于周期的结构，在较高的层次工作会更有成效。更高的层次是在 RTL 层次之上的基于事务的结构。

使用接口时需要确保在模块和程序块之外声明接口变量。如果你忘了这一点，会产生很多的错误。有些编译器可能不支持在模块中定义接口。即使允许，接口也只是所在模块的局部变量，对设计的其他部分来说是不可见的，例 4.8 将包含接口定义的语句紧跟在其他包含语句的后面，这是一个常见的错误。

【例 4.8】包含接口定义的错误的测试模块

```
module bad_test(arb_if arbif);
  `include "MyTest.sv"              // 合法的 include 语句
  `include "arb_if.sv"              // 错误：接口隐藏在模块内部
  ...
```

4.2.2　连接接口和端口

如果不能对符合 Verilog-2001 的旧的源代码进行修改，将其中的端口改为接口，可以将接口信号直接连接到每个端口上。例 4.9 将例 4.1 中最初的仲裁器连接到例 4.4 的接口上。

【例 4.9】将接口连接到使用端口的模块

```
module top;
  bit clk;
  always #50 clk = ~clk;

  arb_if arbif(clk);
  arb_with_port a1 (.grant (arbif.grant),        //.port(ifc.signal)
                    .request (arbif.request),
                    .rst (arbif.rst),
                    .clk (arbif.clk));
  test_with_ifc t1(arbif);                       // 来自例 4.6
endmodule : top
```

4.2.3 使用 modport 将接口中的信号分组

例 4.5 在接口中使用了点对点的无信号方向的连接方式。在使用该端口的原始模块里包含方向信息，编译器依此来检查连线错误。在接口中使用 modport 结构能够将信号分组并指定方向。例 4.10 中的 modport MONITOR 语句使测试平台能够把 monitor 模块连接到接口。

【例 4.10】带有 modport 模块的接口

```
interface arb_if(input bit clk);
  logic [1:0] grant, request;
  bit rst;

  modport TEST (output request, rst,
                input grant, clk);

  modport DUT (input request, rst, clk,
               output grant);

  modport MONITOR (input request, grant, rst, clk);

endinterface
```

例 4.11 和例 4.12 是相应的仲裁器模型和测试平台，它们都在各自的端口连接表中使用了 modport。应当指出的是你需要将 modport 名，即 DUT 或者 TEST，放在接口名，即 arb_if 的后面。除了 modport 名以外，其他部分和前面的例子相同。

【例 4.11】接口中使用 modport 的仲裁器模型

```
module arb_with_mp (arb_if.DUT arbif);
  ...
endmodule
```

【例 4.12】接口中使用 modport 的测试平台

```
module test_with_mp (arb_if.TEST arbif);
  ...
endmodule
```

尽管代码没有多大变化（除了接口变得更复杂了），这个接口更加确切地代表了一个真实的设计，尤其是信号的方向。

在设计中可以通过两种方法使用这些 modport 名。你可以在使用接口信号的模块中使用 modport 名。在这种情况下，除了模块名称之外，顶层模块和例 4.7 相同。本书推荐这种方式，因为 modport 是实现的细节，不应该分散在顶层模块中。

也可以在例化模块的时候指明 modport，如例 4.13 所示。

【例 4.13】使用 modport 的顶层模块

```
module top;
  logic [1:0] grant, request;
  bit clk;
  always #50 clk = ~clk;

  arb_if        arbif(clk);          // 例 4.10
  arb_with_mp   a1(arbif.DUT);       // 例 4.11
  test_with_mp  t1(arbif.TEST);      // 例 4.12
endmodule
```

采用这种风格，可以灵活地多次例化一个模块，每个实例连接到不同的 modport，即接口信号的不同子集。例如，一个字节宽度的 RAM 模型可以连接到 32 位总线的 4 个段中的任何一个位置。只需要在例化模块时指明相应的 modport，而不是在模块内部。

注意，modport 是在接口内部定义的，在模块的端口列表里描述了相应的 modport，而不是在信号名称里描述。arb_if.TEST.grant 这样的名称是不合法的！

4.2.4　在总线设计中使用 modport

并非接口中的每个信号都必须连接。我们来看一个使用 interface 的 CPU- 内存总线模型。CPU 是总线的主控设备，它驱动一系列的信号，诸如 request，command 和 address。内存是从属设备，它接收这些信号，并驱动 ready 信号。主从设备都会驱动 data 信号。总线仲裁器只看 request 和 grant 信号，忽略其他所有信号。所以接口需要为主设备、从设备和仲裁器定义三个 modport，此外还需要一个监视 modport。

4.2.5　创建接口监视模块

你可以使用 MONITOR modport 创建一个总线监视模块，例 4.14 给出了一个很小的仲裁器监视模块。对真实的总线，你需要解码指令并打印出总线状态，例如，完成、失败等。

【例 4.14】接口使用 mordport 的仲裁器 monitor 模块

```
module monitor (arb_if.MONITOR arbif);

  always @(posedge arbif.request[0]) begin
    $display("@%0t: request[0] asserted", $time);
    @(posedge arbif.grant[0]);
    $display("@%0t: grant[0] asserted", $time);
  end

  always @(posedge arbif.request[1]) begin
    $display("@%0t: request[1] asserted", $time);
```

```
    @(posedge arbif.grant[1]);
    $display("@%0t: grant[1] asserted", $time);
  end
endmodule
```

4.2.6　接口的优缺点

在接口中不能例化模块，但是可以例化其他接口。带有 modport 的接口与传统的连接到信号的端口相比各有千秋。

使用接口的优势如下：

（1）接口便于设计重用，当两个块之间有两个以上的信号连接，并且使用特定的协议通信时，应当考虑使用接口。如果信号组一次又一次地重复出现，例如，在网络交换机中，那就应该使用第 10 章介绍的虚拟接口。

（2）接口可以用来替代原来需要在模块或者程序中反复声明的位于代码内部的一堆信号，减少连接错误的可能性。

（3）要增加一个新的信号时，在接口中只需要声明一次，不需要在更高层次的模块层声明，这进一步减少了错误的可能性。

（4）modport 允许一个模块很方便地将接口中的一系列信号捆绑到一起，也可以为信号指定方向以方便工具自动检查。

使用接口的劣势如下：

（1）对于点对点的连接，使用 modport 的接口描述与使用信号列表的端口一样冗长。接口带来的好处是所有声明集中在一个地方，减少了出错的概率。

（2）必须同时使用信号名和接口名，可能会使模块变得更加冗长，但调试时的可读性更强。

（3）如果要连接的两个模块使用的是一个不会被重用的专用协议，使用接口需要做比端口连线更多的工作。

（4）连接两个不同的接口很困难。一个新的接口（bus_if）可能包含现有接口（arb_if）的所有信号并新增了信号（地址、数据等）。你需要拆分出独立的信号并正确地驱动它们。

4.2.7　更多例子和信息

SystemVerilog 语言参考手册（LRM）指定了使用接口的多种方法，还可以参考 Stherland（2006）书中有关在设计中使用接口的更多实例。

4.2.8　接口中 logic 和 wire 的比较

本书建议将接口中的信号声明为 logic，但验证方法学（VMM）的建议是 wire。区别在于本书主要注重 logic 的易用性，而 VMM 注重代码的可重用性。

如果测试平台要使用过程赋值语句驱动接口里的异步信号,那么信号必须是 logic 类型,wire 信号只能被连续赋值语句驱动。时钟块里的信号都是同步的,可以声明成 logic 或 wire。例 4.15 示范了如何直接驱动 logic 信号,驱动 wire 信号还需要一些额外的代码。

【例 4.15】驱动接口中的 logic 和 wire 信号

```
interface asynch_if();
    logic l;
    wire w;
endinterface

module test(asynch_if ifc);
  logic local_wire;
  assign ifc.w = local_wire;

  initial begin
    ifc.l <= 0;                    // 直接驱动异步 login
    local_wire <= 1;               // 通过 assign 语句驱动 wire
    ...
  end
endmodule
```

接口信号使用 logic 的另一个原因是:如果你无意中对一个信号使用了多个元件驱动,编译器会报错。

验证方法学(VMM)中采用的方式更加具有远见性。它考虑到了如何把测试代码用于未来的项目。如果接口信号全部使用 logic 类型,但现在有一个信号有多个元件驱动,怎么办? 工程师不得不将 logic 类型改为 wire 类型,并且当该信号不穿过任何一个时钟块时,需要修改过程赋值语句。这样就有了两个版本的接口,现有代码在用于新的项目之前必须进行修改。重写优秀的代码是与 VMM 的原则相悖的。

4.3　激励时序

测试平台和设计之间的时序必须密切配合。在时钟周期级的测试平台,你需要在相对于时钟信号的合适的时间点驱动和接收同步信号。驱动得太晚或者采样得太早,测试平台的动作都会错过一个时钟周期。即使在同一个时间片内(例如,所有事件都发生在 100ns),设计和测试平台的事件也会处于竞争状态,比如一个信号同时被读取和写入。读取到的数值究竟是旧数值还是刚写入的新数值? 在 Verilog 中,非阻塞赋值可以在测试模块驱动 DUT 的时候解决这个问题,但是测试程序不能确保采集到 DUT 产生的最新数值。SystemVerilog 有几种结构可以帮助你控制通信中的时序问题。

4.3.1 使用时钟块控制同步信号的时序

接口块可以使用时钟块来指定同步信号相对于时钟的时序。时钟块大都在测试平台中使用，但是你也可以创建抽象的同步模型。时钟块中的任何信号都将同步驱动或采样，这就保证了测试平台在正确的时间点与信号交互。综合工具不支持时钟块，因此 RTL 代码无法利用时钟块的优点。时钟块的主要优点是可以把所有详细时序信息放在时钟块里，避免测试平台显得凌乱。

一个接口可以包含多个时钟块，因为每个块都只有一个时钟表达式，所以每一个块对应一个时钟域。典型的时钟表达式如 @(posedge clk) 定义了单时钟沿，而 @(clk)定义了 DDR 时钟（双数据率）。

你可以在时钟块中使用 default 语句指定一个时钟偏移，但是默认情况下输入信号仅在设计执行前被采样，并且设计的输出信号在当前时间片又被驱动回当前设计。下一小节将给出设计和测试平台之间时序的更多细节。

一旦你定义了时钟块，测试平台就可以用 @arbif.cb 表达式等待时钟，不需要描述确切的时钟信号和边沿。这样即使改变时钟块中的时钟或者边沿，也不需要修改测试平台的代码。

例 4.16 类似例 4.10，但是 TEST modport 将 request 和 grant 视为同步信号。时钟模块 cb 声明了块中的信号在时钟上升沿有效。信号的方向是相对于 modport 的，这些信号也在 modport 中被使用。所以 request 是 TEST modport 的同步输出信号，而 grant 是同步输入信号。rst 信号是 TEST modport 里的异步信号。

【例 4.16】带时钟块的接口

```
interface arb_if(input bit clk);
  logic [1:0] grant, request;
  bit rst;

  clocking cb @(posedge clk);      //声明 cb
    output request;
    input grant;
  endclocking

  modport TEST (clocking cb,       // 使用 cb
                output rst);
  modport DUT (input request, rst, clk,
               output grant);
endinterface

// 这是一个简单的测试程序，更好的测试程序见例 4.21
module test_with_cb(arb_if.TEST arbif);
```

```
    initial begin
      @arbif.cb;
      arbif.cb.request <= 2'b01;
      @arbif.cb;
      $display("@%0t: Grant = %b", $time, arbif.cb.grant);
      @arbif.cb;
      $display("@%0t: Grant = %b", $time, arbif.cb.grant);
      $finish;
    end
  endmodule
```

4.3.2　Verilog 的时序问题

测试平台应该不仅在逻辑上独立于设计，在时序方面也应独立于设计。我们来看测试仪如何使用同步信号和芯片通信。在实际的硬件设计中，DUT 中的存储单元在时钟的有效沿锁存输入信号。这些数值由存储单元输出，然后通过逻辑块到达下一个存储单元。从上一个存储单元的输入到下一个存储单元的输入延时必须小于一个时钟周期。所以测试仪需要在时钟沿之后驱动芯片的输入，在下一个时钟沿之前读取输出。

测试平台需要模仿测试仪的这种行为。它应当在有效时钟边沿或边沿之后驱动待测设计，然后在有效时钟边沿到达之前，在满足协议时序的前提下，尽可能晚地采样。

如果 DUT 和测试程序仅仅由 Verilog 模块构成，这几乎是不可能实现的。如果测试平台在时钟边沿驱动 DUT，就会存在竞争状态。如果时钟到达一些 DUT 的时间快于测试平台的激励，但是到达另一些 DUT 的时钟又晚于这个激励会怎样呢？这种情况会导致在 DUT 外部，时钟沿都在相同的仿真时间达到，但是在 DUT 内部，有一些输入在上一个时钟周期采样，其他输入却在当前时钟周期采样。

解决这个问题的一种方法是给系统添加一点小小的延迟，比如 #0。强迫 Verilog 代码的线程停止，并在所有代码完成之后重新调度执行。但是一个大型的设计中，往往不可避免地存在多个线程都想在最后执行。那么谁的 #0 将最终胜出呢？实际情况是每次运行的结果都可能不同，并且不同的仿真器结果也是不可预测的。多个线程都使用 #0 延时会引起不确定行为。所以要避免使用 #0，以免代码不稳定并且不可移植。

另一个解决方法是使用一个较大的延时，#1。RTL 代码除了时钟沿之外没有其他时序信息，所以逻辑电路在时钟沿之后的一个时间单位后就会稳定。但是如果一个模块使用 1ns 的时间精度，而其他模块使用 10ps 的时间精度，那么 #1 意味着 1ns，10ps 还是其他的时间长度呢？你需要在时钟的有效沿之后，在任何事件发生之前，而不是在一段时间之内，尽快地驱动设计。更加糟糕的是，DUT 可能是由一个含有无延时信息的 RTL 代码和有延时信息的门级代码混合而成的。和避免使用 #0 一样，应该避免使用 #1 延时解决时序问题。更多的建议见 Cummings（2000）和他的其他论文。

4.3.3 测试平台 – 设计之间的竞争状态

例 4.17 给出了一个在设计和测试平台之间可能存在竞争状态的实例。竞争状态出现在测试平台先产生 start 信号，然后再产生其他信号的时候。内存被 start 信号唤醒时，write 信号仍然保留原来的值，但 addr 和 data 信号保存新的值。这种表现完全符合语言参考手册（LRM）。你可以使用非阻塞赋值将所有信号都做一个细微的延迟，就像 Cummings（2001）所推荐的，但是不要忘记这时候测试平台和设计都在使用这些赋值语句。设计和测试平台之间仍然存在竞争状态的可能性。

【例 4.17】设计和测试平台之间的竞争状态

```
module memory(input wire start, write,
              input wire [7:0] addr,
              inout wire[7:0] data);
  logic [7:0] mem[256];
  always @(posedge start) begin
    if (write)
      mem[addr] <= data;
    ...
  end
endmodule

module test(output logic start, write,
            output logic [7:0] addr, data);
  initial begin
    start = 0;              // 信号初始化
    write = 0;
    #10;                   // 短暂的延时
    addr = 8'h42;          // 发起第一个指令
    data = 8'h5a;
    start = 1;
    write = 1;
    ...
  end
endmodule
```

对设计输出信号的采样存在相同的问题。你希望在时钟有效沿到来之前的最后时刻捕获信号的值，你可能知道下一个时钟沿将会出现在100ns。你不能在100ns出现时钟边沿的时候采样，因为设计的输出值可能已经改变了。你应当在时钟沿到达之前的 Tsetup 时间采样。

4.3.4　程序块（Program Block）和时序区域（Timing Region）

竞争状态的根源在于设计和测试平台的事件（event）混合在同一个时间片（time slot）内，即使在纯 RTL 程序中也会发生同样的问题。恰当使用非阻塞赋值可以减少这些竞争状态，但是实际上经常会不自觉地使用不恰当的赋值语句。如果存在一种可以在时间轴上分开这些事件的方法，就像分开你的代码一样。例如在 100ns 时刻，测试平台可以在时钟信号变化或者设计产生任何活动之前对设计的输出信号进行采样。根据定义，这些值是前一个时间片的最后值。然后，在所有事件执行完毕后，测试平台开始下一个动作。

SystemVerilog 如何把测试平台的事件和设计的事件分开调度呢？在 SystemVerilog 中，测试平台的代码在一个程序块中，这和模块非常类似，模块含有代码和变量，可以在其他模块中例化。但是，程序块不能有任何的层次级别，例如，模块的实例、接口或者其他程序。

SystemVerilog 引入一种新的时间片的区域，如图 4.4 所示。在 Verilog 中，大多数事件在有效区域（Active Region）执行。对非阻塞赋值和 PLI 等来讲还存在一些其他的执行区域，但是本书将不对这些做讨论。可以参考语言参考手册（LRM）和 Cumming（2006）书中有关于 SystemVerilog 事件区域的更多细节，如表 4.1 所示。

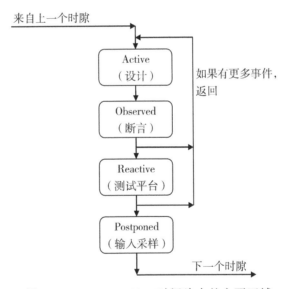

图 4.4　SystemVerilog 时间片内的主要区域

表 4.1　SystemVerilog 的主要调度区域

区域名	行　为
Active	仿真模块中的设计代码
Observed	执行 SystemVerilog 断言
Reactive	执行程序中的测试平台代码
Postponed	为测试平台的输入采样信号

在一个时间片内首先执行的是 Active 区域，在这个区域运行设计事件，包括传统的 RTL、门级代码和时钟生成器（clock generator）。第二个区域是 Observed 区域，在这个区域执行 SystemVerilog 断言。接下来就是 Reactive 区域，执行程序中的测试平台代码。注意到时间并不是单向地前向流动，Observed 和 Reactive 区域的事件可以触发本时钟周期内 Active 区域中进一步的设计事件。最后就是 Postponed 区域，它将在时间片的最后，所有设计活动都结束的只读时间段采样信号。

例 4.18 给出了仲裁器测试平台的部分代码。其中，@arbif.cb 语句等待时钟块给出的有效沿 @(posedge clk)，见例 4.16。在这个例子里，测试平台工作在基于周期的时序略高一些的抽象层次，不用考虑每个时钟沿。

【例 4.18】使用带有时钟块接口的测试平台

```
program automatic test (arb_if.TEST arbif);
  initial begin
    @arbif.cb;
    arbif.cb.request <= 2'b01;
    $display("@%0t: Drove req = 01", $time);
    repeat (2) @arbif.cb;
    if (arbif.cb.grant == 2'b01)
      $display("@%0t: Success: grant == 2'b01", $time);
    else
      $display("@%0t: Error: grant != 2'b01", $time);
  end
endprogram : test
```

4.4 节就驱动和采样接口信号给出了更多的解释。

测试代码应当包含在一个单个的程序块中。应当使用 OOP 通过对象而非模块来创建一个动态、分层的测试平台。如果使用了其他人的代码或者把多个测试代码结合在一起，那么一次仿真就可能有多个程序块。

如 3.6.1 小节所讨论，应当将程序块声明为 automatic 类型，这样它的行为就会更加接近基于堆栈的语言中的函数，比如 C 语言。

注意，不是所有厂家都会采用相同的方式对待程序块，Rich（2009）提到了另一种观点。

4.3.5 指定设计和测试平台之间的延时

时钟块的默认时序是在 #1step 延时之后采样输入信号，在 #0 延时之后驱动输出信号。1step 延时规定信号在前一个时间片的 Postponed 区域，在设计有任何新动作之前被采样。这样你就可以在时钟改变之前捕获输出值。因为时钟模块的原因，测试平台的输出信号是同步的，所以它们直接送入设计中。在 Reactive 区域运行的程序块产生施加到 DUT 的激励，然后在同一个时间片内在 Active 区域再次计算。DUT 按照内部逻辑计算并产生输出，通过时钟块输入到 testbench。这些信号在 Postponed 区域被采样，如此周期循环。如果你有设计背景，可以通过想象时钟块在设计和测试平台中插入了一个同步器来理解这个过程，如图 4.5 所示。正确使用程序和时钟块，可以消除测试平台和DUT 之间的竞争状态。

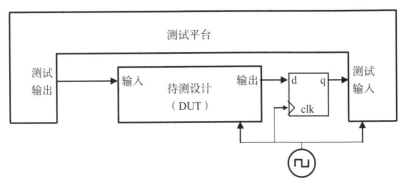

图 4.5　时钟块同步了 DUT 和测试平台

4.4　接口的驱动和采样

测试平台需要对设计的信号进行驱动和采样，主要是通过带有时钟块的接口做到的。接下来的内容使用例 4.16 的仲裁器接口和例 4.9 中的顶层模块。

异步信号通过接口时没有任何延时，比如 rst。而时钟块中的信号将得到同步，如下文所述。

4.4.1　接口同步

你可以使用 Verilog 的 @ 和 wait 来同步测试平台的信号。例 4.19 的代码给出了不同的实例。

【例 4.19】信号同步

```
program automatic test(bus_if.TB bus);
  initial begin
    @bus.cb;                        // 在时钟块的有效时钟沿继续

    repeat (3) @bus.cb;             // 等待 3 个有效时钟沿
    @bus.cb.grant;                  // 在任何边沿继续
    @(posedge bus.cb.grant);        // 上升沿继续
    @(negedge bus.cb.grant);        // 下降沿继续
```

```
     wait (bus.cb.grant == 1);        // 等待表达式被执行，如果已经是真，不做任何延时

     @(posedge bus.cb.grant or
       negedge bus.rst);              // 等待几个信号
   end
endprogram
```

4.4.2 接口信号采样

当你从时钟块读取一个信号时，是在时钟沿之前得到采样值，例如在 Postponed 区域。例 4.20 给出一个从 DUT 中读取 grant 同步信号的程序块。arb 模块在一个时钟周期的中间产生 grant 信号的值 1 和 2，然后在时钟沿产生值 3。这段代码不是真实的可综合的代码，仅仅用于展示。

【例 4.20】模块中同步接口的采样和驱动

```
program automatic test(arb_if.TEST arbif);
  initial begin
    $monitor("@%0t: grant = %h", $time, arbif.cb.grant);
    #500ns $display("End of test");
  end
endprogram

module arb_dummy(arb_if.DUT arbif);
  initial
    fork
      #70 ns   arbif.grant = 1;
      #170ns   arbif.grant = 2;
      #250ns   arbif.grant = 3;
    join
endmodule
```

图 4.6 中的波形表明 arbif.cb.grant 在时钟边沿到来之前获得数值。当接口的输入信号恰好在时钟沿（250ns）变化的时候，信号的新值直到下一个时钟周期（从 350ns 开始）才传递给测试平台。

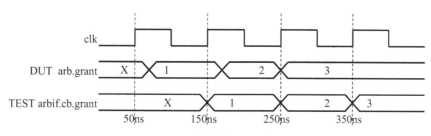

图 4.6 同步接口的采样

4.4.3　接口信号驱动

例 4.21 是一个仲裁器测试程序的缩减版本，它使用了例 4.16 中的仲裁器接口。

【例 4.21】使用带有时钟块接口的测试平台

```
program automatic test_with_cb (arb_if.TEST arbif);

  initial begin
    @arbif.cb;
    arbif.cb.request <= 2'b01;
    $display("@%0t: Drove req = 01", $time);
    repeat (2) @arbif.cb;
    if (arbif.cb.grant == 2'b01)
      $display("@%0t: Success: grant == 2'b01", $time);
    else
      $display("@%0t: Error: grant != 2'b01", $time);
  end
endprogram : test_with_cb
```

 在时钟块中使用 modport 时，任何同步接口信号都必须加上接口名（arbif）和时钟块名（cb）的前缀，例如 request 信号。所以在例 4.21 中，arbif.cb.request 是合法的，但是 arbif.request 是非法的。这是编写接口和时钟块代码时最常见的错误。

4.4.4　通过时钟块驱动接口信号

在时钟块中应使用同步驱动（synchronous drive），即非阻塞赋值来驱动信号。这是因为信号在赋值后并不会立即改变——别忘了测试平台在 Reactive 区域执行而设计的代码在 Active 区域执行。如果测试平台在 100ns 同时产生了 arbif.cb.request 和 arbif.cb（即时钟块内的 @(posedge clk)），那么 request 信号在 100ns 就会改变。但是如果测试平台试图在 101ns，即在时钟沿之间产生 arbif.cb.request 信号，那么该变化直到下一个时钟沿才会传递给设计。因此，驱动总是同步的。在例 4.20 中，arbif.grant 由一个模块驱动，可以使用阻塞赋值。

如果测试平台在时钟的有效沿驱动同步接口信号，如例 4.22 所示，那么其值将会立即传递给设计。这是因为时钟块的默认输出延时是 #0。如果测试平台在时钟有效沿之后驱动输出，那么该值直到时钟的下一个有效沿才会被设计捕获。

【例 4.22】接口信号驱动

```
busif.cb.request <= 1;        // 同步驱动
busif.cb.cmd <= cmd_buf;      // 同步驱动
```

例 4.23 是在同一个时钟周期的不同时间点驱动一个同步信号的实例。该例使用了例 4.16 中的接口，以及例 4.9 中的顶层模块和时钟发生器。

【例 4.23】驱动一个同步接口

```
program automatic test_with_cb(arb_if.TEST arbif);
  initial fork
    #70ns   arbif.cb.request <= 3;
    #170ns  arbif.cb.request <= 2;
    #250ns  arbif.cb.request <= 1;
    #500ns  finish;
  join
endprogram

module arb(arb_if.DUT arbif);
  initial
    $monitor("@%0t: req = %h", $time, arbif.request);
endmodule
```

注意：在图 4.7 中，第一个周期中间产生的值 3，在第二个周期开始时被 DUT 捕获。而第二个周期中间产生的值 2 永远不会被 DUT 捕获，因为在第二个周期结束时测试平台产生了值 1。

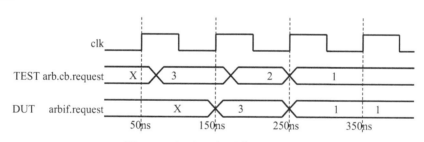

图 4.7　驱动一个同步时钟接口

异步驱动时钟块信号会导致数值丢失。你应该使用时钟延时前缀以保证在时钟沿驱动信号，如例 4.24 所示。

【例 4.24】接口信号驱动

```
##2 arbif.cb.request <= 0;    // 等待两个时钟周期然后赋值
##3;                          // 非法 – 必须和赋值语句同时使用
```

如果想在驱动一个信号前等待两个时钟周期，可以使用"repeat (2) @arbif.cb;"或时钟周期延时 ##2。后一种方式只能在时钟块里作为驱动信号的前缀来使用，因为它需要知道使用哪个时钟来进行延时。

在当前时隙内，赋值语句里的时钟周期延时 ##0，在时钟块的有效时钟到来时立即赋值。如果时钟已经生效，那么会等下一个有效时钟沿再驱动信号。时钟周期延时 ##1 会始终等待下一个有效时钟沿，即使当前时隙的时钟已经生效。

如果程序块或模块有默认时钟块，不带任何动作的时钟周期延时 ##3 也会起作用。本书推荐把时钟块放在接口，而不是产生一个默认的时钟块。要始终确定延时是针对哪个时钟。

4.4.5　接口中的双向信号

在 Verilog-1995 中，如果你想要驱动一个双向信号，比如一个过程代码中的双向端口，需要用一个连续赋值语句将 reg 连接到 wire。在 SystemVerilog 中，接口中的双向同步信号因为连续赋值的引入变得更加容易使用，如例 4.25 所示。当你在程序中对线网（net）赋值时，SystemVerilog 实际上将值写到一个驱动该线网的临时变量中。所有驱动器输出的值经过判决后，程序可以直接通过连线读取该值。模块中的设计代码仍然使用传统的寄存器加上连续赋值语句的方式。

【例 4.25】程序和接口中的双向信号

```
interface bidir_if (input bit clk);
  wire [7:0] data;                      // 双向信号
  clocking cb @(posedge clk);
    inout data;
  endclocking
  modport TEST (clocking cb);
endinterface

program automatic test(bidir_if.TEST mif);
  initial begin
    mif.cb.data <= 'z;                  // 三态总线
    @mif.cb;
    $displayh(mif.cb.data);             // 从总线读取
    @mif.cb;
    mif.cb.data <= 7'h5a;               // 驱动总线
    @mif.cb;
    $displayh (mif. cb. data);          // 从总线读取
    mif.cb.data <= 'z;                  // 释放总线
  end
endprogram
```

SystemVerilog 用户参考手册没有明确定义如何驱动接口中的异步双向信号。有两种可能的解决方法：使用一个跨模块引用和连续赋值语句，或者使用第 10 章介绍的虚拟接口。

4.4.6　指定时钟块里的延时

时钟块保证信号在指定的时刻采样或驱动。可以用 default 语句改变所有信号的采样或驱动时间,也可以对每个信号分别指定。后者非常适合描述带有实际延时信息的网表。例 4.26 的时钟块有一条 default 语句,表明对所有输入信号,在时钟上升沿之前 15ns 采样;对所有输出信号,在时钟上升沿之后 10ns 驱动。

【例 4.26】带有 default 语句的时钟块

```
clocking cb @(posedge clk);
  default input #15ns output #10ns;
  output request;
  input grant;
endclocking
```

例 4.27 显示了一个等效的时钟块,对每个信号单独指定采样或驱动延时。

【例 4.27】对信号单独指定延时的时钟块

```
clocking cb @(posedge clk);
  output #10ns request;
  input  #15ns grant;
endclocking
```

4.5 程序块需要考虑的因素

4.5.1 仿真的结束

在 Verilog 中,仿真在调度事件存在的时候会继续执行,直到遇到 $finish。SystemVerilog 增加了一种结束仿真的方法。SystemVerilog 把任何一个程序块都视为含有一个测试。如果仅有一个程序,那么在完成程序中 initial 块最后一条语句时,仿真就结束了,因为编译器认为这就是测试的结尾。即使还有模块或者程序块的线程在运行,仿真也会结束。所以,测试结束时无须关闭所有监视器(monitor)和驱动器(driver)。

如果存在多个程序块,仿真会在最后一个程序块结束时结束。这样最后一个测试完成时仿真就会结束。你可以执行 $exit 提前中断任何一个程序块。当然,你也可以明确地使用 $finish 来结束仿真。但如果有多个程序,这么做可能会带来问题。

但是,仿真并没有完全结束。模块或者程序块可以定义一个 final 块来执行仿真器退出前的代码,如例 4.28 所示。这是一个用来放置清理任务的最佳位置,比如关闭文件,输出一个关于发生的错误和警告数量的报告。在 finial 块中不能调度事件,或含有任何导致时间流逝的时延信息。需要指出的是,你不需要担心已分配内存的释放,因为仿真器会自动处理这个问题。

【例 4.28】一个 final 块

```
program automatic test;
```

```
int errors, warnings;

initial begin
  ... // 程序块的主要行为
end

final
  $display("Test completed with %0d errors and %0d warnings",
           errors, warnings);
endprogram
```

4.5.2　为什么在程序中不允许使用 always 块？

在 SystemVerilog 中，你可以在程序使用 initial 块，但是不能使用 always 块。如果你对 Verilog 很熟悉的话，这个规定可能看起来非常古怪。但是这样规定是有原因的。SystemVerilog 程序比由许多并行执行的块构成的 Verilog 程序更加接近 C 程序，它拥有一个（或者更多）程序入口。在一个设计中，一个 always 块可能从仿真开始就在每一个时钟的上升沿触发执行。但是一个测试平台的执行过程是初始化、驱动和响应设计行为、结束仿真。在这里，一个连续执行的 always 模块将不能正常工作。

当程序中最后一个 initial 块结束时，仿真实际上也默认为结束了，就像执行 $finish 一样。如果有一个 always 块，仿真将永远不会结束，不得不明确地调用 $exit 发出仿真结束的信号。但是不要失望，如果你确实需要一个 always 块，可以使用 initial forever 来完成相同的事情。

4.5.3　时钟生成器

既然已经看过了程序块，你可能想知道时钟生成器是否也应该放在一个模块中。时钟与其说和测试平台结合得比较紧密，不如说它和设计结合得更加紧密，所以时钟生成器应当定义成一个模块。时钟生成器应该和 DUT 一样，在同一个层次例化，这样它既能驱动 DUT，也能驱动测试平台。当进一步细化实施设计的时候，你会创建一个时钟树，随着时钟信号进入系统并在块之间传递，必须仔细控制时钟的抖动。

测试平台就没有这么挑剔。它只需要知道什么时候可以驱动和采样信号。功能验证关心的是在正确的时钟周期内提供正确的值，而不是纳秒级的延时和时钟的相对偏移。

不应该把时钟生成器放在程序块里。例 4.29 试图将一个时钟生成器置于程序块中，这会引起信号之间的竞争。clk 和 data 信号都从 Reactive 区域开始传递，在 Active 区域进入设计，这两个信号到达的先后不同可能会引起竞争状态。

【例 4.29】位于程序块中的错误的时钟生成器

```
program automatic bad_generator (output bit clk, data);
  initial
```

```
        forever #5 clk <= ~clk ;


    initial
        forever @(posedge clk)
            data <= ~data;
    endprogram
```

将时钟生成器放在一个模块中可以避免竞争状态。如果想使时钟生成器的属性随机化，可以创建一个带有随机变量的类来产生时钟抖动、频率和其他特性,见第6章。你可以在时钟生成器模块或者测试平台中使用该类。

例4.30是一个正确的位于模块中的时钟生成器。它有意避免了0时刻的边沿以免引起竞争。所有时钟边沿都使用阻塞赋值生成，它们将在 Active 区域触发事件的发生。如果你确实需要在0时刻产生一个时钟边沿，那么可以使用非阻塞赋值语句设置初始值，这样一来所有时钟敏感逻辑电路，比如 always 块都会在时钟变化之前执行。

【例 4.30】模块中正确的时钟生成器

```
module clock_generator (output bit clk);
    bit local_clk = 0;
    assign clk = local_clk;                // 用本地信号驱动端口
    always #50 local_clk = ~local_clk;
endmodule
```

最后，不要试图使用功能验证来验证底层时序。本书所描述的测试平台只检查 DUT 的行为，不检查时序，时序的检查最好在静态时序分析的工具中完成。测试平台应该足够灵活，以兼容带有时序反标的门级仿真。

4.6　将模块连接起来

现在你有了一个在模块里描述的设计，一个在程序块中的测试平台和将二者连接到一起的接口。例4.31例化和连接了所有代码块的顶层模块。

【例 4.31】使用隐含端口连接的 top 模块

```
module top;
    bit clk;
    always #50 clk = ~clk;

    arb_if arbif(.*);          // … arbif(clk)      来自例 4.4
    arb_with_ifc a1 (.*);      // … a1(arbif)       来自例 4.5
    test_with_ifc t1(.*);      // … t1(arbif)       来自例 4.6
endmodule : top
```

这段代码和例 4.7 几乎完全相同，它使用了一个快捷符号 .*（隐式端口连接），能自动在当前级别自动连接模块实例的端口到具体信号，只要端口和信号的名字及数据类型相同。

SystemVerilog 编译器不会让你成功编译任何一个在端口列表中含有接口的模块或程序块。为什么会这样？毕竟端口包含单个信号的模块或者程序块，即使不被例化也能被编译，如例 4.32 所示。

【例 4.32】仅含有端口连接的模块

```
module uses_a_port(inout bit not_connected);
  ...
endmodule
```

编译器会自动创建连线并将它们连接到相应的信号上。但是端口中含有接口的模块或者程序块必须连接到该接口的一个实例上，如例 4.33 所示。

【例 4.33】含有接口的模块

```
// 没有接口声明，该模块不会被正确编译
module uses_an_interface(arb_ifc.DUT arbif);
  initial arbif.grant = 0;
endmodule
```

就例 4.33 而言，编译器甚至无法编译一个简单的接口。如果程序块在接口中使用了时钟块，编译器就更难处理了。即使你只想通过编译找出语法错误，也必须完成接口的连接工作，如例 4.34 所示。

【例 4.34】连接 DUT 和接口的顶层模块

```
module top;
  bit clk;
  always #50 clk = !clk;

  arb_if arbif(clk);                    // 带有 modport 的接口
  uses_an_interface u1(arbif);          // 必须这样定义才能被编译
endmodule
```

4.7　顶层作用域

有时候需要在仿真过程中创建程序或者模块之外的对象，参与仿真的所有对象都可以访问它们。在 Verilog 中，只有宏定义可以跨越模块边界，经常被用来创建全局常量。SystemVerilog 引入了编译单元（compilation unit），它是一起编译的源文件的组合。任何 module, macromodule, interface, program, package 或者 primitive 边界之外的作用域都被称为编译单元作用域，也称为 $unit。在这个作用域内的任何成员，

比如 parameter，都类似于全局成员，可以被所有低一级的块访问。但是它们又不同于真正的全局成员，例如 parameter 在编译时其他源文件不可见。

这样就引起了一些混淆。有些仿真器同时编译所有 SystemVerilog 代码，所以 $unit 是全局的。另外一些仿真器和综合工具一次编译一个模块或者一组模块，这时 $unit 可能只包含了一个或者几个文件的内容，结果导致 $unit 不能移植。包可以包括程序和模块之外的代码，避免一次编译所有文件。

本书将块外的作用域称为"顶层作用域"。在这个作用域内你可以定义变量、参数、数据类型甚至方法。例 4.35 声明了一个顶层参数 TIMEOUT，该参数可以在各层次的任何地方使用。例 4.35 还包括一个保存错误信息的 const 字符串。以上两种方法都可以定义顶层常数。

【例 4.35】仲裁器设计的顶层作用域

```
// root.sv
`timescale 1ns/1ns
parameter int TIMEOUT = 1_000_000;
const string time_out_msg = "ERROR: Time out";
module top;
  test t1();
endmodule

program automatic test;
  ...
  initial begin
    #TIMEOUT;
    $display("%s", time_out_msg);
    $finish;
  end
endprogram
```

实例名 $root 允许从顶层作用域开始明确地引用系统中的成员名。在这一点上，$root 类似于 Unix 文件系统中的 "/"。对于 VCS 这样一次编译所有文件的工具，$root 和 $unit 是等价的，$root 这个名字也解决了 Verilog 存在的一个老问题。当你的代码引用另一个模块中的成员时，比如 i1.var，编译器首先在本作用域内查找，然后在上一层作用域内查找，如此往复直到到达顶层作用域。你可能想要在顶层模块中使用 i1.var。但是处于中间层次的作用域的实例名 i1 可能会将搜索引入歧途，最终给你一个错误的变量。可以通过使用 $root 指定绝对路径明确地引用跨模块的变量。

例 4.36 给出了一个程序实例，该程序例化在 top 模块，在顶层作用域内隐式例化。这个程序可以采用相对或绝对的方式引用模块中的 clk 信号。你可以使用一个宏来保存路径层次，当路径改变时，只需要修改宏代码就可以了。语言参考手册（LRM）不允许在顶层作用域显式例化模块。

【例 4.36】使用 $root 的跨模块引用

```
module top;
  bit clk;
  test t1(.*);
endmodule


`define TOP $root.top
program automatic test;
  initial begin
    // 绝对引用
    $display("clk = %b", $root.top.clk);
    $display("clk = %b", `TOP.clk);            // 使用宏

    // 相对引用
    $display("clk = %b", top.clk);
endprogram
```

4.8　程序和模块的交互

程序块可以读写模块中的所有信号，可以调用模块中的所有例程，但是模块却看不到程序块。这是因为测试平台需要访问和控制设计，但是设计却独立于测试平台。

　　程序可以调用模块中的例程执行不同的动作，例程可以改变内部信号的值，例程也被称为后门（backdoor load）。因为目前的 System Verilog 标准没有定义怎样在程序块里改变信号的值，所以需要在设计中写一个任务来改变信号的值，然后在程序中调用这个任务。

在测试平台使用函数从 DUT 获取信息是一个好办法。大多数情况下读取信号值是可行的，但是如果设计代码变化了，测试平台就可能错误地解释数值。模块中的函数可以封装两者之间的通信，使得测试平台更便捷地与设计保持同步。第 10 章将介绍如何在接口里嵌入函数和 System Verilog 的断言。

4.9　System Verilog 断言

你可以使用 System Verilog 断言（SVA）在设计中创建时序断言，检查信号的行为和时序关系。仿真器会跟踪哪些断言被激活，并在此基础之上收集功能覆盖率的数据。

4.9.1　立即断言（Immediate Assertion）

立即断言检查一条语句在执行时，表达式是否为真。测试平台的过程代码可以检查待测设计的信号值和测试平台的信号值，并且在存在问题时采取相应的行动。例如，如

果你产生了总线请求，就会期望在两个时钟周期后产生应答。你可以使用 if 语句来检查这个应答，如例 4.37 所示。

【例 4.37】使用 if 语句检查信号

```
arbif.cb.request <= 2'b01;
repeat (2) @arbif.cb;
if (arbif.cb.grant != 2'b01)
  $display("Error, grant != 2'b01");
```

断言比 if 语句更加紧凑，但是断言的逻辑条件 if 语句里的比较条件是相反的。设计者应该期望括号内的表达式为真；否则输出一个错误，如例 4.38 所示。

【例 4.38】简单的立即断言

```
arbif.cb.request <= 2'b01;
repeat (2) @arbif.cb;
a1: assert (arbif.cb.grant == 2'b01);
```

如果正确地产生了 grant 信号，那么测试继续执行；如果信号不符合期望值，仿真器将给出例 4.39 所示的信息。

【例 4.39】失败的立即断言给出错误信息

```
"test.sv", 7: top.t1.a1: started at 55ns failed at 55ns
offending  '(arbif.cb.grant == 2'b1) '
```

该消息指出，在 test.sv 文件的第 7 行，断言 top.t1.a1 在 55ns 开始检查信号 arbif.cb.grant，但是立即检查出了错误。标识符 "a1" 必须是独一无二的，以便迅速定位发生错误的断言。

你可能倾向于使用完整的 SystemVerilog 断言语法检查一个时间段详细的序列，但是要小心使用，因为有可能难以调试。断言是声明性的代码，它的执行过程和过程代码有很大差异。使用几行断言，你可以验证复杂的时序关系；等价的过程代码可能远比这些断言要复杂和冗长，但如果后人需要了解你的代码，会更方便他们理解代码。

如果你是一个 VHDL 程序员，可能忍不住要在代码里使用立即断言了。要抵制住这种诱惑！你的代码将在数周或数月内正常运行，直到有人决定通过禁用断言来提高仿真性能。仿真器将不再执行断言中的表达式。表达式中的副作用将不再执行，例如，递增一个值或调用一个函数。

4.9.2 定制断言行为

一个立即断言有可选的 then- 和 else- 分句。如果你想改变默认消息，可以添加自己的输出信息，如例 4.40 所示。

【例 4.40】在立即断言中创建一个定制的错误消息

```
a40: assert (arbif.cb.grant == 2'b01)
else $error("Grant not asserted");
```

如果 grant 不符合期望的值，你就会看到类似例 4.41 的错误消息。

【例 4.41】过程断言失败引起的错误报告

```
"test.sv", 7: top.t1.a40: started at 55ns failed at 55ns
Offending  '(arbif.cb.grant == 2'b01)'
Error: "test.sv", 7: top.t1.a40: at time 55 ns
Grant not asserted
```

SystemVerilog 有 4 个输出消息的函数：$info，$warning，$error 和 $fatal。这些函数仅允许在断言内部使用，不允许在过程代码中使用，不过在 SystemVerilog 的后续版本中将被允许。

你可以使用 then 子句记录断言何时成功完成，如例 4.42 所示。

【例 4.42】创建一个定制的错误消息

```
a42: assert (arbif.cb.grant == 2'b01)
  grants_received++;                       // 另一个成功的结果
else
  $error("Grant not asserted");
```

4.9.3　并发断言

还有一种断言是并发断言，你可以认为它是一个连续运行的模块，为整个仿真过程检查信号的值。并发断言的实例化方式与其他模块类似，在整个仿真过程都处于活动状态。你需要在并发断言内指定一个采样时钟。例 4.43 是一个检查仲裁器 request 信号的断言，除了复位期间，其他任何时候 request 都不能是 X 或 Z。这段代码位于过程块之外，例如 initial 和 always。例 4.43 仅用于演示，详细信息见下文列出的参考图书。

【例 4.43】检查 X/Z 的并发断言

```
interface arb_if(input bit clk);
  logic [1:0] grant, request;
  bit rst;

  property request_2state;
    @(posedge clk) disable iff (rst)
    $isunknown(request) == 0;              // 确保没有 Z 或者 X 值存在
  endproperty
  assert_request_2state: assert property (request_2state);

endinterface
```

4.9.4 断言的进一步探讨

断言还有许多其他用法，例如，你可以在接口中使用断言。这样你的接口就不仅可以传送信号值，还可以检查协议的正确性。

本小节只给出断言的简单介绍，更多详细信息参见 Vijayaraghhavan、Ramanathan（2005）和 Haque（2007）等关于 SystemVerilog 断言的介绍。

4.10 四端口的 ATM 路由器

仲裁器的例子是对接口的一个很好的介绍，但是真正的设计具有更多的输入和输出，本小节给出一个四端口 ATM（Asynchronous Transfer Mode，异步传输模式）路由器的实例，如图 4.8 所示。

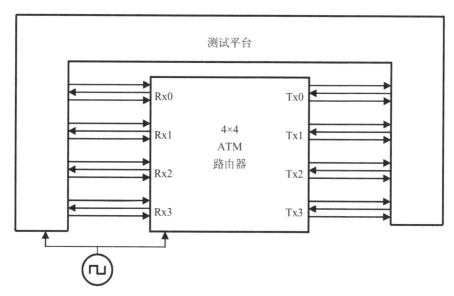

图 4.8 测试平台—未使用接口的 ATM 路由器的框图

4.10.1 使用端口的 ATM 路由器

下面的代码给出了 ATM 路由器的端口连线，这些混乱的连线在连接 RTL 块和测试平台时需要准确连接。这段代码使用 Verilog-1995 风格的端口声明，端口的类型和方向与首部分开定义。

例 4.44 中真实路由器代码中的端口声明延伸了几乎整整一页。

【例 4.44】使用端口的 ATM 路由器模型首部

```
module atm_router_ports(
  //4 x Level 1 Utopia ATM layer Rx Interfaces
    Rx_clk_0, Rx_clk_1, Rx_clk_2, Rx_clk_3,
    Rx_data_0, Rx_data_1, Rx_data_2, Rx_data_3,
    Rx_soc_0, Rx_soc_1, Rx_soc_2, Rx_soc_3,
```

```
    Rx_en_0, Rx_en_1, Rx_en_2, Rx_en_3,
    Rx_clav_0, Rx_clav_1, Rx_clav_2, Rx_clav_3,

  //4 x Level 1 Utopia ATM layer Tx Interfaces
    Tx_clk_0, Tx_clk_1, Tx_clk_2, Tx_clk_3,
    Tx_data_0, Tx_data_1, Tx_data_2, Tx_data_3,
    Tx_soc_0, Tx_soc_1, Tx_soc_2, Tx_soc_3,
    Tx_en_0, Tx_en_1, Tx_en_2, Tx_en_3,
    Tx_clav_0, Tx_clav_1, Tx_clav_2, Tx_clav_3,

  // 其他控制信号
    rst, clk);

  //4 x Level 1 Utopia Rx Interfaces
    output          Rx_clk_0, Rx_clk_1, Rx_clk_2, Rx_clk_3;
    input [7:0]     Rx_data_0,Rx_data_1,Rx_data_2,Rx_data_3;
    input           Rx_soc_0, Rx_soc_1, Rx_soc_2, Rx_soc_3;
    output          Rx_en_0, Rx_en_1, Rx_en_2, Rx_en_3;
    input           Rx_clav_0,Rx_clav_1,Rx_clav_2,Rx_clav_3;

  //4 x Level 1 Utopia Tx Interfaces
    output          Tx_clk_0, Tx_clk_1, Tx_clk_2, Tx_clk_3;
    output [7:0]    Tx_data_0,Tx_data_1,Tx_data_2,Tx_data_3;
    output          Tx_soc_0, Tx_soc_1, Tx_soc_2, Tx_soc_3;
    output          Tx_en_0, Tx_en_1, Tx_en_2, Tx_en_3;
    input           Tx_clav_0,Tx_clav_1,Tx_clav_2,Tx_clav_3;

  // 其他控制信号
    input           rst, clk;
    ...
  endmodule
```

例 4.44 最后的 "…" 含有哪些可综合代码？参见 Sutherland（2006）书中关于在模块和其他 SystemVerilog 设计结构中使用接口的更多信息和例子。

4.10.2 使用端口的 ATM 顶层模块

例 4.45 给出的是顶层模块。

【例 4.45】未使用接口的顶层模块

```
module top;
  bit clk, rst;
  always #5 clk = !clk;
```

```
    wire Rx_clk_0, Rx_clk_1, Rx_clk_2, Rx_clk_3,
        Rx_soc_0, Rx_soc_1, Rx_soc_2, Rx_soc_3,
        Rx_en_0, Rx_en_1, Rx_en_2, Rx_en_3,
        Rx_clav_0, Rx_clav_1, Rx_clav_2, Rx_clav_3,
        Tx_clk_0, Tx_clk_1, Tx_clk_2, Tx_clk_3,
        Tx_soc_0, Tx_soc_1, Tx_soc_2, Tx_soc_3,
        Tx_en_0, Tx_en_1, Tx_en_2, Tx_en_3,
        Tx_clav_0, Tx_clav_1, Tx_clav_2, Tx_clav_3;

    wire [7:0] Rx_data_0, Rx_data_1, Rx_data_2, Rx_data_3,
        Tx_data_0, Tx_data_1, Tx_data_2, Tx_data_3;

    atm_router_ports
      a1(Rx_clk_0, Rx_clk_1, Rx_clk_2, Rx_clk_3,
        Rx_data_0,Rx_data_1,Rx_data_2,Rx_data_3,
        Rx_soc_0, Rx_soc_1, Rx_soc_2, Rx_soc_3,
        Rx_en_0, Rx_en_1, Rx_en_2, Rx_en_3,
        Rx_clav_0,Rx_clav_1,Rx_clav_2,Rx_clav_3,
        Tx_clk_0, Tx_clk_1, Tx_clk_2, Tx_clk_3,
        Tx_data_0,Tx_data_1,Tx_data_2,Tx_data_3,
        Tx_soc_0, Tx_soc_1, Tx_soc_2, Tx_soc_3,
        Tx_en_0, Tx_en_1, Tx_en_2, Tx_en_3,
        Tx_clav_0,Tx_clav_1,Tx_clav_2,Tx_clav_3,
        rst, clk);
test_ports t1
        (Rx_clk_0, Rx_clk_1, Rx_clk_2, Rx_clk_3,
        Rx_data_0,Rx_data_1,Rx_data_2,Rx_data_3,
        Rx_soc_0, Rx_soc_1, Rx_soc_2, Rx_soc_3,
        Rx_en_0, Rx_en_1, Rx_en_2, Rx_en_3,
        Rx_clav_0,Rx_clav_1,Rx_clav_2,Rx_clav_3,
        Tx_clk_0, Tx_clk_1, Tx_clk_2, Tx_clk_3,
        Tx_data_0,Tx_data_1,Tx_data_2,Tx_data_3,
        Tx_soc_0, Tx_soc_1, Tx_soc_2, Tx_soc_3,
        Tx_en_0, Tx_en_1, Tx_en_2, Tx_en_3,
        Tx_clav_0,Tx_clav_1,Tx_clav_2,Tx_clav_3,
        rst, clk);
endmodule
```

例 4.46 给出了测试平台模块的代码。端口和连线又一次占据了模块的绝大部分。

【例 4.46】使用端口的测试平台（Verilog-1995）

```
module test_ports(
```

```
    //4 x Level 1 Utopia ATM layer Rx Interfaces
      Rx_clk_0, Rx_clk_1, Rx_clk_2, Rx_clk_3,
      Rx_data_0, Rx_data_1, Rx_data_2, Rx_data_3,
      Rx_soc_0, Rx_soc_1, Rx_soc_2, Rx_soc_3,
      Rx_en_0, Rx_en_1, Rx_en_2, Rx_en_3,
      Rx_clav_0, Rx_clav_1, Rx_clav_2, Rx_clav_3,


    //4 x Level 1 Utopia ATM layer Tx Interfaces
      Tx_clk_0, Tx_clk_1, Tx_clk_2, Tx_clk_3,
      Tx_data_0, Tx_data_1, Tx_data_2, Tx_data_3,
      Tx_soc_0, Tx_soc_1, Tx_soc_2, Tx_soc_3,
      Tx_en_0, Tx_en_1, Tx_en_2, Tx_en_3,
      Tx_clav_0, Tx_clav_1, Tx_clav_2, Tx_clav_3,


      rst, clk);              // 其他控制信号

    //4 x Level 1 Utopia Rx Interfaces
      input             Rx_clk_0, Rx_clk_1, Rx_clk_2, Rx_clk_3;
      output [7:0]      Rx_data_0,Rx_data_1,Rx_data_2,Rx_data_3;
      reg [7:0]         Rx_data_0,Rx_data_1,Rx_data_2,Rx_data_3;
      output            Rx_soc_0, Rx_soc_1, Rx_soc_2, Rx_soc_3;
      reg               Rx_soc_0, Rx_soc_1, Rx_soc_2, Rx_soc_3;
      input             Rx_en_0, Rx_en_1, Rx_en_2, Rx_en_3;
      output            Rx_clav_0,Rx_clav_1,Rx_clav_2,Rx_clav_3;
      reg               Rx_clav_0,Rx_clav_1,Rx_clav_2,Rx_clav_3;

    //4 x Level 1 Utopia Tx Interfaces
      input             Tx_clk_0, Tx_clk_1, Tx_clk_2, Tx_clk_3;
      input [7:0]       Tx_data_0, Tx_data_1,Tx_data_2,Tx_data_3;
      input             Tx_soc_0, Tx_soc_1, Tx_soc_2, Tx_soc_3;
      input             Tx_en_0, Tx_en_1, Tx_en_2, Tx_en_3;
      output            Tx_clav_0, Tx_clav_1,Tx_clav_2,Tx_clav_3;
      reg               Tx_clav_0, Tx_clav_1,Tx_clav_2,Tx_clav_3;

     // 其他控制信号
      output    rst;
      reg       rst;
      input     clk;

  initial begin
    // 复位设备
```

```
    rst <= 1;
    Rx_data_0 <= 0;
    ...
    end
endmodule
```

上面的代码仅起连接作用——没有测试平台，没有设计！接口提供了组织这些信息的更好的方法，它消除了极易引起错误的重复部分。

4.10.3 使用接口简化连接

图 4.9 是一个 ATM 路由器连接到测试平台的框图，其中的信号被分组装进接口。

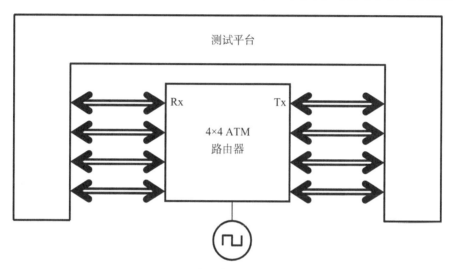

图 4.9 测试平台—使用接口的路由器框图

4.10.4 ATM 接口

例 4.47 和例 4.48 是使用 modport 和时钟块的 Rx 接口和 Tx 接口。

【例 4.47】使用 modport 和时钟块的 Rx 接口

```
interface Rx_if (input logic clk);
  logic [7:0] data;
  logic soc, en, clav, rclk;

  clocking cb @(posedge clk);
    output data, soc, clav; // 方向是相对测试平台的
    input en;
  endclocking : cb

  modport DUT (output en, rclk,
               input data, soc, clav);
```

```
  modport TB (clocking cb);
endinterface : Rx_if
```

【例 4.48】使用 modport 和时钟块的 Tx 接口

```
interface Tx_if (input logic clk);
  logic [7:0] data;
  logic soc, en, clav, tclk;

  clocking cb @(posedge clk);
    input data, soc, en;
    output clav;
  endclocking : cb

  modport DUT (output data, soc, en, tclk,
               input clk, clav);

  modport TB (clocking cb);
endinterface : Tx_if
```

4.10.5　使用接口的 ATM 路由器模型

例 4.49 是 ATM 路由器的模型和测试平台，需要在端口表中指定 modport。注意，modport 名字应该放在接口名 Rx_if 的后面。

【例 4.49】接口中使用 modport 的 ATM 路由器模型

```
module atm_router(Rx_if.DUT Rx0, Rx1, Rx2, Rx3,
                  Tx_if.DUT Tx0, Tx1, Tx2, Tx3,
                  input logic clk, rst);
  ...
endmodule
```

4.10.6　使用接口的 ATM 顶层模块

例 4.50 中的顶层模块已经得到非常可观的缩减，同样减少的还有出错的概率。

【例 4.50】使用接口的顶层模块

```
module top;
  bit clk, rst;
  always #5 clk = !clk;

  Rx_if Rx0 (clk), Rx1 (clk), Rx2 (clk), Rx3 (clk);
  Tx_if Tx0 (clk), Tx1 (clk), Tx2 (clk), Tx3 (clk);
```

```
   atm_router a1 (Rx0, Rx1, Rx2, Rx3,                     // 或者仅使用 (.*)
                  Tx0, Tx1, Tx2, Tx3, clk, rst);

   test       t1 (Rx0, Rx1, Rx2, Rx3,                     // 或者仅使用 (.*)
                  Tx0, Tx1, Tx2, Tx3, clk, rst);
endmodule : top
```

4.10.7 使用接口的 ATM 测试平台

例 4.51 给出了测试平台的一部分，它会捕获来自路由器 TX 端口的信元。注意接口中的名字都使用了固定名字，所以需要把同样的代码为 4x4 ATM 路由器复制 4 次。代码中只给出了 receive_cell0，最终的代码还应该包括 receive_cell1, receive_cell2 和 receive_cell3。第 10 章将介绍如何使用虚拟接口来简化代码。

【例 4.51】接口中使用时钟块的测试平台

```
program automatic test(Rx_if.TB Rx0, Rx1, Rx2, Rx3,
                       Tx_if.TB Tx0, Tx1, Tx2, Tx3,
                       input logic clk, output bit rst);

   bit [7:0] bytes[ATM_CELL_SIZE];

   initial begin
     // 复位设备
     rst <= 1;
     Rx0.cb.data <= 0;
     ...
     receive_cell0();
     ...
     end

task receive_cell0();
  @(Tx0.cb);
  Tx0.cb.clav <= 1;                      // 准备接收
  wait (Tx0.cb.soc == 1);                // 等待信元的开始

  foreach (bytes[i]) begin
    wait (Tx0.cb.en == 0);               // 等待使能信号
      @(Tx0.cb);

      bytes[i] = Tx0.cb.data;
```

```
      @(Tx0.cb);
      Tx0.cb.clav <= 0;                    // 释放流控信号
    end
  endtask : receive_cell0
endprogram : test
```

4.11 Ref 端口的方向

SystemVerilog 引入了一种新的用于连接模块的端口方向：ref。你应该很熟悉 input，output 和 inout 端口方向，其中 inout 用于建模双向连接。如果使用多个 inout 端口驱动一个信号，SystemVerilog 将会根据所有驱动器的值计算最终的信号值、驱动强度和 Z 值。

ref 端口的行为完全不同。它可以使两个名字指向同一个变量。对于一个存储位置，可以有多个别名。ref 端口只能连接变量，不能连接信号。3.4.3 节有关于函数参数 ref 方向的内容。

例 4.52 中 incr 模块有两个 ref 端口 c 和 d。这两个变量与顶层模块中的 c 和 d 变量共享存储空间。当 top 改变 c 的值时，incr 会立即看到它。incr 递增 c，顶层模块也可以看到结果。如果端口 c 被声明为 inout，则必须构造一个三态驱动器，例如连续赋值语句，并要确保正确地驱动使能信号和 Z 值。不要把 ref 端口作为 inout 端口的一种替代方式，因为只有后者才支持综合。

【例 4.52】Ref 端口

```
module incr(ref int c,d);    // 变量
  always @(c)
    #1 d = c++;                // d = c; c = c+1;
endmodule

module top;
  int c, d;
  incr i1(c, d);
  initial begin
    $monitor("@%0d: c = %0d, d = %0d", $time, c, d);
    c = 2;
    #10;
    c = 8;
    #10;
  end
endmodule
```

4.12 小 结

在本章你已经学会了如何使用SystemVerilog接口来组织各个设计模块和测试平台间的通信。使用这种方法，你可以用一个接口取代很多的信号连接，使代码更加容易维护和修改，还可以减少连线出错的数量。

SystemVerilog也引入了程序块来减少待测器件和测试平台之间的竞争状态。在接口中使用时钟块，测试平台可以相对于时钟正确地驱动和采样设计信号。

4.13 练 习

1. 设计一个ARM高性能总线（AHB）的接口和测试平台。我们为您提供一个总线主设备作为验证IP，可以启动AHB事务。您正在测试从设备的设计。测试平台例化了接口、从设备和主设备。如果在时钟下降沿的事务类型不是IDLE或NONSEQ，那么接口将显示错误。AHB信号见表4.2。

表 4.2　AHB信号的定义

信　号	宽　度	方　向	功　能
HCLK	1	输　出	时　钟
HADDR	21	输　出	地　址
HWRITE	1	输　出	写标志：1 = 写，0 = 读
HTRANS	2	输　出	事务类型：2' b00 = IDLE, 2' b10 = NONSEQ
HWDATA	8	输　出	写入的数据
HRDATA	8	输　入	读出的数据

2. 为下面的接口增加代码，满足以下要求：

（1）一个时钟下降沿工作的时钟块，所有I/O信号都和这个时钟同步。

（2）测试平台的modport，命名为master；DUT的modport，命名为slave。

（3）在master modport里使用I/O列表里的时钟块。

```
interface my_if(input bit clk);
  bit write;
  bit [15:0] data_in;
  bit [7:0] address;
  logic [15:0] data_out;
endinterface
```

3. 为练习2中的时钟块增加data_in和data_out信号，如下面的时序图。

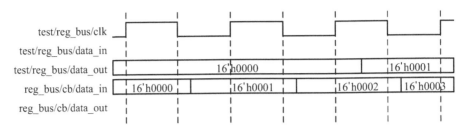

4. 修改练习 2 中的时钟信号，满足：

（1）输出写信号和地址信号的抖动为 25ns。

（2）输入抖动为 15ns。

（3）限制 data_in 只在时钟上升沿变化。

5. 假设时钟周期为 100ns，将下图中的时序信息补充到例 4 的时钟块里。

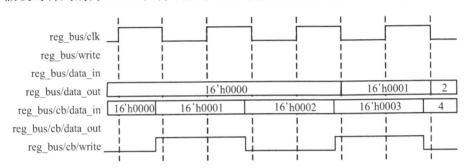

第 5 章　面向对象编程（OOP）基础

5.1　简　介

对结构化编程语言，例如 Verilog 和 C 语言来讲，它们的数据结构和使用这些数据结构的代码之间存在很大的沟壑。数据声明、数据类型与操作这些数据的算法经常放在不同的文件里，因此造成对程序理解的困难。

Verilog 程序员的境遇比 C 语言程序员更加棘手，因为 Verilog 语言中没有结构（structures），只有位向量和数组。如果你想存储一个总线事务（bus transaction）的信息，就需要多个数组：一个用于保存地址，一个用于保存数据，一个用于保存指令，等等。事务（transaction）N 的信息分布在所有数组中。用来创建、发送和接收事务的代码位于模块（module）中，但这个模块可能连接到总线上，也可能根本没有连接到总线上。最糟糕的是，这些数组都是静态的，所以如果测试平台（testbench）只配置了 100 个数组项，而当前测试需要 101 个，就需要修改源代码来改变数组的大小，并且重新编译。结果就是数组被配置成可以容纳最大数目的事务，但是在一个普通的测试中，大多数的存储空间都浪费了。

面向对象编程（OOP）使你能够创建复杂的数据类型，并且将它们和使用这些数据类型的程序紧密地结合在一起。你可以在更加抽象的层次建立测试平台和系统级模型，通过调用函数执行一个动作而不是改变信号的电平。当使用事务来代替信号翻转时，你便工作在更高的层次，更容易编写代码，代码也更容易理解。这样做的附加好处是，测试平台和设计细节分开，它们变得更加可靠，更加易于维护，在将来的项目中可以重复使用。

如果你已经熟悉了面向对象编程（OOP），可以跳过这一章，因为 SystemVerilog 相当严格地遵守 OOP 的规则。但你还是需要读一下 5.18 小节，以便了解如何搭建一个测试平台。第 8 章给出了一些诸如继承等 OOP 的高级概念，以及更多的测试平台搭建技巧，每个读者都应该仔细阅读。

5.2　考虑名词，而非动词

将数据和代码组合在一起可以有效地帮助你编写和维护大型测试平台。如何把数据和代码组合到一起？可以先想想测试平台是怎样工作的。

测试平台的目标是给一个设计施加激励，然后检查其结果是否正确。如果把流入和流出设计的数据组合到一个事务里，例如，总线周期、操作码、包、采样数据，那么围绕事务和事务的操作实施测试平台就是最好的办法。在 OOP 中，事务就是测试平台的焦点。

你可以想象一下测试平台和汽车的相似性。早期的轿车要求你了解有关它们正常工作的详细细节（名词）。你必须提前或推迟点火，打开或关闭阻气门，时刻留意引擎速度，如果在光滑的地表，例如潮湿的街道上驾驶时，还要防止轮胎打滑。如今，你与汽车的交互已经在一个很高的层次了。当你走进轿车时，你可以执行一系列动作（动词），例如启动、向前移动、转弯、停车，以及在驾车的时候听音乐。如果你想启动一辆轿车，只需要插入钥匙点火，就可以发动汽车。踩下油门就可以前进，踩下刹车就可以制动。你正在雪地上驾驶吗？不用担心，防抱死刹车会帮助你安全停车，并且始终按照直线行驶。你不需要担心底层的细节。

测试平台也应该按照这种方式来构建。传统的测试平台强调的是操作：创建一个事务、发送、接收、检查结果，然后产生报告。而在 OOP 中，你需要重新考虑测试平台的结构，以及每部分的功能。生成器（generator）创建事务并且将它们传给下一级，驱动器（driver）和设计进行会话，设计返回的事务被监视器（monitor）捕获，记分牌（scoreboard）将捕获的结果和预期的结果进行比对。因此，测试平台应该分成若干块（block），然后定义它们相互之间如何通信。本章给出很多这些元件的例子。

如何在 SystemVerilog 中表示这些块？一个类可以描述一个以数据为中心的块，如总线事务、网络数据包或 CPU 指令。一个类也可以代表一个控制块，例如，驱动程序或记分板。不管是哪种方式，一个类都会将数据与操作数据的例程封装在一起。类对外隐藏了如何实现数据生成或检查等操作的细节，从而使类更具可重用性。

5.3　编写第一个类（Class）

例 5.1 显示了一个通用事务的类。它包含一个地址、一个校验和，以及一个存储数值的数组。在 Transaction 类中有两个子程序：一个显示地址，另一个计算数据校验和。

为了更加方便地对齐一个块的开始和结束部分，可以在块的最后放上一个标记（label）。在例 5.1 中，这些结束标记可能看起来是多余的，但是在有很多嵌套块的复杂代码中，标记可以很好地帮助你配对简单的 end、endtask、endfunction 和 endclass。

【例 5.1】简单的 Transaction 类

```
class Transaction;
  bit [31:0] addr, csm, data[8];

  function void display();
    $display("Transaction: %h", addr);
  endfunction : display

  function void calc_csm();
    csm = addr ^ data.xor;
```

```
    endfunction : calc_csm

endclass : Transaction
```

 每个公司都有自己的命名风格。本书使用如下约定：类名由大写字母开始，并且在类名中不使用下划线，例如 Transaction 和 Packet。常数都用大写字母定义，如 CELL_SIZE。变量都用小写字母，例如 count 和 opcode。就个人而言，你可以自由地使用任何你想使用的命名风格。

5.4 在哪里定义类

在 SystemVerilog 中，你可以在 program、module、package 中，或者在这些块之外的任何地方定义或使用类。

当你创建一个项目时，可能会将每个类保存在独立的文件中。当文件的数目变得太大时，你可以使用 SystemVerilog 的包（package）将一组相关的类和类型定义捆绑在一起，如例 5.2 所示。例如，你可以将所有 USB3 事务和 BFM 组合到一个包中。这个包与系统的其他部分独立，可以单独编译。在程序中导入包如例 5.3 所示。其他不相关的类，例如，其他事务、记分牌，或者不同协议（protocol）的类应该放在不同的文件中。

本书中的代码示例省去了包，使文本更加紧凑。

【例 5.2】包中的类

```
// 文件 abc.svh
package abc;
  class Transaction;
    // 类主体
  endclass
endpackage
```

【例 5.3】在程序中导入包

```
program automatic test;
  import abc::*;
  Transaction tr;

  // 测试代码

endprogram
```

5.5 OOP 术语

OOP 的新手和专家之间有什么不同？首先就是使用的词汇。通过使用 Verilog，你已经知道了一些 OOP 的概念。下面是一些 OOP 的术语、定义以及它们与 Verilog 2001 大致的对应关系。

（1）类（Class）：包含变量和子程序的基本构建块。Verilog 中与之对应的是模块（module）。

（2）对象（Object）：类的一个实例。在 Verilog 中，你需要实例化一个模块才能使用它。

（3）句柄（handle）：指向对象的指针。在 Verilog 中，你通过实例名在模块外部引用信号和函数。一个句柄就像一个对象的地址，但是它保存在一个只能指向单一数据类型的指针中。句柄类似于其他 OOP 语言中的引用。

（4）属性（Property）：存储数据的变量。在 Verilog 中，就是寄存器（reg）或者线网（wire）类型的信号。

（5）方法（method）：任务或者函数中操作变量的程序性代码。Verilog 模块除了 initial 和 always 块以外，还含有任务和函数。

（6）原型（prototype）：程序的头，包括程序名、返回类型和参数列表。程序体则包含执行代码。有关原型的更多信息，请参见第 5.10 节。

讨论 OOP 代码时，本书使用属性（property）和方法（method）。对于非 OOP 的代码，本书使用更加传统的 Verilog 术语：变量（variable）和程序（routine）[*]。

在 Verilog 中，通过创建模块并且逐层例化，可以得到一个复杂的设计。在 OOP 中创建类并且构造它们（创建对象），可以得到一个相似的层次结构。模块在编译期间实例化，而类在运行时构造。

下面是一个对这些 OOP 术语的比喻。将类视为一个房子的蓝图（blueprint），该设计图描述了房子的结构，但是你不能住在一个蓝图里，你需要建造一幢实际的房子。一个对象就是一个实际的房子。如同一套蓝图可以用来建造房子的各个部分，一个类也可以创建很多的对象。房子的地址就像一个句柄，它唯一地标志了你的房子。在你的房子里面，你有很多东西，例如带有开关的灯（开或者关）。类中的变量用来保存数值，而子程序用来控制这些数值，一个房子类可能有很多盏灯。对 turn_on_porch_light() 的一个简单调用就可以将房子的走廊灯变量值置为 ON。

5.6　创建新对象

Verilog 和 OOP 都具有例化的概念，但是在细节方面却存在一些区别。一个 Verilog 模块，例如一个计数器，是在代码被编译的时候例化的。而一个 SystemVerilog 类，例如一个网络数据包，却是在仿真过程中，测试平台需要的时候才被创建。Verilog 的例化是静态的，就像硬件一样在仿真的时候不会变化，只有信号值改变。而 SystemVerilog 中，

---

[*] 本书实际上始终将 routine 翻译为"程序或子程序"。——译者注

激励对象不断被创建并且用来驱动 DUT，检查结果。最后这些对象占用的内存可以被释放，以供新的对象使用。回到房子的比喻：房子的地址一般都是静止的，除非房子被烧毁导致你不得不重新盖新房。而垃圾回收从来不会是自动的，除非家里有儿童。

OOP 和 Verilog 之间的相似性也有一些例外。Verilog 的顶层模块是隐式地例化的。但是 SystemVerilog 类在使用前必须先例化。另外，Verilog 的实例名只能指向一个实例，而 SystemVerilog 的句柄可以指向很多对象，当然，一次只能指向一个。

5.6.1　句柄以及构造对象

在例 5.4 中，tr 是一个指向 Transaction 类型对象的句柄，因此 tr 可以简称为一个 Transaction 句柄。

【例 5.4】声明和使用一个句柄

```
Transaction tr; // 声明一个句柄
tr = new();      // 为一个 Transaction 对象分配空间
```

在声明句柄 tr 时，它被初始化为特殊值 null。下一行，调用 new() 函数创建 Transaction 对象。

这个特殊的 new 函数为 Transaction 分配空间，将变量初始化为默认值（二值变量为 0，四值变量为 X），并返回保存对象的地址。例如，Transaction 类有两个 32 位的寄存器（addr 和 csm）和一个有 8 个元素（数据）的数组，总计包含 10 个长字（longword），或者说 40 个字节。所以当你调用 new() 函数时，SystemVerilog 就会分配 40 字节的存储空间。如果你使用过 C 语言，会发现这个步骤和 malloc 函数非常相似。应当指出的是，SystemVerilog 为四值变量使用更多的内存，并且会保存一些内部信息，例如，对象的类型等。

创建类的实例的过程被称为实例化。new() 函数有时被称为构造函数，因为它构建对象，就像木匠用木头和钉子建造房子一样。对于每一个类来讲，SystemVerilog 创建一个默认的 new() 函数来分配并初始化对象。

5.6.2　定制构造函数（Constructor）

你可以定义自己的 new() 函数，设置自己的值，如例 5.5 所示。请注意，不能给出返回值类型，因为构造函数是一个特殊函数，会自动将句柄返回给与类类型相同的对象。

【例 5.5】简单的用户定义的 new() 函数

```
class Transaction;
  logic [31:0] addr, csm, data[8];

  function new();
    addr = 3;
    data = '{default:5};
```

```
    endfunction

endclass
```

在例 5.5 中，首先，SystemVerilog 自动为对象分配存储空间。然后将 addr 和 data 设为固定数值，但是 csm 仍将被初始化为默认值 X。你可以使用具有默认值的函数参数创建更加灵活的构造函数，如例 5.6 所示。这样你就可以在调用构造函数的时候给 addr 和 data 指定值或者使用默认值。

【例 5.6】一个带有参数的 new() 函数

```
class Transaction;
  logic [31:0] addr, csm, data[8];

  function new(input logic [31:0] a = 3, d = 5);
    addr = a;
    data = '{default:d};
  endfunction
endclass

initial begin
  Transaction tr;
  tr = new(.a(10)); // a = 10, d 使用默认值 5
end
```

SystemVerilog 怎么知道该调用哪个 new() 函数呢？这取决于赋值操作符左边的句柄类型。在例 5.7 中，调用 Driver 构造函数内部的 new() 函数，会调用 Transaction 的 new() 函数，即使 Driver 的 new() 函数定义离它更近。这是因为 tr 是 Transaction 句柄，SystemVerilog 会做出正确的选择，创建一个 Transaction 类的对象。

【例 5.7】调用正确的 new() 函数

```
class Transaction;
  logic [31:0] addr, csm, data[8];
endclass : Transaction

class Driver;
  Transaction tr;
  function new(); // Driver 的 new() 函数
    tr = new(); // 调用 Transaction 的 new() 函数
  endfunction
endclass : Driver
```

5.6.3 将声明和创建分开

你应该避免在声明一个句柄时调用构造函数，即 new() 函数。虽然这样在语法上是合法的，但是会引起顺序问题，因为这样构造函数在第一条过程语句前就被调用了。你可能希望按照一定的顺序初始化对象，但是如果在声明的时候调用 new() 函数，就不能控制这个顺序了。此外，如果你忘记使用 automatic 存储空间，构造函数将在仿真开始时，而非进入块时被调用。

5.6.4 **new()** 和 **new[]** 的区别

你可能已经注意到 new() 函数和 2.3 节用来设置动态数组大小的 new[] 操作看起来非常相似。它们都申请内存并初始化变量。两者最大的不同在于调用 new() 函数仅创建一个对象，而 new[] 操作将建立一个含有多个元素的数组。new() 可以使用参数设置对象的数值，而 new[] 只需使用一个数值来设置数组的大小。只需要记住方括号 [] 用于数组，而圆括号 () 用于类，类通常包含方法。

5.6.5 为对象创建一个句柄

OOP 的新手经常会混淆对象和对象的句柄。其实两者之间的区别是非常明显的。你可以通过声明一个句柄来创建一个对象。在一次仿真中，一个句柄可以指向很多对象。这就是 OOP 和 SystemVerilog 的动态特性。所以，不要再混淆句柄和对象了。

在例 5.8 中，t1 首先指向一个对象，然后指向另一个对象。图 5.1 给出了对象和指针最后的结果。

【例 5.8】为多个对象分配地址

```
Transaction t1, t2;        // 声明两个句柄
t1 = new();                // 为第一个 Transaction 对象分配地址
t2 = t1;                   //t1 和 t2 都指向该对象
t1 = new();                // 为第二个 Transaction 对象分配地址
```

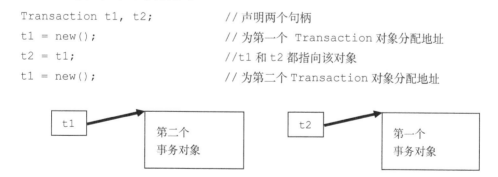

图 5.1 分配多个对象后的句柄和对象

为什么我们希望动态地创建对象？在一次仿真过程中，你可能需要创建成百上千个事务。SystemVerilog 使你能够在需要的时候自动创建对象。在 Verilog 中，你只能使用固定大小的数组，而且这个数组必须要大到能够容纳最大数量的事务。

应当指出的是，这种动态的对象创建不同于 Verilog 语言之前提供的任何特性。Verilog 模块的实例和它的名字是在编译的过程中静态地捆绑在一起的。即使是在仿真过程中产生和自动注销的 automatic 变量，名字和内存也总是捆在一起的。

句柄可以用参加会议的人来做比方。每个人都类似一个对象。当你到达现场时，会创建一个名牌，在上面写上你的名字。这个名牌就是一个句柄，它可以帮助会议组织者识别每一个与会者。当你坐下时，存储空间就被指定了。你可能作为与会者、讲演者或者组织者拥有多个不同的名牌。当你离开现场时，只要在名牌上贴上一个新的名字，你的名牌就可以重新使用，这就类似于一个句柄可以通过赋值指向另一个对象。最后，如果你丢失了名牌，那么就没有什么可以标识你了，你会被要求离开会场。你占用的空间、你的座位会被收回供其他人使用。

5.7　对象的解除分配（deallocation）

你已经知道了如何创建一个对象——但是你知道怎么回收它吗？你的测试平台创建并且发起了上千次事务，例如，发到 DUT 的包、指令、帧、中断等。一旦你得知事务已经成功完成，就不需要再保留这些对象了。这时你需要回收内存。否则，长时间的仿真会将内存耗尽。

垃圾回收是一种自动释放不再被引用的对象的过程。SystemVerilog 分辨对象不再被引用的办法就是记住指向它的句柄的数量，当最后一个句柄不再引用某个对象，SystemVerilog 就释放该对象的空间。不同的仿真器寻找不再使用的对象的算法不尽相同。本小节使用引用数的算法，这是最容易理解的一种算法。

例 5.9 的第二行调用 new() 函数创建了一个对象，并且将其地址保存在句柄 t 中。下一个 new() 函数创建了一个新的对象，并将其地址放在 t 中，覆盖了句柄 t 先前的值。因为这时已经没有句柄指向第一个对象，SystemVerilog 就将其解除分配。对象可以立刻被删除，或者等一小段时间之后再删除。最后一行明确地清除句柄，所以至此第二个对象也可以被解除分配了。

【例 5.9】创建多个对象

```
Transaction t;           // 创建一个句柄
t = new();               // 分配一个新的 Transaction
t = new();               // 分配第二个，并且释放第一个 t
t = null;                // 解除分配第二个
```

如果你熟悉 C++，对这些对象和句柄的概念可能并不陌生，但是两者存在一些非常重要的区别。SystemVerilog 的句柄只能指向一种类型，即所谓的"安全类型"。在 C 语言中，一个典型的无类型指针只是内存中的一个地址，你可以将它设为任何数值，还可以通过预增量（pre-increment）操作来改变它。这时候你无法确保指针是合法的。C++ 的指针相对安全，但和 C 语言有类似的问题。SystemVerilog 不允许对句柄做和 C

语言类似的改变，也不允许将一种类型的句柄指向另一种类型的对象（SystemVerilog的OOP规范比起C++来更加接近Java）。

因为SystemVerilog在没有任何句柄指向一个对象时会自动回收垃圾，这就保证了代码中所使用的任何句柄都是合法的。而在C/C++中，指针可以指向一个不再存在的对象。在这些语言中，垃圾回收是手动的，所以当你忘了手动释放对象时，代码就可能存在内存泄漏。

SystemVerilog不能回收一个被句柄引用的对象。如果你创建了一个链接列表，除非手工设置所有句柄为null，清除所有句柄，否则SystemVerilog不会释放对象的空间。如果对象包含有从一个线程派生出来的程序，那么只要该线程仍在运行，这个对象的空间就不会被释放。同样的，任何被一个子线程所使用对象在该线程没有结束之前不会被解除分配。关于线程的更多信息请参见第7章。

5.8 使用对象

现在你已经分配了一个对象，那么如何来使用它呢？回到Verilog模块的对比，你可以对对象使用"."符号来引用变量和子程序，如例5.10所示。

【例5.10】使用对象的变量和子程序

```
Transaction t;          // 声明一个 Transaction 句柄
t = new();              // 创建一个 Transaction 对象
t.addr = 32'h42;        // 设置变量的值
t.display();            // 调用一个子程序
```

严格的OOP规定，只能通过对象的访问函数访问对象的变量，例如get()和put()。这是因为直接访问变量会限制以后对代码的修改。如果将来出现一个更好的（或者另一种）算法，你可能因为需要改变所有那些直接引用变量的代码，而导致你不能采用这种新的算法。

这种方法的问题在于，它是为生命周期达数十年或者更长的大型应用程序准备的。这样的大型程序会有许多的程序员来修改它们，因此稳定性是至关重要的。但在创建测试平台时，你的目标是最大限度地控制所有变量，以产生最广泛的激励。要实现这个目标，可以采用受约束的随机激励产生方法。如果变量隐藏在无数的方法背后，这是难以做到的。尽管get()和put()对编译器、GUI和API来讲是最好的，你还是应该坚持将变量公有化，以便测试平台的任何地方都可以访问它们。

验证IP是这种规则的一个例外情况。验证IP是由与最终用户没有直接关系的公司等集团创建并维护的。例如，如果您从另一家公司购买PCI transactor，他们将限制对内部的访问，只能将其视为黑盒。开发人员必须提供足够的方法来生成好的事务并注入所有错误。

5.9　类的方法

类中的程序也称为方法，也就是在类的作用域内定义的内部 task 或者 function。例 5.11 为类 Transaction 和 PCI_Tran 定义了 display() 方法。SystemVerilog 会根据句柄的类型调用正确的 display() 方法。

【例 5.11】类中的方法

```
class Transaction;
  bit [31:0] addr, csm, data[8];
  function void display();
    $display("@%0t: TR addr = %h, csm = %h, data = %p",
             $time, addr, csm, data);
  endfunction
endclass

class PCI_Tran;
  bit [31:0] addr, data;        // 使用真实的名字
  function void display();
    $display("@%0t: PCI: addr = %h, data = %h", $time, addr, data);
  endfunction
endclass

Transaction t;
PCI_Tran pc;

initial begin
  t = new();                    // 创建一个 Transaction 对象
  t.display();                  // 调用 Transaction 的方法
  pc = new();                   // 创建一个 PCT 事务
  pc.display();                 // 调用 PCI 事务的方法
end
```

类中的方法默认使用自动存储，所以你不必担心忘记使用 automatic 修饰符。

5.10　在类之外定义方法

一条值得称道的规则是，你应当限制代码段的长度在一页以内，或用习惯的编辑器在一屏幕内显示代码以保证其可读性。该规则用于函数或任

务时你可能并不感到陌生,它同样适用于类。如果你可以一次在一屏内读到类中所有东西,那么理解起来就会变得相对容易。

如果每个方法占一页,那么整个类怎么能控制在一页内呢? 在 SystemVerilog 中你可以将方法的原型定义 (方法名和参数) 放在类的内部,而方法的程序体 (过程代码) 放在类的后面定义。

下面介绍如何创建块外声明。复制例 511 种 display() 方法的第一行,包括方法名和参数,在开始处添加关键词 extern。然后将整个方法移至类定义的后面,并在方法名前加上类名和两个冒号 (:: 作用域操作符)。例 5.11 中的类可以如例 5.12 定义。

【例 5.12】块外方法声明

```
class Transaction;
  bit [31:0] addr, csm, data[8];
  extern function void display();
endclass

function void Transaction::display();
  $display("@%0t: Transaction addr = %h, csm = %h, data = %p",
           $time, addr, csm, data);
endfunction

class PCI_Tran;
  bit [31:0] addr, data;                    // 使用实名
  extern function void display();
endclass

function void PCI_Tran::display();
  $display("@%0t: PCI: addr = %h, data = %h",
           $time, addr, data);
endfunction
```

原型定义与块外部分不匹配是一个常见的编码错误。SystemVerilog 要求除了类名和作用域操作符 :: 之外,原型定义与块外的方法定义一致。原型可以有限定符,如 local、protected 或 virtual,但块外部分不能。如果参数有默认值,那么在原型中必须给出,在块外是可选的。

另一个常见错误是在类外声明方法时忘记写类名。这样做的结果是类的作用范围高了一级 (也许是在整个程序或包的范围内都可调用),当某个任务试图访问类一级的变量和方法时,编译器就会报错,如例 5.13 所示。

【例 5.13】类外方法定义忘记类名

```
class Bad_OOB;
  bit [31:0] addr, csm, data[8] ;        // 类一级的变量
  extern function void display();
endclass

function void display();                 // 忘记 "Bad_OOB::"
  $display("addr = %0d", addr);          // 错误：找不到 addr
endfunction
```

5.11　静态变量和全局变量

每个对象都有自己的局部变量，这些变量不和其他任何对象共享。如果有两个 Transaction 对象，每个对象都有自己的 addr，csm 和 data 变量。有时你需要一个某种类型的变量，被所有对象共享。例如，你可能需要一个变量保存已创建的事务的数目。如果没有 OOP，你可能需要创建一个全局变量。然后你就有了一个只被一小段代码所使用，但是整个测试平台都可以访问的全局变量。这会"污染"全局名字空间（name space），导致即使你想定义局部变量，但是变量对每个人都是可见的。

5.11.1　简单的静态变量

在 System Verilog 中，你可以在类中创建一个静态变量。该变量将被该类所有实例共享，并且它的使用范围仅限于这个类。在例 5.14 中，静态变量 count 用来保存迄今为止所创建的对象的数目。它在声明的时候被初始化为 0，因为在仿真开始时不存在任何事务。每构造一个新的对象，它就被标记为一个唯一的值，同时 count 将加 1。

【例 5.14】含有一个静态变量的类

```
class Transaction;
  static int count = 0;     // 已创建的对象的数目
  int id;                   // 实例的唯一标志
  function new();
    id = count++;           // 设置标志, count 递增
  endfunction
endclass

Transaction t1, t2;
initial begin
  t1 = new();                      // 第一个实例, id = 0, count = 1
  $display("First id = %0d, count = %0d", t2.id, t2.count);
  t2 = new();                      // 第二个实例 id = 1, count = 2
  $display("Second id = %0d, count = %0d", t2.id, t2.count);
end
```

在例 5.14 中，不管创建了多少个 Transaction 对象，静态变量 count 只有一个。你可以认为 count 是保存在类中而非对象中的。变量 id 不是静态的，所以每个 Transaction 都有自己的 id 变量，如图 5.2 所示。这样，你就不需要为 count 创建一个全局变量了。

使用 ID 域是在设计中跟踪对象的一个非常好的方法。调试测试平台时，你经常需要一个唯一的值。SystemVerilog 不能输出对象的地址，但是可以创建 ID 域来区分对象。当你打算创建一个全局变量时，首先考虑创建一个类的静态变量。一个类应该是自给自足的，对外部的引用越少越好。

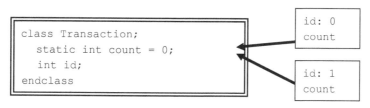

图 5.2　类中的静态变量

5.11.2　通过类名访问静态变量

例 5.14 中使用句柄来引用静态变量。其实你无须使用句柄，可以使用类名加上 ::，即类作用域操作符，如例 5.15 所示。

【例 5.15】类作用域操作符

```
class Transaction;
  static int count = 0; // 创建的对象数
endclass


initial begin
  run_test();
  $display("%d transactions were created",
          Transaction::count); // 引用静态 w/o 句柄
end
```

5.11.3　静态变量的初始化

静态变量通常在声明时初始化。不能简单地在类的构造函数中初始化静态变量，因为每一个新的对象都会调用构造函数。你可能需要另一个静态变量来作为标志，以标识原始变量是否已被初始化。如果需要做一个更加详细的初始化，可以使用初始化块。但是要保证在创建第一个对象前，已经初始化了静态变量。

静态变量的另一种用途是在类的每一个实例都需要从同一个对象获取信息时。例如，Transaction 类可能指向一个有很多事务的配置对象。如果在 Transaction 类

中定义了非静态句柄，那么每一个对象都会有一份模式位的拷贝，造成内存浪费。例 5.16
举例说明如何使用静态变量。

【例 5.16】句柄的静态存储

```
class Transaction;
  static Config cfg; // 使用静态存储的句柄
endclass

initial begin
  Transaction::cfg = new(.num_trans(42));
end
```

5.11.4　静态方法

当你使用更多的静态变量时，操作它们的代码会快速增长为一个很大的程序。在
SystemVerilog 中，你可以在类中创建一个静态方法用于读写静态变量，甚至可以在第一
个实例产生之前读写静态变量。

例 5.17 中含有一个简单的静态函显示静态变量的值。SystemVerilog 不允许用静态
方法读写非静态变量，例如 id。你可以根据例 5.17 的代码来理解这个限制。在例 5.17
的最后调用 display_static 函数时，还没有创建任何 Transaction 类的对象，所以
还没有为变量 id 分配存储空间。

【例 5.17】显示静态变量的静态方法

```
class Transaction;
  static Config cfg;
  static int count = 0;
  int id;

  // 显示静态变量的静态方法
  static function void display_statics();
    if (cfg == null)
      $display("ERROR: configuration not set");
    else
      $display("Transaction cfg.num_trans = %0d, count = %0d",
                cfg.num_trans, count);
  endfunction
endclass

Config cfg;
initial begin
  cfg = new(.num_trans(42));                    // 通过参数名称传递
  Transaction::cfg = cfg;
```

```
    Transaction::display_statics();          // 调用静态方法
  end
```

5.12 作用域规则

在编写测试平台时，你需要创建和引用许多变量。SystemVerilog 采用与 Verilog 相同的基本规则，但是略有改进。

作用域是一个代码块，例如一个模块、程序、任务、函数、类或者 begin/end 块。for 和 foreach 循环会自动创建一个块，所以下标变量可以作为该循环作用域的局部变量来声明和创建。

你可以在块中定义新的变量。SystemVerilog 中新增的特性是可以在一个没有名字的 begin-end 块中声明变量。

名字可以相对于当前作用域，也可以用绝对作用域表示，例如以 $root 开始。对于一个相对的名字，SystemVerilog 查找作用域内的名字清单，直到找到匹配的名字。如果不想引起歧义，可以在名字的开头使用 $root。变量还可以在模块（module）、程序（program）或包（package）之外声明。

例 5.18 在不同的作用域内使用了相同的名字。应当指出的是，在实际的代码中应当使用更加有意义的名字。例子中的 limit 被用作全局变量、程序变量、类变量、函数变量和初始化块中的局部变量。初始化块是一个未命名的块，所以最终创建的标记（label）取决于具体工具，以及信号的层次化名称。

【例 5.18】名字作用域
```
program automatic top;
  int limit;                         //$root.top.limit

  class Foo;
    int limit, array[];              //$root.top.Foo.limit

    //$root.top.Foo.print.limit
    function void print (input int limit);
      for (int i = 0; i < limit; i++)
        $display("%m: array[%0d] = %0d", i, array[i]);
  endfunction
endclass

initial begin
  int limit = 3;
  Foo bar;

  bar = new();
```

129

```
      bar.array = new[limit];
      bar.print (limit);
   end
endprogram
```

对测试平台来说，你可以在 program 或者 initial 块中声明变量。如果一个变量仅在一个 initial 块中使用，例如计数器，你应当在使用它的块中声明，以避免与其他块存在潜在的冲突。注意：如果在一个未命名的块内定义变量，如例 5.18 中的 initial 块，那么最终在各种工具中的层次结构名字就可能完全不同。

类应当在 program 或者 module 外的 package 中定义，这是所有测试平台都该遵守的，你可以将临时变量在测试平台最内部的某处定义。这种风格还消除了忘记在类中声明变量的常见错误。SystemVerilog 会在更高层的范围内查找该变量。

如果在一个块内使用了一个未声明的变量，碰巧在程序块中有一个同名的变量，那么类就会使用程序块中的变量，不会给出任何警告。在例 5.19 中，函数 Bad::display 没有声明循环变量 i，所以 SystemVerilog 将使用程序级变量 i。调用该函数就会改变 test.i 的值，这可能不是你所希望的！

【例 5.19】使用了错误的变量的类

```
program automatic test;
   int i;            // 程序级变量

   class Bad;
      logic [31:0] data[];

      // 调用该函数会改变程序级变量 i
      function void display();
         // 在下面的语句里忘了声明循环变量 i
         for (i = 0; i < data.size(); i++)
            $display("data[%0d] = %x", i, data[i]);
      endfunction
   endclass
endprogram
```

如果你将类移到一个 package 中，那么类就看不到程序一级的变量了，也就不会无意间调用到它，如例 5.20 所示。

【例 5.20】将类移入 package 来查找程序错误

```
package Better;
   class Bad;
```

```
    logic [31:0] data[];

    // 未定义 i, 不会被编译
    function void display();
      for (i = 0; i < data.size(); i++)
      $display("data[%0d] = %x", i, data[i]);
    endfunction
  endclass
endpackage


program automatic test;
  int i; // 程序级变量
  import Better::*;
  //...
endprogram
```

当你使用一个变量名时，System Verilog 会先在当前作用域内寻找，然后在上一级作用域内寻找，直到找到该变量为止。这也是 Verilog 采用的算法。但是如果你在类的很深的底层作用域,却想明确地引用类一级的对象呢？这种风格的代码在构造函数里很常见，因为在这里程序员使用相同的类变量名和参数名。在例 5.21 中，关键词"this"明确地告诉 System Verilog 你正在将局部变量 name 赋给类一级变量 name。

【例 5.21】使用 this 指针指向类一级变量

```
class Scoping;
  string name;

  function new(input string name);
    this.name = name;   // 类变量 name = 局部变量 name
  endfunction

endclass
```

有些人认为这提高了代码的可读性，另一些人则认为这是程序员在偷懒。

5.13 在一个类内使用另一个类

通过使用指向对象的句柄，一个类内部可以包含另一个类的实例。类似于在 Verilog 中，在一个模块内部包含另一个模块的实例，以建立设计的层次结构。这样包含的目的通常是代码重用和控制复杂度。例如，每一个事务都可能需要一个带有时间戳的统计块，记录事务开始和结束的时间，以及有关此次事务的所有信息，如图 5.3 和例 5.22 所示。

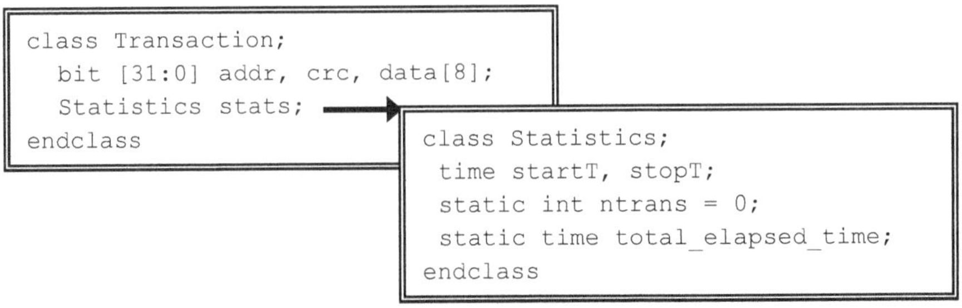

```
class Transaction;
   bit [31:0] addr, crc, data[8];
   Statistics stats;
endclass
```

```
class Statistics;
 time startT, stopT;
 static int ntrans = 0;
 static time total_elapsed_time;
endclass
```

图 5.3　包含例 5.22 的对象

【例 5.22】Statistics 类的声明

```
class Statistics;
  time startT;                    // 事务的开始时间
  static int ntrans = 0;         // 事务的数目
  static time total_elapsed_time = 0;

  function void start();
    startT = $time;
  endfunction

  function void stop();
    time how_long = $time - startT;
    ntrans++;                     // 另一个事务结束
    total_elapsed_time += how_long;
  endfunction

endclass
```

现在你可以在另一个类中使用 Statistics 类，例如 Transaction 类，如例 5.23 所示。

【例 5.23】封装 Statistics 类

```
class Transaction;
  bit [31:0] addr, csm, data[8];
  Statistics stats;              //Statistics 句柄

  function new();
    stats = new();               // 创建 statistics 实例
  endfunction

  task transmit_me();
    // 填充包数据
    stats.start();
```

```
// 传送数据包
#100;
stats.stop();
endtask
endclass
```

最外层的类 Transaction 可以通过分层调用语法调用 Statistics 类中的成员，例如 ststs.startT。

一定要记得例化对象，否则句柄 ststs 是 null，调用 start 会失败。最好在上层，即 Transaction 类的构造函数中完成例化。

当你的类变得越来越大时，它们可能会变得很难管理。当你的变量声明和方法原型增加到超过一页时，就需要看看是否能将类内的成员按照逻辑分组，将它们分成几个小部分。

这可能也标志着是需要重新安排代码的时候了，例如将类分成几个更小的、相关的类。参见第 8 章关于类的继承。看看你在类中想要做的是什么。是不是存在一些成员，你可以将它移到一个或者更多的基类中，例如将一个类分解成几层？一个典型的迹象就是类中存在多处相同的代码，你需要将这段代码摘出来做成一个当前类的成员函数，或者当前类的父类的成员函数，或者同时做到两者中去。

5.13.1 我的类该做成多大？

 你可能需要将太大的类分成若干个小类；同样的，你也需要为类定义一个下限。一个只含有一个或者两个成员的类会使代码难以理解，因为它增加了一个额外的层次，强迫你不断地在父类和所有子类之间切换以理解代码的功能。此外，再看看类被使用的频率。如果一个小类只被例化了一次，那就可以把它合并到父类中去。

一个 Synopsys 客户曾经将每个事务的变量封装到自己的类中，以便很好地控制随机性。事务的地址、校验和、数据等都具有独立的对象。最后，这种做法使类的层次结构变得更加复杂。于是在后续项目中，他们将层次展平了。

关于类的划分的更多内容，参见 8.4 节。

5.13.2 编译顺序的问题

有时你需要编译一个类，而这个类包含一个尚未定义的类。声明被包含的类的句柄会引起错误，因为编译器还不认识这个新的数据类型。这时候你需要使用 typedef 语句声明一个类名，如例 5.24 所示。

【例 5.24】使用 typedef class 语句

```
typedef class Statistics;              // 定义低级别类
```

```
class Transaction;
  Statistics stats;                      // 使用 Statistics 类
  ...
endclass


class Statistics;                        // 定义 Statistics 类
  ...
endclass
```

5.14　理解动态对象

在 Verilog 这样的静态分配内存的语言中，每一个信号都有一个变量与之关联，例如 Verilog 可能有一个 wire 类型的变量 grant，整数变量 count 和模块实例 i1。在 OOP 中，不存在这种一一对应关系。可能有很多对象，但是只定义了少量句柄。一个测试平台在仿真过程中可能产生数千次事务的对象，但是仅有几个句柄在操作它们。如果你只写过 Verilog 代码，对于这情况可能需要好好适应一下。

在实际使用中，每一个对象都有一个句柄。有些句柄可能存储在数组或者队列中，或者在另一个对象中，例如链表。对于保存在邮箱（mailbox）中的对象，句柄就是 System Verilog 的一个内部结构。参见 7.6 节关于邮箱的更加详细的信息。记住只要给指向对象的最后一个句柄分配一个新值，该对象就可以被施以垃圾收集动作。

5.14.1　将对象和句柄传递给方法

当你将对象传递给一个方法时发生了什么？也许这个方法只需要读取对象中的值，例如上面的 transmit。又或者你的方法可能会修改对象的值，例如创建一个数据包的方法。不管是哪一种情形，当你调用方法时，传递的是对象的句柄而非对象本身。

在图 5.4 中，任务 generator 调用了 transmit。两个句柄 generator.t 和 transmit.t 都指向同一个对象。

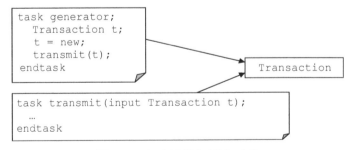

图 5.4　方法里的句柄和对象

当你调用一个方法，将例如句柄这样的标量变量传递给 ref 类型的参数时，System Verilog 传递该变量的地址，这样方法可以修改标量变量的值。如果你不使用

ref，SystemVerilog 将该标量的值复制到参数变量中，对该参数变量的任何改变都不会影响原变量的值，如例 5.25 所示。

【例 5.25】传递对象

```
// 将包传送到一个 32 位总线上
task transmit(input Transaction tr);
  tr.data[0] = ~tr.data[0];                    // 改变第一个字
  CBbus.rx_data <= tr.data[0];
  ...
endtask

Transaction tr;
initial begin
  tr = new();                                  // 为对象分配空间
  tr.addr = 42;                                // 初始化数值
  transmit(tr);                                // 将对象传递给任务
end
```

在例 5.25 中，初始化块先产生一个 Transaction 对象，并且调用 transmit 任务，transmit 任务的参数是指向该对象的句柄。通过使用句柄，transmit 可以读写对象中的值。但是，如果 transmit 试图改变句柄，初始化块将不会看到结果，因为参数 t 没有使用 ref 修饰符。

　　方法可以改变一个对象，即使方法的句柄参数没有使用 ref 修饰符。这容易给新用户造成混淆，因为他们将句柄和对象混为一谈。如例 5.25 所示，transmit 可以在不改变句柄 t 的情况下改变对象中的 data[0]。
如果你不想让对象在方法中被修改，那么就传递一个对象的拷贝给方法，这样原来的数据就会保持不变，参见 5.15 节关于对象复制的更多信息。

5.14.2　在任务中修改句柄

　　一个常见的编码错误是当你想修改参数的值时，忘记在方法的参数前加 ref 关键词，尤其是句柄。在例 5.26 中，参数 tr 没有被声明为 ref，所以在方法内部对 tr 的修改不会被调用该方法的代码看到。参数 tr 默认的信号方向是 input。

【例 5.26】错误的事务生成任务，句柄前缺少关键词 ref

```
function void create(Transaction tr);         // 错误，缺少 ref
  tr = new();
  tr.addr = 42;
  // 初始化其他域
```

```
    ...
  endfunction

  Transaction t;
  initial begin
    create(t);                                   // 创建一个 transaction
    $display(t.addr);                            // 失败，因为 t = null
  end
```

尽管 create 修改了参数 tr，调用块中的句柄 t 仍为 null。你需要将参数 tr 声明为 ref，如例 5.27 所示。

【例 5.27】正确的事务生成器，参数是带有 ref 的句柄

```
function void create(ref Transaction tr);
...
endfunction : create
```

如果一个方法只修改对象的属性，那么该方法应该将句柄声明为输入参数。如果一个方法要修改句柄，例如，使其指向一个新对象，那么该方法必须将句柄声明为 ref 参数。

5.14.3　在程序中修改对象

在测试平台中，一个常见的错误是忘记为每个事务创建一个新的对象。在例 5.28 中，generator_bad 任务创建了一个有随机值的 Transaction 对象，然后将它多次传送给设计。

【例 5.28】错误的生成器，只创建了一个对象

```
task generator_bad(input int n);
  Transaction t;
  t = new();                                     // 创建一个新对象
  repeat (n) begin
    t.addr = $random();                          // 变量初始化
    $display("Sending addr = %h", t.addr);
    transmit(t);                                 // 将它发送到 DUT
  end
endtask
```

这个错误的症状是什么？上面的代码仅创建一个 Transaction，所以每一次循环，generetor_bad 在发送事务对象的同时又修改了它的内容。当你运行这段代码的时候，$display 会显示很多不同的 addr 值，但是所有被传送的 Transaction 都有相同的

addr 数值。如果 transmit 的线程需要耗费几个周期完成发送，就有可能出现这种错误，因为对象的内容在传送的期间被重新随机化了。如果 transmit 任务发送的是对象的副本，你就可以多次重复利用这个对象了。这种错误也会发生在邮箱中，如例 7.32 所示。

为了避免出现这种错误，需要在每次循环的时候创建一个新的 Transaction 对象，如例 5.29 所示。

【例 5.29】正确的产生器，创建多个对象

```
task generator_good(input int n);
  Transaction t;
  repeat (n) begin
    t = new();                              // 创建一个新对象
    t.addr = $random();                     // 变量初始化
    $display("Sending addr = %h", t.addr);
    transmit(t);                            // 将它发送到 DUT
  end
endtask
```

5.14.4 句柄数组

在写测试平台的时候，你可能需要保存并且引用许多对象。你可以创建句柄数组，数组的每一个元素指向一个对象。例 5.30 给出了一个保存 10 个总线事务的句柄数组。

【例 5.30】使用句柄数组

```
task generator();
  Transaction tarray[10];
  foreach (tarray[i]) begin
    tarray[i] = new();                      // 创建每一个对象
    transmit(tarray[i]);
  end
endtask
```

tarray 数组由句柄构成，而不是由对象构成。所以你需要在使用它们之前创建所有对象，就像为一个普通的句柄创建对象一样。没有任何办法可以调用 new() 函数为整个句柄数组创建对象。

不存在"对象数组"的说法，虽然你可以用这个词来代表指向对象的句柄数组。你应当牢记这些句柄可能被设置为 null，也可能有多个句柄指向同一个对象。

5.15 对象的复制

有时候你可能需要复制一个对象，以防止对象的方法修改原始对象的值，或者在一个生成器中保留约束。可以使用简单的 new 操作符的内建拷贝功能，也可以为更复杂的类编写专门的对象拷贝代码。8.2 节将介绍为什么你需要创建一个复制方法。

5.15.1　使用 new 操作符复制一个对象

使用 new 操作符复制一个对象简单而且可靠，如例 5.31 所示。它创建了一个新的对象，并且复制现有对象的所有变量。但是你已经定义的任何 new() 函数都不会被调用。

【例 5.31】使用 new 复制一个简单类

```
class Transaction;
  bit [31:0] addr, csm, data[8];
  function new();
    $display("In %m");
  endfunction
endclass


Transaction src, dst;
initial begin
  src = new();                // 创建第一个对象
  dst = new src;              // 使用 new 操作符进行复制
end
```

这是一种简易复制（shallow copy），类似于原对象的一个影印本，原对象的值被盲目地抄写到目的对象中。如果类中包含一个指向另一个类的句柄，那么，只有句柄的值被 new 操作符复制，不会复制完整的下层对象。在例 5.32 中，Transaction 类包含了一个指向 Statistics 类的句柄，原始定义见例 5.22。

【例 5.32】使用 new 操作符复制一个复杂类

```
class Transaction;
  bit [31:0] addr, csm, data[8];
  static int count = 0;
  int id;
  Statistics stats;          // 指向 Statistics 对象的句柄

  function new();
    stats = new();           // 构造一个新的 Statistics 对象
    id = count++;
  endfunction
endclass


Transaction src, dst;
initial begin
  src = new();               // 创建一个 Transaction 对象
  src.stats.startT = 42;     // 结果见图 5.5
  dst = new src;             // 用 new 操作符将 src 拷贝到 dst 中，结果见图 5.6
  dst.stats.startT = 96;     // 改变 dst 和 src 的 stats
```

```
$display(src.stats.startT);//"96"，见图5.7
end
```

初始化块创建第一个 Transaction 对象，并且修改了其内部 Statistics 对象的变量，如图 5.5 所示。

图 5.5 使用 new 操作符进行复制之前的对象和句柄

当你用 new 操作符进行复制时，Transaction 对象被拷贝，但是 Statistics 对象没有被复制。这是因为当你使用 new 操作符复制一个对象时，它不会调用你自己的 new() 函数。相反的，变量和句柄的值将被复制，所以现在两个 Transaction 对象有相同的 id 值，如图 5.6 所示。

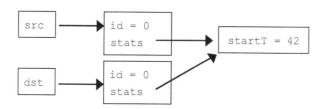

图 5.6 使用 new 操作符进行复制之后的对象和句柄

更糟糕的是，两个 Transaction 对象都指向同一个 Statistics 对象，所以使用 src 句柄修改 startT 会影响 dst 句柄可以看到的值，如图 5.7 所示。

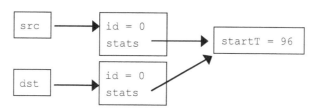

图 5.7 src 和 dst 指向同一个 Statistics 对象，可以看到更新后的 startT

5.15.2 编写自己的简单复制函数

如果你有一个简单的类，它不包含任何对其他类的引用，那么编写 copy 函数非常容易，如例 5.33 和例 5.34 所示。copy 函数可以使用 new 运算符，而不是调用 new() 函数并复制每个单独的变量，但是它需要复制在 new() 函数中完成的所有工作，例如设置 id。

【例 5.33】含有 copy 函数的简单类

```
class Transaction;
```

```
  bit [31:0] addr, csm, data[8];          // 没有 Statistic 句柄

  function Transaction copy();
    copy = new();                         // 创建目标对象
    copy.addr = addr;                     // 填入数值
    copy.csm = csm;
    copy.data = data;                     // 复制数组
  endfunction
endclass
```

【例 5.34】使用 copy 函数

```
Transaction src, dst;
initial begin
  src = new();                            // 创建第一个对象
  dst = src.copy();                       // 复制对象
end
```

5.15.3　编写自己的深层复制函数

对于并非简单的类，你应该创建自己的 copy 函数，如例 5.35 所示。通过调用类所包含的所有对象的 copy 函数，你可以进行深层的拷贝。你自己的 copy 函数需要确保所有用户域（例如 id）保持一致。创建自定义 copy 函数的最后阶段需要在新增变量的同时更新它们——如果忘记了其中的一个，你可能需要花数小时的时间调试程序直到找到丢失的数值。

【例 5.35】带有深层复制函数的复杂类

```
class Transaction;
  bit [31:0] addr, csm, data[8];
  Statistics stats;                       // 指向 Statistics 对象的句柄
  static int count = 0;
  int id;

  function new();
    stats = new();
    id = count++;
  endfunction

  function Transaction copy();
    copy = new();                         // 创建目标
    copy.addr = addr;                     // 填入数值
    copy.csm = csm;
    copy.data = data;
```

```
        copy.stats = stats.copy();          // 调用 Statstics::copy 函数
        id = count++;
    endfunction
endclass
```

copy 调用了构造 new() 函数，所以每一个对象都有一个唯一 id。需要为 Statistics 类和层次结构中的每一个类增加一个 copy() 方法，如例 5.36 所示。

【例 5.36】Statistics 类定义

```
class Statistics;
    time startT;                        //Transaction 的时间戳
    ...                                 // 类的其余部分参见例 5.22
    function Statistics copy();
        copy = new();
        copy.startT = startT;
    endfunction
endclass
```

这样一来，当你复制一个 Transaction 对象时，它会有自己的 Statistics 对象，如例 5.37 所示。

【例 5.37】使用 new 操作符复制复杂类

```
Transaction src, dst;
initial begin
    src = new();                        // 创建第一个对象
    src.stats.startT = 42;              // 设置起始时间
    dst = src.copy();                   // 使用深层复制将 src 复制给 dst
    dst.stats.startT = 96;              // 仅改变 dst 的 stats 值
    $display(src.stats.startT);         //"42"，见图 5.8
end
```

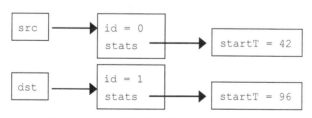

图 5.8　经过深层复制后的对象和句柄

好消息是，UVM 数据宏会自动创建复制函数，因此无须手动编写它们。手动创建这些函数非常容易出错，尤其是在添加新变量时。

5.15.4　使用流操作符从数组打包对象，或者打包对象到数组

某些协议，如 ATM 协议，每次传输一个字节的控制或者数据值。在送出一个

transaction 之前，你需要将对象中的变量打包成一个字节数组。类似的，在接收到一个字节串之后，你也需要将它们解包到一个 transaction 对象中。这两种功能都可以使用流操作符来完成，流操作符的例子见 2.12 节。

你不能将整个对象送入流操作符，因为这样会包含所有成员，包括数据成员和其他额外信息，如时间戳和你不想要打包的自检信息。你需要编写自己的 pack 函数，仅打包你所选择的成员变量，如例 5.38 和例 5.39 所示。

一个更好的消息，UVM 数据宏将会有 pack 和 unpack 方法。

【例 5.38】含有 pack 和 unpack 函数的 Transaction 类

```
class Transaction;
  bit [31:0] addr, csm, data[8];           // 实际数据
  static int count = 0;                     // 不需要打包的数据
  int id;

  function new();
    id = count++;
  endfunction

  function void display();
    $write("Tr: id = %0d, addr = %x, csm = %x", id, addr, csm);
    foreach(data[i]) $write(" %x", data[i]);
    $display;
  endfunction

  function void pack(ref byte bytes[$]);
    bytes = { >> {addr, csm, data}};
  endfunction

  function Transaction unpack(ref byte bytes[$]);
    { >> {addr, csm, data}} = bytes;
  endfunction
endclass : Transaction
```

【例 5.39】使用 pack 和 unpack 函数

```
Transaction tr, tr2;
byte b[$];                           // 字节队列

initial begin
  tr = new();
  tr.addr = 32'ha0a0a0a0;            // 填充对象
  tr.csm = '1;
```

```
foreach (tr.data[i])
  tr.data[i] = i;

tr.pack(b);                            // 打包对象到字节数组
$write("Pack results: ");
foreach (b[i])
  $write("%h", b[i]);
$display;

tr2 = new();
tr2.unpack(b);
tr2.display();
end
```

5.16 公有和私有

OOP 的核心概念是把数据和相关的方法封装成一个类。在一个类中，数据默认被定义为私有，防止其他类对内部数据成员的随意访问。类会提供一系列的方法来访问和修改数据。这也使得你能够在不让类用户知道的情况下修改方法的具体实现方式。例如，一个图形包可能会将它的内部表示法由笛卡儿坐标变成极坐标,而用户接口（访问的方法）的功能却不会改变。

考虑 Transaction 类含有一个载荷（payload）和一个校验和，这样硬件就可以检测到错误。在传统的 OOP 中，你会定义一个方法设置载荷的值，同时也设置校验和的值，它们保持同步。这样你的对象就总是有正确的数值。

但是测试平台不同于其他程序，例如，网页浏览器或者文字处理器。一个测试平台需要能够注入错误。你需要产生一个错误的校验和，以便测试硬件是如何处理错误的。

OOP 语言，诸如 C++ 和 Java 使你能够制定变量和方法的可见性。默认情况下，任何成员都是局部的，除非加上标记。

在 SystemVerilog 中，所有成员都是公有的，除非标记为 local 或者 protected。你应当尽量使用默认值，以保证对 DUT 行为的最大程度的控制，这比软件的长期稳定性更加重要。例如，校验和公有将使你能够轻易地向 DUT 中注入错误。如果校验和是局部的，你可能需要编写额外的代码来避开数据隐藏机制，最终使测试平台变得更大更复杂。

5.17 题外话

作为 OOP 的初学者，你可能不愿意将数据封装成类，而只是将数据存放在一些变量中。避免这种想法！一个简单的 DUT 监视器可能只在接口上采样几个数值，但不要将它们简单地保存在整数变量中然后传递给下一级。这样可能会在一开始节省一点时间，但最终还是需要将这些数值组合到一起以构成一个完整的事务。这些事务中的几个可能需要被组合成更高级别的事务，例如 DMA 事务。所以应该立刻将这些接口数值封装成一个事务类。然后你就可以在保存数据的同时保存相关信息（端口号、接收时间），然后将该对象传递给测试平台的其他部分。

5.18　建立一个测试平台

现在，您已经了解了 OOP 的基本知识，知道如何从一组类创建分层测试台。图 5.9 是第 1 章的示意图。显然，块之间的事务是对象，每个块也建模成一个类。

图 5.9 中 的 Generator，Agent，Driver，Monitor，Checker 和 Scoreboard 都是类，被建模成事务处理器（transactor）。他们在 Environment 类内部例化。为了简单起见，Test 处在最高层，即处在例化 Environment 类的程序中。功能覆盖（Functional coverage）的定义可以放在 Environment 类的内部或者外部。关于分层验证环境和元件的介绍见 1.10 节。

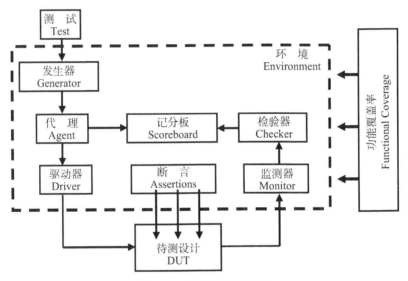

图 5.9　分层的测试平台

事务处理器由一个简单的循环构成，这个循环从前面的块接收事务对象，经过变换后送给后续块，如例 5.40 所示。有一些块，例如 Generator，没有上游块，所以该事物处理器就创建和随机复制每一个事务，而其他对象，例如 Driver 接收到一个事务然后将其作为信号发送到 DUT 中。

【例 5.40】基本的事务处理器

```
class Transactor;              // 通用类
  Transaction tr;

  task run();
```

```
      forever begin
         // 从前一个块中获取事务
         ...
         // 做一些处理
         ...
         // 发送到下游块中
         ...
      end
   endtask

endclass
```

块之间如何交换事务呢？在程序性的代码中,你需要在一个对象里调用另一个对象,或者使用FIFO之类的数据结构来保存块之间的事务。在第7章你将会学到如何使用邮箱,一种能够延迟一个线程直到有新的数值加入的 FIFO。

5.19 小 结

使用面向对象编程是一个很大的跨越,尤其当 Verilog 是你的第一种计算机语言时。使用 OOP 的成果是你的测试平台将变得更加模块化,更加容易开发、调试和重用。

要有耐心——你的第一个 OOP 测试平台可能看起来很像是增加了几个类的 Verilog。但是一旦你掌握了这种思维方式,你就能为测试平台中的事务和操作这些类的事务处理器创建和操作类了。

在第 8 章你将会学到更多 OOP 的技巧,你的测试可以在基本的测试平台中改变行为而不用修改任何已有的代码。

5.20 练 习

1. 创建一个包含以下成员的 MemTrans 类,然后在初始块中构造一个 MemTrans 对象。

（1）逻辑类型的 8 位 data_in。

（2）逻辑类型的 4 位 address。

（3）空函数 print,用于打印 data_in 和 address。

2. 使用练习 1 中的 MemTrans 类,创建一个自定义构造函数 new,将 data_in 和 address 都初始化为 0。

3. 使用练习 1 中的 MemTrans 类,创建一个自定义构造函数,将 data_in 和 address 都初始化为 0,也可以通过传递到构造函数中的参数进行初始化。另外,编写一个程序来执行以下任务。

（1）创建两个新的 MemTrans 对象。

（2）在第一个对象中将 address 初始化为 2，按名称传递参数。

（3）在第二个对象中将 data_in 初始化为 3，将 address 初始化为 4，按名称传递参数。

4. 修改练习 3 的答案以执行以下任务。

（1）构造完成后，将第一个对象的 address 设置为 4'hF。

（2）使用 print 函数打印两个对象的 data_in 和 address。

（3）显式释放第二个对象。

5. 在练习 4 答案的基础上，创建一个静态变量 last_address，保存最近创建对象的 address 变量的初始值，即构造函数中设置的初始值。分配 MemTrans 类的对象后（练习 4）中，打印 last_address 的当前值。

6. 在练习 5 的基础上，创建一个名为 print_last_address 的静态方法，打印静态变量 last_address 的值。分配 MemTrans 类的对象后，调用 print_last_address 方法打印 last_address 的值。

7. 根据以下代码，完成 MemTrans 类的 print_all 函数，使用 PrintUtilities 类打印 data_in 和 address。展示如何使用 print_all 函数。

```
class PrintUtilities

  function void print_4(input string name,
                        input [3:0] val_4bits);
    $display("%t: %s = %h", $time, name, val_4bits);
  endfunction

  function void print_8(input string name,
                        input [7:0] val_8bits);
    $display("%t: %s = %h", $time, name, val_8bits);
  endfunction

endclass


class MemTrans;
  bit [7:0] data_in;
  bit [3:0] address;
  PrintUtilities print;

  function new();
    print = new();
  endfunction
```

```
      function void print_all;
        //Fill in function body
      endfunction

   endclass
```

8. 在以下代码中，在以 // 开头的注释中填写代码。

```
program automatic test;
   import my_package::*;        // 定义 Transaction 类

   initial begin
      // 声明有 5 个 Transaction 句柄的数组
      // 调用 generator 任务创建对象
   end

   task generator(...);         // 完成任务头
      // 为数组里的每个句柄创建对象并发送对象
   endtask

   task transmit(Transaction tr);
      .......
   endtask : transmit

endprogram
```

9. 对于下面的类，创建一个 copy 函数并演示其用法。假设 Statistics 类有自己的 copy 函数。

```
package automatic my_package;
   class MemTrans;
     bit [7:0] data_in;
     bit [3:0] address;
     Statistics stats;
     function new();
       data_in = 3;
       address = 5;
       stats = new();
     endfunction
   endclass;
endpackage
```

第 6 章　随机化

6.1　介　绍

随着设计变得越来越大，要产生一个完整的激励集来测试设计的功能也变得越来越困难。你可以编写一个定向测试集来检查某些功能项，但当一个项目的功能项成倍增加时，编写足够多的定向测试集就不可能了。更严重的是，这些功能项之间的关系是大多数错误（Bug）的来源，而且这种 Bug 很难采用按清单检查功能项的方法来排查。

解决的办法是采用受约束的随机测试法（CRT）自动产生测试集。定向测试集能找到你认为可能存在的 Bug，CRT 方法通过随机激励，可以找到无法确定的 Bug。你可以通过约束来选择测试方案，只产生有效的激励，以及测试感兴趣的功能项。

准备 CRT 的环境要比准备定向测试集的环境复杂。简单的定向测试集只需要施加激励，然后人工检查输出结果。正确的输出结果随后可以保存为标准日志文件（golden log file），用来和今后的仿真结果进行比较，判断仿真结果的正确性。而 CRT 需要一个环境，通过参考模型、传输函数、检测激励有效性的功能覆盖率或其他方法来预测输出结果。只要准备好了这个环境，你就可以运行上百次的仿真而无须人工检查结果，从而提高工作效率。这种用 CPU 时间（计算机的工作）换取人工检查的时间（设计人员的工作）的方法是 CRT 的优势。

CRT 由两部分组成：使用随机的数据流为 DUT 产生输入的测试代码，以及如本章6.16.1 节所示的伪随机数发生器（PRNG）的种子（seed）。只要改变种子的值，就可以改变 CRT 的行为。这样仅仅通过改变种子的值，就可以调整每次随机测试，使得每次随机测试可以达到多次定向测试的效果。这种方法还可以产生更多的和定向测试等效的测试集。

你可能会觉得这些随机测试有点像投掷飞镖，怎样才能知道是否覆盖了设计的所有方面？通常激励空间是非常大的，以至于无法产生所有可能的输入，必须采用产生子集的方式解决这个问题。在第 9 章我们将学习如何用功能覆盖率来确定验证的进度。

有多种方法可以使用随机化的技术，本章将给出很多例子。这些例子涵盖多种有用的技术，但最终选择哪一种技术取决于设计人员本身。

6.2　什么需要随机化？

当你想采用随机化的技术产生激励时，首先想到的可能是产生随机化的数据，这种方法实现起来非常简单，只需要调用 $random 函数。问题是这种方法找到 Bug 的能力有限，它只能找到数据路径方面的 Bug，或者 Bit 级的错误。这种测试方法的本质还是基于定向测试的方法。那些具有挑战性的 Bug 大都在控制路径里。因此，必须对 DUT（待测设计）里所有关键点都采用随机化的技术。随机化使控制路径里的每一个分支都可能被测试。

你需要考虑设计输入的各个方面，例如：

（1）器件配置。

（2）环境配置。

（3）原始输入数据。

（4）封装后的输入数据。

（5）协议异常。

（6）延时。

（7）事务状态。

（8）错误（error）和违规（violation）。

6.2.1　器件配置

在 RTL 级设计的测试过程中，最常见的找不到 Bug 的原因是什么？是没有测试足够多的配置！大多数测试仅仅使用刚刚退出复位状态的设计，或者仅仅用一个固定的初始化向量使设计进入到确定的状态。这就好像 PC 机在刚安装完操作系统后，还没有安装任何应用程序就对操作系统进行测试，测试得到的性能当然是非常好的，不会出现系统崩溃的现象。

在现实世界里，随着时间的变化，DUT 的配置会变得越来越随机。举一个真实的例子，验证工程师要验证一个有 600 个输入通道和 12 个输出通道的时分复用器。当这个器件安装到最终用户的系统中后，各个通道会被不断分配和释放，在任一个时间点，相邻通道几乎没有相关性。换句话说，它们的配置是随机的。

要测试这个器件，验证工程师必须写很多行 TCL 代码来配置每个通道，他只可能验证少数几个通道的配置。如果采用 CRT 方法，那么只需要写一个针对一个通道的参数随机化的测试平台，然后把它放在一个循环里去配置整个器件。这种测试方法可以发现以前的测试方法可能漏掉的 Bug。

6.2.2　环境配置

通常你设计的器件在一个包含若干器件的环境里工作。验证 DUT 时，将它连接到一个模拟这种环境的测试平台。你应该随机化整个环境，包括对象的数量以及它们如何配置。

有一个公司要验证一个 PCI 交换芯片，它把很多 PCI 总线连接到内部存储器总线上。仿真开始的时候，随机选择 PCI 总线的个数（1～4 个）、每个总线上器件的个数（1～8 个）、每个器件的参数（主、从、CSR 地址等）。虽然这些参数的组合有多种情况，但随机化的测试可以覆盖所有组合情况。

6.2.3 原始输入数据

原始输入数据是使用随机激励时首先想到的问题,例如,总线写操作的数据或 ATM 信元填充的随机数据。实现起来有多大的难度?实际上非常简单,只要准备好相关的事务类,但需要涉及协议的各个层次以及故障注入。

6.2.4 封装后的输入数据

很多器件会处理激励的不同层次。例如,一个器件可能产生 TCP 流量,TCP 数据随后被封装到 IP 协议里,最后被放到以太网包里发送出去。协议的每个层次都有自己的控制域,可以采用随机化的方法测试不同组合。你需要编写约束以产生有效的控制域,同时还允许注入故障。

6.2.5 协议异常、错误(error)和违规(violation)

任何有可能出错的地方最终都会出错。设计和验证工作最有挑战性的就是处理系统中的错误。你需要预见哪里有可能出错,注入会产生故障的测试矢量,然后确认设计可以正确处理这种故障,不会死锁或进入不正确的状态。好的验证工程师会测试设计在设计规范边界处的行为,甚至测试设计在设计规范之外的行为。

两个器件通信时,如果进行到一半通信中断了会怎么样?你的测试平台能模拟这种通信中断吗?如果设计里存在错误检测和纠正部分,你必须确保测试各种正确和错误的组合情况。

测试平台应该能够产生功能正确的激励,然后通过翻转某一个配置位,在随机的时间间隔里产生随机的错误类型。

6.2.6 延 时

许多通信协议定义了延时的范围,例如,总线允许信号在总线请求信号 1 ~ 3 个时钟周期后到来,存储器的数据在 4 ~ 10 个总线周期后有效。然而,许多针对仿真速度优化的定向测试只使用一个测试集进行各种延时的测试,而其他测试都用最小的延时进行。测试平台应该在每一个测试里都使用随机的、有效的延时,以便发现设计中的 Bug。

在比周期级验证更低的级别,一些设计会对时钟抖动非常敏感。通过把时钟沿来回移动一个很小的步长,可以检查设计是否对时钟周期的微小变化异常敏感。

时钟发生器应该是位于测试平台之外的一个模块,这样它就可以在有效区域(Active Region)产生事件,和其他设计事件一样。另外,时钟发生器应该具有一些可配置的参数,例如,频率和相位。这些参数可以由测试平台在配置过程中设置。

注意,本书介绍的方法是查找功能错误,而不是时序错误。受约束的随机测试平台不应该故意尝试违反建立时间和保持时间的约束。时序分析工具可以更好地发现时序错误。

6.3　SystemVerilog 中的随机化

SystemVerilog 中的随机激励产生在和 OOP（面向对象的编程）同时使用是最有效的。首先建立一个具有一组相关的随机变量的类，然后用随机函数为这些变量赋随机值。你可以用约束来限制这些随机值的范围，使它们是有效的值，也可以测试某些专用的功能。

你可以只为一个随机变量赋随机值，但这种情况很少发生。受约束的随机激励是在事务级产生的，通常不会一次只产生一个值。

6.3.1　带有随机变量的简单类

例 6.1 是一个带有随机变量和约束的类，以及使用这个类的测试平台代码。

【例 6.1】简单的随机类

```
class Packet;
  // 随机变量
  rand bit  [31:0] src, dst, data[8];
  randc bit [ 7:0] kind;
  //src 的约束
  constraint c {src > 10;
                src < 15;}
endclass

Packet p;
initial begin
  p = new(); // 产生一个包
  if (!p.randomize())
    $finish;
  transmit(p);
end
```

这个类有 4 个随机变量。前三个使用 rand 修饰符，表示每次随机化这个类时，这些变量都会赋一个值。这就好像掷骰子，每掷一次，都会产生一个新的数字，或和现在相同的数字。kind 变量是 randc 类型，表示周期随机性，即所有可能的值都赋值过后随机值才可能重复。这就好像发牌，从一副牌里一张一张随机抽出所有牌，洗牌后再按另一个顺序随机抽出牌。注意，周期性是指单一变量的周期性。具有 5 个元素的 randc 数组会有 5 种不同的模式，好像 5 副平行处理的牌。例 6.1 中仿真器只需要实现最多 8 位位宽，即 256 个不同值的 randc 变量，但实际的仿真器大多数都支持更大的范围。

约束是一组用来确定变量值的范围的关系表达式，表达式的值永远为真。在例 6.1 里，src 变量的值必须大于 10，并且小于 15。注意，例子中的约束表达式是放在括号"{}"中，而没有放在 begin 和 end 之间，这是由于这段代码是声明性质，不是程序性质。

randomize() 函数在遇到约束方面的问题时返回 0。示例中的代码检查结果，如果出现问题，则使用 $finish 停止仿真。也可以在完成一些类似打印摘要报告之类的收尾工作后，调用特殊例程来结束模拟。本书的其余部分使用了一个宏，而不是这段额外的代码。

不应该在类的构造函数里随机化对象。在随机化之前，测试可能需要打开或关闭约束、更改权重，甚至添加新的约束。构造函数用于初始化对象的变量，如果在早期阶段调用 randomize，最终可能会丢失结果。

类里的所有变量都应该是随机的（random）和公有的（public），这样测试平台才能在最大程度上控制 DUT。你可以像 6.11.2 节那样关闭一个随机变量。如果忘记把变量设置成随机的，就只能修改环境，而这种做法是应该避免的。例外情况是，权重和限制等配置变量在事务类中不应是随机的，因为它们的值是在仿真开始时设置的，不会发生变化。

6.3.2 检查随机化（randomize）的结果

randomize() 函数为类里所有 rand 和 randc 类型的随机变量赋一个随机值，并保证不违背所有有效的约束。当代码里有矛盾的约束（见 6.4 节）时，随机化过程会失败，所以一定要检查随机化的结果。如果不检查，变量可能会被赋未知的值，导致仿真失败。

本书剩余代码使用例 6.2 中的宏来检查随机化的结果。如果采用这种风格，你可以轻松添加代码以给出有意义的错误消息，并优雅地结束仿真。该宏展示了几种编码技巧，包括将生成的代码包装在 do...while 语句中，这样它就可以像以分号结尾的普通语句一样使用，包括在 if-else 语句中使用，这是 VMM 日志宏的做法。OVM 没有采用这种方法。

【例 6.2】检查随机化的结果的宏及示例

```
`define SV_RAND_CHECK(r) \
  do begin \
    if (!(r)) begin \
      $display("%s:%0d: Randomization failed \"%s\"", \
               `__FILE__, `__LINE__, `"r`"); \
      $finish; \
    end \
  end while (0)

initial begin
  Packet p = new();                   // 创建一个包
  `SV_RAND_CHECK(p.randomize());      // 随机化
end
```

6.3.3 约束求解

约束表达式的求解是由 SystemVerilog 的约束求解器完成的。求解器能够选择满足约束的值，这个值由 SystemVerilog 的 PRNG 从一个初始值（seed）产生。如果 SystemVerilog 的仿真器每次使用相同的初始值、相同的测试平台，那么仿真结果也是相同的。请注意，更改工具版本或调试级别等开关可能会改变仿真结果。参见本章末尾的练习，了解如何指定初始种子。

不同仿真器的求解器也都是不同的，因此使用不同的仿真器时，受约束的随机测试得到的结果也有可能不同，甚至同一个仿真器的不同版本，仿真结果也不相同。SystemVerilog 标准定义了表达式的含义以及产生的合法值，但没有规定求解器计算约束的准确顺序。6.16 节有关于随机数发生器方面更详细的内容。

6.3.4 什么可以被随机化？

SystemVerilog 可以随机化整型变量，即由位组成的变量。尽管随机化只能产生 2 值数据类型，但位可以是 2 值或 4 值类型。所以，可以使用整数和位矢量，但不能使用随机字符串，或在约束中指向句柄。随机化 real 变量在语言参考手册（LRM）里没有定义。

6.4 约 束

有用的激励并不仅仅是随机值——各个变量之间有着相互关系。否则，仿真器可能需要很长的时间才能产生需要的激励值，激励向量里可能会包含无效的值。你需要用包含一个或多个约束表达式的约束块定义这些相互关系，SystemVerilog 会选择满足所有表达式的随机值。

每个表达式里至少有一个变量必须是 rand 或 randc 类型的随机变量。例 6.3 中的类在随机化时会出错，除非 age 碰巧在允许的范围内。解决的办法是为变量 age 增加 rand 或 randc 修饰符。

【例 6.3】没有随机变量的约束

```
class Child;
  bit [7:0] age; // 错误 - 应该用 rand 或 randc
  constraint c_teenager {age > 12;
                         age < 20;}
endclass
```

randomize() 函数会为随机变量选取一个新的值，并保证满足所有约束条件。在例 6.3 里，由于没有随机变量，randomize() 仅仅检查 age 的值是否在 c_teenager 约束定义的范围里。除非 age 变量的值恰好在 13 到 19 之间，否则 randomize() 会失败。

尽管可以使用约束来检查非随机变量的值是否有效，但用 assert 或 if 语句会更方便，因为，调试检查代码要比阅读随机求解器的错误报告更容易。

6.4.1 什么是约束？

例 6.4 是一个具有随机变量和约束的类的例子。本节的后半部分将解释这个类的构造。注意：在约束块中，用大括号 {} 将多个表达式组合在一起。begin...end 关键字用于程序代码。

【例 6.4】受约束的随机类

```
class Stim;
  const bit [31:0] CONGEST_ADDR = 42;
  typedef enum {READ, WRITE, CONTROL} stim_e;
  randc stim_e kind;              // 枚举变量
  rand bit [31:0] len, src, dst;
  rand bit congestion_test;

  constraint c_stim {
    len < 1000;
    len > 0;
    if (congestion_test) {
      dst inside {[CONGEST_ADDR-10:CONGEST_ADDR+10]};
      src == CONGEST_ADDR;
    }
    else
      src inside {0, [2:10], [100:107]};
  }
endclass
```

6.4.2 简单表达式

例 6.4 中的类有一个约束块，块里包含若干表达式。前两个表达式控制变量 len 的范围。从这个例子可以看出，变量可以在多个表达式里使用。

 在一个表达式中最多只能使用一个关系操作符，例如 <，<=，==，>=，>。例 6.5 的 System Verilog 代码错误地想把三个变量按固定的顺序排序。

【例 6.5】不正确的排序约束

```
class Order_bad;
  rand bit [7:0] lo, med, hi;
  constraint bad {lo < med < hi;} // 错误！
endclass
```

例 6.6 是实际的结果,可以看到它们并不是预期的。例 6.5 中的约束 bad 按照从左至右的顺序分割成两个关系表达式:((lo < med) < hi)。首先计算表达式 (lo < med),它的值为 0 或 1。然后根据约束,hi 的值要大于 0 或 1。所以变量 lo 和 med 虽然随机化了,但实际并没有受约束。

【例 6.6】不正确的排序约束的结果

```
lo =  20, med = 224, hi = 164
lo = 114, med =  39, hi = 189
lo = 186, med = 148, hi = 161
lo = 214, med = 223, hi = 201
```

正确的约束如例 6.7 所示。从 Sutherland(2007)上可以找到更多的例子。

【例 6.7】固定变量顺序的约束

```
class Order_good;
  rand bit [7:0] lo, med, hi;
  constraint good  {lo < med;                    // 只能使用二进制约束
                      med < hi;}
endclass
```

6.4.3 等效表达式

　　因为在约束块里只能包含表达式,所以在约束块里不能进行赋值。相反,应该用关系运算符为随机变量赋一个固定的值,例如 len == 42。也可以在多个随机变量之间使用更复杂的关系表达式,例如 len == header.addr_mode * 4 + payload.size()。

6.4.4 权重分布

如果施加足够的激励模式,受约束的随机激励可能可以发现 DUT 中的错误。然而,可能需要很长时间才能生成特定的边界案例。在查看功能覆盖率结果时,应该查看是否产生了边界案例。如果没有,可以使用加权分布将激励向特定方向倾斜,从而加速发现错误。dist 运算符允许创建加权分布,以便选择某些值的频率高于其他值。

dist 操作符带有一个值的列表以及相应的权重,中间用":="或":/"分开。值或权重可以是常数或变量。值可以是一个值或值的范围,例如 [lo:hi]。权重不是用百分比表示,权重的和也不必是 100。":="操作符表示值范围内的每一个值的权重是相同的,":/"操作符表示权重要均分到值范围内的每一个值。使用 dist 的权重随机分布如例 6.8 所示。

【例 6.8】使用 dist 的权重随机分布

```
class Transaction;
```

```
    rand bit [1:0] src, dst;
    constraint c_dist {
      src dist {0:=40, [1:3]:=60};
      //src = 0, weight = 40/220
      //src = 1, weight = 60/220
      //src = 2, weight = 60/220
      //src = 3, weight = 60/220

      dst dist {0:/40, [1:3]:/60};
      //dst = 0, weight = 40/100
      //dst = 1, weight = 20/100
      //dst = 2, weight = 20/100
      //dst = 3, weight = 20/100
    }
  endclass
```

在例 6.8 中，src 的值可能是 0、1、2 或 3。其中 0 的权重是 40，1、2 和 3 的权重都是 60，权重的和是 220。src 取 0 的概率是 40/220，取 1、2 或 3 的概率都是 60/220。

dst 的值也可能是 0、1、2 或 3。其中 0 的权重是 40，1、2 和 3 的总权重是 60，权重的和是 100。dst 取 0 的概率是 40/100，取 1、2 或 3 的概率都是 20/100。

再强调一遍，值和权重可以是常数或变量。你可以用权重变量随时改变值的概率分布，甚至可以把权重设为 0，从而删除一个值，如例 6.9 所示。

【例 6.9】动态改变权重

```
// 总线操作: 字节、字或长字
class BusOp;
  // 操作数长度
  typedef enum {BYTE, WORD, LWRD } length_e;
  rand length_e len;

  //dist 约束的权重
  bit [31:0] w_byte = 1, w_word = 3, w_lwrd = 5;

  constraint c_len {
    len dist {BYTE := w_byte,   // 使用可变的权重
              WORD := w_word,   // 选择随机的操作数长度
              LWRD := w_lwrd};
  }
endclass
```

在例 6.9 中，枚举变量 len 有三个值。缺省情况下长字的使用频率最高，所以约束

条件中 w_lwrd 的权重最大。另外，在仿真过程中可以随时改变权重，以得到不同的权重分布。

6.4.5　集合（set）成员和 inside 运算符

你可以用 inside 运算符产生一个值的集合。除非对变量还存在其他约束，否则 SystemVerilog 在值的集合里取随机值时，各个值的选取机会是相等的。在集合里也可以使用变量。

在例 6.10 里，SystemVerilog 用 lo 和 hi 决定可能的值的范围。可以把变量作为约束的参数，这样不需要修改约束，测试平台就可以改变激励发生器的行为。注意，如果 lo > hi，则会产生一个空的集合，最终导致约束的错误。

【例 6.10】随机值的集合

```
class Ranges;
  rand bit [31:0] c;           // 随机变量
  bit [31:0] lo, hi;           // 作为上限和下限的非随机变量
  constraint c_range {
    c inside {[lo:hi]};        //lo <= c 并且 c <= hi
  }
endclass
```

如果你想选择一个集合之外的值，只需要用取反操作符 "!" 对约束取反，如例 6.11 所示。

【例 6.11】随机集合约束的取反

```
constraint c_range {
  !(c inside {[lo:hi]}); // c < lo 或 c > hi
}
```

6.4.6　在集合里使用数组

把集合里的值保存到数组后就可以使用这些值，如例 6.12 所示。

【例 6.12】使用数组的随机集合约束

```
class Fib;
  rand bit [7:0] f;
  bit [7:0] vals[] = '{1,2,3,5,8};
  constraint c_fibonacci {
    f inside vals;
  }
endclass
```

这个例子可以扩展成例 6.13 所示的一组约束。

【例 6.13】等价的约束

```
constraint c_fibonacci {
  (f == vals[0]) ||    // f==1
  (f == vals[1]) ||    // f==2
  (f == vals[2]) ||    // f==3
  (f == vals[3]) ||    // f==5
  (f == vals[4]);      // f==8
}
```

同样，也可以使用 NOT 运算符告诉 System Verilog，选择数组之外的任何值，如例 6.14 所示。

【例 6.14】选择数组之外的任何值

```
class Notfib;
  rand bit [7:0] notf;
  bit [7:0] vals[] = '{1,2,3,5,8};
  constraint c_fibonacci {
    !(notf inside vals);
  }
endclass
```

要始终确保约束按你预期的那样发挥作用。可以创建功能覆盖率组并生成报告，或者使用例 6.15 中的代码打印直方图，输出如例 6.16 所示。

【例 6.15】输出直方图

```
initial begin
  Fib fib;
  int count[9], maxx[$];

  fib = new();
  repeat (20_000) begin
    `SV_RAND_CHECK(fib.randomize());
    count[fib.f]++;               // 统计值的个数
  end
  maxx = count.max();             // 获取最大值

  // 输出值的分布
  foreach(count[i])
  if (count[i]) begin
    $write("count[%0d] = %5d", i, count[i]);
    repeat (count[i]*40/maxx[0]) $write("*");
    $display;
```

```
        end
    end
```

【例 6.16】inside 约束的直方图

```
count[1]= 3980 ***************************************
count[2]= 3924 **************************************
count[3]= 3922 **************************************
count[5]= 4175 *****************************************
count[8]= 3999 ***************************************
```

例 6.17 和例 6.18 从枚举列表中取出一个星期中的一天。你可以随时修改这个列表。如果 choice 变量是 randc 类型，仿真器会先取出枚举列表中的每一个值，然后才会重复取值过程。

【例 6.17】从数组中取出随机值的类

```
class Days;
    typedef enum {SUN, MON, TUE, WED,
                  THU, FRI, SAT} days_e;
    days_e choices[$];
    rand days_e choice;
    constraint cday {choice inside choices;}
endclass
```

【例 6.18】从数组中取出随机值

```
initial begin
    Days days;
    days = new();

    days.choices = {Days::SUN, Days::SAT};
    `SV_RAND_CHECK(days.randomize());
    $display("Random weekend day %s\n", days.choice.name());

    days.choices = {Days::MON, Days::TUE, Days::WED,
                    Days::THU, Days::FRI};
    `SV_RAND_CHECK(days.randomize());
    $display("Random week day %s", days.choice.name());
end
```

name 函数的返回内容是枚举值的字符串。

如果想动态地向集合里添加或删除值，要仔细考虑后才能使用 inside 操作符，因为它会影响仿真器的性能。如果你希望集合里的值只被取一次，可以使用 inside 从队列里取出一个值，然后通过从队列里删除这个值来慢慢减小队列。这种方法需要求解器计算 N 个约束，N 是队列里元素的个数。另一个办法是使用 randc 变量作为数组的索引，如例 6.19 和例 6.20 所示。和计算大量的约束相比，randc 变量的计算非常快，特别是当计算几十个以上的值时。

【例 6.19】使用 randc 随机选取数组的值

```
class RandcInside;
  int array[];                        // 待选取的值
  randc bit [15:0] index;             // 数组的索引

  function new(input int a[]);        // 构造、初始化
    array = a;
  endfunction

  function int pick();                // 返回刚选取的值
    return array[index];
  endfunction

  constraint c_size {index < array.size();}
endclass
```

【例 6.20】使用 randc 随机选取数组值的测试平台

```
initial begin
  RandcInside ri;

  ri = new('{1,3,5,7,9,11,13});
  repeat (ri.array.size()) begin
    `SV_RAND_CHECK(ri.randomize());
    $display("Picked %2d [%0d]", ri.pick(), ri.index);
  end
end
```

注意：以上约束和函数可以按任意顺序排列。

6.4.7　双向约束

你现在应该已经认识到约束块不像自上向下执行的程序性代码，它们是声明性代码，是并行的，所有约束表达式同时有效。如果你用 inside 操作符约束变量的取值范围是 [10:50]，然后用另一个表达式约束变量必须大于 20，SystemVerilog 对两个约束同时求解，最终限定变量的范围是 21 到 50。

SystemVerilog 的约束是双向的，这表示它会同时计算所有随机变量的约束。增加或删除任一个变量的约束都会直接或间接影响所有相关变量的值的选取。我们来看例 6.21 的约束。

【例 6.21】双向约束

```
class Bidir;
  rand bit [15:0] r, s, t;
  constraint c_bidir {                    // 所有值都是并行求解的
    r < t;                                //r 的值影响 s 和 t
    s == r;
    t < 10;
    s > 5;
  }
endclass
```

SystemVerilog 同时计算 4 个约束表达式。r 必须小于 t，而 t 必须小于 10。r 等于 s，而 s 必须大于 5。尽管没有直接约束 t 的下限，但对于 s 的约束隐含着对 t 的下限的限制。表 6.1 列出这三个变量的各种可能值。

表 6.1　双向约束的求解

解	r	s	t
A	6	6	7
B	6	6	8
C	6	6	9
D	7	7	8
E	7	7	9
F	8	8	9

6.4.8　蕴含约束

通常约束块里所有约束表达式都是有效的，但怎样才能让一个约束表达式只在某些时候才有效呢？例如，只对 IO 地址空间设置最高地址。SystemVerilog 支持两种蕴含操作：-> 和 if，见例 6.22。

【例 6.22】带有蕴含运算符的约束块

```
class BusOp;
  rand bit [31:0] addr;
  rand bit io_space_mode;
  constraint c_io {
    io_space_mode ->
      addr[31] == 1'b1;
  }
endclass
```

表达式 A->B 相当于表达式（!A ｜｜ B）。当蕴含运算符出现在约束中时，求解器会选择使表达式为真的 A 和 B 的值。真值表 6.2 显示了 A 和 B 的逻辑值表达式的值。

表 6.2　蕴含操作符真值表

A -> B	B = false	B = true
A = false	true	true
A = true	false	true

当 A 为真时，B 必须为真。但当 A 为假时，B 可以为真或假。注意这是一个部分双向约束，但 A->B 并不意味着 B->A。这两个表达式的结果是不同的。

在例 6.23 中，当 d == 1 时，变量 e 必须是 1，但当 e == 1 时，d 可以是 0 或 1。

【例 6.23】蕴含运算符

```
class LogImp;
  rand bit d,e;
  constraint c {
    (d == 1) -> (e == 1);
  }
endclass
```

如果添加约束 {e == 0;}，变量 d 必须是 0；但是如果添加约束 {e == 1;}，d 的值却不受约束，它仍然可以是 0 或 1。

例 6.24 显示了如何用 if 蕴涵约束重写例 6.22。

【例 6.24】带有 if 蕴含运算符的约束块

```
class BusOp;
  rand bit [31:0] addr;
  rand bit io_space_mode;
  constraint c_io {
    if (io_space_mode)
      addr[31] == 1'b1;
  }
endclass
```

if-else 操作符是在多个表达式之间进行选择的好方法。例如，例 6.9 中定义的总线可能支持字节、字和长字读取，但如果像例 6.25 那样写入，则只支持长字写入。

【例 6.25】带有 if-else 运算符的约束块

```
class BusOp;
  rand operand_e op;
  rand length_e len;

  constraint c_len_rw {
    if (op == READ) {
      len inside {[BYTE:LWRD]};
    }
    else {
```

```
            len == LWRD;
        }
    }
endclass
```

约束 if(A) B else C 程序相当于两个约束(A && B)程序和(!A && C)程序。例 6.26
显示了如何将多个选项连接在一起。

【例 6.26】带有多个 if-else 运算符的约束块

```
class BusOp;
    ...
    constraint c_addr_space {
        if (addr_space == MEM)
            addr inside {[0:32'h0FFF_FFFF]};
                else if (addr_space == IO)
                    addr inside {[32'1000_0000:32'h7FFF_FFFF]};
                else
                    addr inside {[32'8000_0000:32'hFFFF_FFFF]};
            }
endclass
```

6.4.9　等效性运算符

等效性运算符 <-> 是双向的。A<->B 定义为 ((A->B) && (B->A))。表 6.3 是例
6.27 中 A 和 B 的真值表。

表 6.3　等效性运算符真值表

A <-> B	B = false	B = true
A = false	true	false
A = true	false	true

【例 6.27】等效性约束

```
rand bit d,e;
constraint c { (d == 1) <-> (e == 1); }
```

当 d 为真时, e 也必须为真。当 d 为假时, e 也必须为假。所以这个操作符和逻辑
XNOR 是一样的。如果从约束 d<->e 开始,并添加一个约束,例如 d == 1,求解器将把
e 设置为 1。约束条件是 d<->e 和 e == 0 导致求解器将 d 设置为 0。如果类具有所有三
个约束: d<->e、d == 1、e == 0,那么 d 和 e 将无解。

6.5　解的概率

说到随机数,就必须提到概率。SystemVerilog 并不保证随机约束求解器能给出准确
的解,但你可以干预解的概率分布。要通过对数千或数百万的值统计后才能滤除噪声,

得到随机数的概率。有些仿真器，例如 Synopsys 公司的 VCS，具有多种求解器，允许使用者在存储器消耗和性能之间权衡。不同的工具导致的结果（概率分布）会有所不同。后续表格的数据是基于 Synopsys 公司的 VCS 2011.03 版本得到的。

6.5.1 没有约束的类

我们从没有任何约束的两个随机变量开始，如例 6.28 所示。

【例 6.28】没有约束的类

```
class Unconstrained;
  rand bit x;                    //0 或 1
  rand bit [1:0] y;             //0, 1, 2 或 3
endclass
```

表 6.4 所示有 8 种可能的解。由于没有任何约束，每种解的可能性是相同的。只有经过上千次的随机化才能得到表 6.4 所列的概率分布。

表 6.4 Unconstrained 类的解

解	x	y	概 率
A	0	0	1/8
B	0	1	1/8
C	0	2	1/8
D	0	3	1/8
E	1	0	1/8
F	1	1	1/8
G	1	2	1/8
H	1	3	1/8

6.5.2 蕴含操作

在例 6.29 中，约束块中的蕴含操作决定了 y 的值依赖于 x 的值。本节后续例子里的 if 蕴含操作符和这个例子的功能是相同的。

【例 6.29】带有蕴含操作的类

```
class Imp1;
  rand bit x;                    //0 或 1
  rand bit [1:0] y;             //0, 1, 2 或 3
  constraint c_xy {
    (x == 0) -> y == 0;
  }
endclass
```

表 6.5 列出了所有解和相应的概率分布。你可以看到求解器算出了 x 和 y 的 8 种组合，但和 x == 0（A 到 D 行）对应的解都合并到了一起。

表 6.5 Imp1 类的解

解	x	y	概　率
A	0	0	1/2
B	0	1	0
C	0	2	0
D	0	3	0
E	1	0	1/8
F	1	1	1/8
G	1	2	1/8
H	1	3	1/8

6.5.3　蕴含操作和双向约束

注意，蕴含操作规定 x == 0 时 y 的值为 0，但 y == 0 时对 x 的值没有约束。由于蕴含操作是双向的，如果 y 为非零值，那么 x 的值将为 1。例 6.30 中约束了 y > 0，所以 x 的值不可能为 0，见表 6.6。

【例 6.30】带有蕴含操作和约束的类

```
class Imp2;
  rand bit x;                //0 或 1
  rand bit [1:0] y;          //0, 1, 2 或 3
  constraint c_xy {
    y > 0;
    (x == 0) -> y == 0;
  }
endclass
```

表 6.6 Imp2 类的解

解	x	y	概　率
A	0	0	0
B	0	1	0
C	0	2	0
D	0	3	0
E	1	0	0
F	1	1	1/3
G	1	2	1/3
H	1	3	1/3

6.5.4　使用 solve…before 约束引导概率分布

你可以用 solve…before 约束引导 SystemVerilog 的求解器，如例 6.31 所示。

【例 6.31】使用 solve…before 和关系操作的类

```
class SolveBefore;
  rand bit x;                    //0 或 1
  rand bit [1:0] y;              //0, 1, 2 或 3
  constraint c_xy {
    (x == 0) -> y == 0;
    solve x before y;
  }
endclass
```

solve...before 约束不会改变解的个数，只会改变各个值的概率分布。求解器计算 x 的值为 0 或 1 的概率是相同的。在 1000 次 randomize() 函数的调用里，x 为 0 的次数大约是 500 次，为 1 的次数大约也是 500 次。x 为 0 时 y 必须也是 0。x 为 1 时 y 为 0、1、2、3 的概率相等，见表 6.7。

表 6.7　solve x before y 约束的解

解	x	y	概　率
A	0	0	1/2
B	0	1	0
C	0	2	0
D	0	3	0
E	1	0	1/8
F	1	1	1/8
G	1	2	1/8
H	1	3	1/8

如果把约束改为 solve y before x，会得到完全不同的概率分布，见表 6.8。

表 6.8　solve x before y 约束的解

解	x	y	概　率
A	0	0	1/8
B	0	1	0
C	0	2	0
D	0	3	0
E	1	0	1/8
F	1	1	1/4
G	1	2	1/4
H	1	3	1/4

　　除非你对某些值出现的概率不满意，否则不要使用 solve...before。过度使用 solve...before 会降低计算的速度，也会使你的约束让人难以理解。

167

对于例 6.31 中的简单类，等价运算符 <-> 给出了与蕴含运算符 -> 相同的解。读者可以尝试添加其他约束，并用你最喜欢的仿真器绘制结果。

6.6　控制多个约束块

一个类可以包含多个约束块。6.7 节所示的约束用于确认事务的有效性，当测试 DUT 的错误处理功能时可能需要关闭这个约束。你可以把不同约束块用于不同测试，例如一种约束用来限制数据的长度，用于产生小的事务（例如测试拥塞），另一种约束用来产生大的事务。

你可以使用 constraint_mode 函数打开或关闭约束，用 handle.constraint.constraint_mode(arg) 控制一个约束块，用 handle.constraint_mode(arg) 控制对象的所有约束，如例 6.32 所示。当参数 constraint_mode 为 0 时，关闭约束，为 1 时打开约束。

【例 6.32】使用 constraint_mode 函数

```
class Packet;
  rand bit [31:0] length;
  constraint c_short {length inside {[1:32]}; }
  constraint c_long  {length inside {[1000:1023]}; }
endclass

Packet p;
initial begin
  p = new();

  // 通过禁止 c_short 约束产生长包
  p.c_short.constraint_mode(0);
  `SV_RAND_CHECK(p.randomize());

  transmit(p);

  // 通过禁止所有约束，仅仅使能短包约束来产生短包
  //then enabling only the short constraint
  p.constraint_mode(0);
  p.c_short.constraint_mode(1);
  `SV_RAND_CHECK(p.randomize());
  transmit(p);
end
```

虽然使用许多小约束可能会更灵活，但打开和关闭它们的过程更复杂。例如，当关闭所有创建数据的约束时，同时也会禁用所有检查数据有效性的约束。

如果只想使随机变量成为非随机变量，请使用 6.11.2 节所述的 rand_mode 函数。

6.7 有效性约束

一种很好的随机化技术是设置多个约束以保证随机激励的正确性，也称为"有效性约束"。如例 6.33 所示，总线的"读 – 修改 – 写"命令只允许操作长字数据长度。

【例 6.33】使用有效性约束检查写命令的数据字长

```
class Transaction;
  typedef enum {BYTE, WORD, LWRD, QWRD} length_e;
  typedef enum {READ, WRITE, RMW, INTR} access_e;
  rand length_e length;
  rand access_e access;

  constraint valid_RMW_LWRD {
    (access == RMW) -> (length == LWRD);
  }
endclass
```

例 6.33 的总线事务遵守总线操作的规则。如果你想产生违反总线操作规则的激励，可以用 constraint_mode 函数关闭这个约束。想要注入错误时，可以使用 constraint_mode 函数关闭这些选项。例如，如果一个包有一个零长度的有效载荷呢？最好使用某种命名规则来突出这些约束，例如，例 6.33 中在约束名前使用 valid 前缀。

6.8 内嵌约束

随着测试的进行，面对的约束越来越多。它们会互相作用，最终产生难以预测的结果，而用来使能和禁止这些约束的代码也会增加测试的复杂性。另外，经常增加或修改类里的约束也可能影响整个团队的工作。

很多测试只会在代码的一个地方随机化对象。System Verilog 允许使用 randomize with 来增加额外的约束，这和在类里增加约束是等效的。例 6.34 使用一个带约束的基类，然后用两个 randomize with 语句进行随机化。

【例 6.34】randomize() with 语句

```
class Transaction;
  rand bit [31:0] addr, data;
  constraint c1 {addr inside{[0:100],[1000:2000]};}
endclass

initial begin
  Transaction t;
  t = new();

  //addr 范围: 50-100, 1000-1500, data < 10
```

```
`SV_RAND_CHECK(t.randomize() with {addr >= 50; addr <= 1500;
                                   data < 10;});

driveBus(t);

// 强制 addr 取固定值, data > 10
`SV_RAND_CHECK(t.randomize() with {addr == 2000; data > 10;});

driveBus(t);
end
```

这段代码的效果和在现有的约束上增加额外的约束是等效的。如果约束之间存在冲突，可以用 constraint_mode() 函数禁止冲突的约束。注意：在 with{} 语句里，SystemVerilog 使用了类的作用域，所以例 6.34 中使用了 addr 变量，而不是 t.addr。

在使用内嵌约束语句时常犯的错误是使用 "( )" 包括内嵌的约束，而没有使用 "{ }"。记住，约束块应该使用 "{ }"，所以内嵌约束也应该使用 "{ }"。"{ }" 用于声明性的代码。

6.9　pre_randomize 和 post_randomize 函数

有时需要在调用 randomize 函数之前或之后立即执行一些操作，例如，在随机化之前可能要设置类里的一些非随机变量（上下限、权重等），或者随机化之后需要计算随机数据的误差校正位。SystemVerilog 可以使用两个特殊的 void 类型的 pre_randomize 和 post_randomize 函数来完成这些功能，它们会在带有随机变量的类中自动执行。

6.9.1　构造浴缸型分布

在某些应用里需要产生非线性的随机分布，例如，短包或长包都比中等长度的包更容易发现缓冲器溢出类型的错误。这时希望产生一种浴缸型的随机分布，两端的概率大，中间的概率小。你可以通过 dist 约束构造浴缸型的随机分布，但可能需要经过多次的调整才能获得需要的形状。Verilog 已经提供了很多非线性分布的函数，例如 $dist_exponential，但没有浴缸型随机分布函数。图 6.1 展示了如何用两条指数曲线来构造浴缸型分布。例 6.35 中的 pre_randomize 函数计算出指数曲线上的一个点，然后随机选择把这个点放在左边或右边的曲线上。由于最终选取的点只能在这两条曲线上，所以就构造出了浴缸型随机分布。

【例 6.35】构造浴缸型随机分布

```
class Bathtub;
  int value; // 浴缸型分布的随机变量
```

```
int WIDTH = 50, DEPTH = 6, seed = 1;

function void pre_randomize();
  // 计算指数曲线
  value = $dist_exponential(seed, DEPTH);
  if (value > WIDTH) value = WIDTH;

  // 把这一个点随机放在左边或右边的曲线上
  if ($urandom_range(1))              // 随机数 0 或 1
    value = WIDTH - value;
endfunction

endclass
```

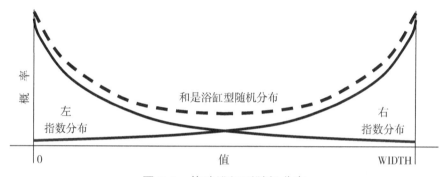

图 6.1 构造浴缸型随机分布

变量 value 的值在每次对象随机化的时候更新，经过多次随机化后，就可以得到预期的浴缸型非线性分布。由于变量 value 是由程序计算得到的，而不是由随机约束求解器得到的，所以不需要用 rand 修饰符定义。

例 6.64 是 post_randomize 函数的另一个例子。

6.9.2 关于 **void** 函数

pre_randomize 和 post_randomize 函数只能调用其他函数，不能调用可能消耗时间的任务。在执行 randomize 函数的期间不允许产生延时。如果想调试随机化过程中出现的问题，可以调用预先准备好的 void 类型的显示程序来显示中间结果。

第 8 章将介绍高级 OOP 的概念，包括扩展类和虚方法。pre_randomize 和 post_randomize 函数不是虚函数，因此它们是根据句柄的类型而不是对象来调用的。此外，如果扩展类的 pre_randomize 或 post_randomize 函数需要基类的 pre_randomize 和 post_randomize 函数中的功能，应该使用 super 前缀调用这些方法，例如 super.pre_randomize。

6.10　随机数函数

可以用类似的方法使用 Verilog-1995 中的各种分布函数，另外 SystemVerilog 还提供了一些新的分布函数。关于 dist 函数的更详细的内容，请查阅有关随机过程的书籍。下面是一些常用的函数：

（1）$random：平均分布，返回 32 位有符号随机数。

（2）$urandom：平均分布，返回 32 位无符号随机数。

（3）$urandom_range：在指定范围内的平均分布。

（4）$dist_exponential：指数衰落，如图 6.1 所示。

（5）$dist_normal：钟形分布。

（6）$dist_poisson：钟形分布。

（7）$dist_uniform：平均分布。

$urandom_range 函数有两个参数，一个上限参数和一个可选的下限参数，如例 6.36 所示。

【例 6.36】使用 $urandom_range 函数

```
a = $urandom_range(3, 10);          // 值的范围是 3-10
a = $urandom_range(10, 3);          // 值的范围是 3-10
b = $urandom_range(5);              // 值的范围是 0-5
```

6.11　约束的技巧和技术

怎样编写易于修改的随机约束的测试？下面是一些小技巧。最常用的是采用 6.11.8 节和 8.2.4 节所述的 OOP 技术扩展原始类，但这种技术需要事先做很多规划。所以，我们先介绍一些简单的技术，但也要考虑其他方法。

6.11.1　使用变量的约束

本书中大多数例子都是用常数来增加代码的可读性。在例 6.37 里，变量 length 的随机值有一个指定的范围，这个范围的上限由一个变量设定。

【例 6.37】使用变量设定上限的约束

```
class Packet;
  rand bit [31:0] length;
  bit [31:0] max_length = 100;       // 配置变量，不是随机数
  constraint c_length {
    length inside {[1:max_length]};
  }
endclass
```

缺省情况下，这个类能产生一个 1 ～ 100 的随机长度，通过改变变量 max_length 的值，可以改变随机变量 length 的上限。

在 dist 约束里使用变量可以使能或禁止某些值或范围，如例 6.38 所示，每个总线命令都有一个独立的权重变量。

【例 6.38】带有权重变量的 dist 约束

```
typedef enum {READ8, READ16, READ32} read_e;
class ReadCommands;
  rand read_e read_cmd;
  int read8_wt = 1, read16_wt = 1, read32_wt = 1;
  constraint c_read {
    read_cmd dist {READ8  := read8_wt,
                   READ16 := read16_wt,
                   READ32 := read32_wt};
  }
endclass
```

缺省情况下，这个约束产生每个命令的概率是相等的。如果希望产生更多的 READ8 命令，可以增加 read8_wt 权重变量的值。更重要的是，可以通过设置权重为 0 来禁止某些命令的产生。

6.11.2 使用非随机值

如果你用一套约束在随机化的过程中已经产生了几乎所有想要的激励向量，只缺少几种激励向量，可以采用先调用 randomize 函数，然后再把随机变量的值设置为固定的期望值的方法来解决——并不是一定要使用随机值。设置的固定激励值可以违反相关约束。

如果只有少数几个随机变量需要修改，可以使用 rand_mode 函数把这些变量设置为非随机变量，如例 6.39 所示。将随机变量的参数值设置为 0 来调用 rand_mode 函数时，rand 或 randc 限定符将被禁用，随机解算器将不再更改变量的值。但如果该值出现在约束中，则仍然会检查该值。将随机变量的参数值设置为 1 将重新启用限定符，以便解算器可以更改变量的值。

【例 6.39】用 rand_mode 禁止变量的随机化

```
// 产生可变长度有效负载的包
class Packet;
  rand bit [7:0] length, payload[];
  constraint c_valid {length > 0;
                      payload.size() == length;}

  function void display(input string msg);
```

```
    $display("\n%s", msg);
    $write("\tPacket len = %0d, bytes = ", length);
    for(int i=0; (i < 4 && i < payload.size()); i++)
      $write(" %0d", payload[i]);
    $display;
  endfunction
endclass


Packet p;
initial begin
  p = new();
  `SV_RAND_CHECK (p.randomize());              // 随机化所有变量
  p.display("Simple randomize");

  p.length.rand_mode(0);                       // 设置包长为非随机值
  p.length = 42;                               // 设置包长为常数
  `SV_RAND_CHECK (p.randomize());              // 再随机化 payload
  p.display("Randomize with rand_mode");
end
```

在例 6.39 中，随机变量 length 保存了包长。代码的前半部分随机化 length 变量以及动态数组 payload 的内容，代码的后半部分先调用 rand_mode 函数把 length 变量设置为非随机变量，把值设为 42，然后调用 randomize() 函数进行随机化。在随机化的过程中，约束设置了 payload 的长度固定为 42，但 payload 数组的内容填充了随机值。

6.11.3　利用约束检查值的有效性

在随机化一个对象并改变变量的值后，可以通过检查变量值是否遵守约束来检查对象是否仍然有效。在调用 handle.randomize(null) 函数时，SystemVerilog 会把所有变量当作非随机变量（"状态变量"），检查这些变量是否满足约束条件，例如，所有表达式都为真。如果所有约束都不满足，randomize 函数返回 0。

6.11.4　随机化个别变量

可以在调用 randomize 函数时只传递变量的一个子集，这样就只随机化类里的几个变量。只有参数列表里的变量才会被随机化，其他变量会被当作状态变量而不会被随机化。所有约束仍然保持有效。在例 6.40 里，第一次调用 randomize 函数只改变两个 rand 变量 med 和 hi。第二次调用只改变 med 变量，hi 变量仍然保持原来的值。需要注意的是，你可以在随机化时传递一个非随机变量，如例 6.40 最后一次调用 randomize 函数，low 变量被赋一个随机值，并且满足约束条件。

【例 6.40】随机化类里的一部分变量

```
class Rising;
  bit [7:0] low;                  // 非随机变量
  rand bit [7:0] med, hi;         // 随机变量
  constraint up
    { low < med; med < hi; }      // 见 6.4.2 节
endclass

initial begin
  Rising r;
  r = new();
  r.randomize();                  // 随机化 med, hi; 但不改变 low
  r.randomize(med);               // 随机化 med
  r.randomize(low);               // 随机化 low，即使不是随机变量
end
```

这种只随机化一部分变量的技巧并不常用，因为在实际的测试平台里已经对激励的随机化进行了约束。测试平台应该测试各种合法值，而不只是一些边界情况。

6.11.5　打开或关闭约束

6.6 节和 6.7 节讨论了有效约束和 constraint_mode 函数。关闭单个约束有利于生成错误，但应适度使用。

6.11.6　在测试过程中使用内嵌约束

通常设计团队的每个人都通过源码控制系统访问相同的文件。如果为一个类不断增加约束，那么这个类会变得越来越难以管理和控制。很多情况下一个约束仅仅用于一种测试，那为什么还要让它对每种测试都是可见的呢？如 6.8 节所示，可以使用 randomize with 内嵌约束语句使约束的作用范围局部化。当新的约束是对缺省约束的补充时，这是一种很好的做法。按照 6.7 节的建议建立"有效性约束"，能够方便地约束有效的序列。当需要注入故障时，可以关闭所有和当前约束发生冲突的约束。如果在一个测试里需要注入某种错误的数据，可以先关闭用来检查数据错误的有效性约束。

使用内嵌约束也有一些缺点。首先，约束代码会位于代码的不同位置。当为一个类增加新的约束时，有可能和内嵌约束发生冲突。其次，很难在不同的测试里复用内嵌约束，因为根据定义，内嵌约束仅仅在使用它的代码里出现。你可以把内嵌约束写成一个程序放在单独的文件里，在需要的时候才调用它，但这样的效果就几乎和外部约束一样了。

6.11.7　在测试过程中使用外部约束

函数的函数体可以在函数的外部定义，同样，约束的约束体也可以在类的外部定义，

如5.10节所示。可以在一个文件里定义一个类，这个类只有一个空的约束，然后在不同的测试里定义这个约束的不同版本以产生不同的激励，如例6.41和例6.42所示。

【例6.41】带有外部约束的类

```
//packet.sv
class Packet;
  rand bit [7:0] length;
  rand bit [7:0] payload[];
  constraint c_valid {length > 0;
                      payload.size() == length;}
  constraint c_external;
endclass
```

【例6.42】定义外部约束的程序

```
//test.sv
program automatic test;
`include "packet.sv"
  constraint Packet::c_external {length == 1;}
  ...
endprogram
```

外部约束和内嵌约束相比具有很多优点。外部约束可以放在另一个文件里，从而可以在不同的测试里复用外部约束。外部约束对类的所有实例都起作用，而内嵌约束仅仅影响一次randomize调用。外部约束提供了一种不需要学习高级的OOP技术就可以改变类的方法。但要注意，这种方法只能增加约束，不能改变已有的约束，而且必须事先在原来的类里定义外部约束的原型。

和内嵌约束一样，因为外部约束可能分布在多个文件里，所以可能会导致潜在的问题。语言参考手册（LRM）要求在与原始类相同的范围内定义外部约束。在包中定义的类必须在同一个包中定义其外部约束，从而限制其用途。这就是为什么例6.42包含类定义，而不是使用包。

最后需要考虑的是，如果没有定义外部约束体，会发生什么情况？System Verilog语言参考手册（LRM）目前还没有规定如何处理这种情况，所以在搭建具有多个外部约束的测试平台时，先要检查你使用的仿真器会如何处理这种情况，是把它作为终止仿真的错误处理，还是输出告警信息，或者完全不输出任何信息？

6.11.8 扩展类

在第8章，你将学习如何扩展类。采用这种技术，测试平台可以先使用一个已有的类，然后切换到增加了约束、子程序和变量的扩展类，如例8.10所示。注意，如果在扩展类里定义的约束的名字与基类里的约束名字相同，那么扩展的约束将取代基类的约束。

6.12   随机化的常见错误

你可能可以轻松对待程序代码，但编写和理解约束需要另一种思考方式。下面是编写随机激励的过程中可能会遇到的一些问题。

6.12.1   小心使用有符号变量

在编写测试平台时，你可能倾向使用 int、byte 或其他有符号的类型来保存计数值或一些简单变量。注意，除非必要，不要在随机约束里使用有符号类型！例 6.43 的类在随机化时会产生什么结果？这个例子有两个随机变量，它们的和为 64。

【例 6.43】有符号变量会导致随机化错误

```
class SignedVars;
  rand byte pkt1_len, pkt2_len;
  constraint total_len {
    pkt1_len + pkt2_len == 64;
  }
endclass
```

显然，你可以得到（32，32）和（2，62）这样的数值对，同时你也会得到（-63，127）这样的数值对。它们也是等式的合法解，虽然你并不希望得到这样的解。为避免得到负的包长这样无意义的值，应该只使用无符号随机变量，如例 6.44 所示。

【例 6.44】使用 32 位无符号变量随机化

```
class Vars32;
  rand bit [31:0] pkt1_len, pkt2_len; // 无符号类型
  constraint total_len {
    pkt1_len + pkt2_len == 64;
  }
endclass
```

这个版本也会产生错误。非常大的包长 pkt1_len 和 pkt2_len，例如 32'h80000040 和 32'h80000000 相加时会丢弃高位，产生 32'd64 或 32'h40。你可能会再增加一对约束来限制这两个随机变量的值，但最好的办法是限制这两个变量的宽度，不要使用 32 位的宽度。在例 6.45 里，把两个 8 位变量的和与 9 位数值比较。

【例 6.45】使用 8 位无符号变量随机化

```
class Vars8;
  rand bit [7:0] pkt1_len, pkt2_len; //8 位位宽
  constraint total_len {
    pkt1_len + pkt2_len == 9'd64;    // 和是 9 位位宽
  }
endclass
```

6.12.2　提高求解器性能的技巧

每个约束求解器都有它的优点和缺点，在进行具有受约束的随机变量的仿真时，可以采用以下建议提高仿真性能。工具总是在不断改进，所以请与您的供应商联系获取更多具体信息。

如果只需要使用原始数据填充数组，那么不要使用求解器。因为求解器在选择值的时候有一些开销，即使对于没有约束的变量也是如此。不要将这些数组声明为 rand，而是使用 $urandom 或 $urandom_range 函数在 pre_randomize 中计算这些值。这些函数的计算速度比求解器快 100 倍。当需要快速计算 1000 个值时，这一点很重要。一般来说，数组规模越大，单个值就越不重要，需要使用求解器的可能性就越小。即使需要一个并不统一的数值范围，或者数值之间存在简单的关系，也可以使用 if 语句来实现。

6.12.3　选择合适的数学运算来提高效率

约束求解器可以有效地处理简单的数学运算，例如，加、减、位提取和移位。约束求解器对于 32 位数值的乘法、除法和取模运算的运算量是非常大的。SystemVerilog 中任何没有显式声明位宽的常数都作为 32 位数值对待，例如把 42 作为 32'd42。

如果要产生一个靠近页边界的随机地址，页边界为 4096，约束求解器可能会用较长的时间才能算出合适的 addr 值，如例 6.46 所示。

【例 6.46】使用取模运算和没有声明位宽的变量的约束

```
rand bit [31:0] addr;
constraint slow_near_page_boundary {
  addr % 4096 inside {[0:20], [4075:4095]};
}
```

在硬件里很多常数都是 2 的幂，利用这一点可以用位提取代替除法和取模运算。只需要约束相关的数据位，而不对高位进行约束。同样，乘以 2 的幂也可以用移位运算来代替。注意有些约束求解器会自动进行这些优化。例 6.47 使用位提取替代 MOD 运算。

【例 6.47】高效的使用位提取的约束

```
rand bit [31:0] addr;
constraint near_page_boundry {
  addr[11:0] inside {[0:20], [4075:4095]};
}
```

6.13　迭代和数组约束

到目前为止，我们已经可以约束标量类型的变量。但如何在随机化数组时进行约束呢？用 foreach 约束和一些数组函数可以改变值的分布。

用 foreach 约束会产生很多约束,从而影响仿真器的运行速度。好的求解器可以快速地求解上百个约束,但在求解上千个约束时会变慢,在遇到嵌套的 foreach 约束时会变得更慢。因为对于大小为 N 的数组,它会产生 N^2 个约束,见 6.13.5 节关于使用 randc 变量代替嵌套的 foreach 算法。

6.13.1 数组的大小

最容易理解的数组约束是 size 函数,它可以约束动态数组或队列的元素个数,如例 6.48 所示。

【例 6.48】约束动态数组的大小

```
class dyn_size;
  rand bit [31:0] d[];
  constraint d_size {d.size() inside {[1:10]}; }
endclass
```

使用 inside 约束可以设置数组大小的下限和上限。大多数情况下,你可能不希望得到一个空数组,即 size == 0。记住,一定要设置上限,否则会产生成千上万个元素,导致随机求解器要用很长的时间才能求解。

6.13.2 元素的和

可以把随机数组里的数值发送给设计,也可以把它们用于控制用途。例如,你有一个要发送 4 个数据的接口,这些数据可以连续发送,也可以在多个周期内完成发送,同时用一个脉冲信号指示数据的有效性。图 6.2 是在 10 个周期内发送 4 个数据的脉冲信号示意图。

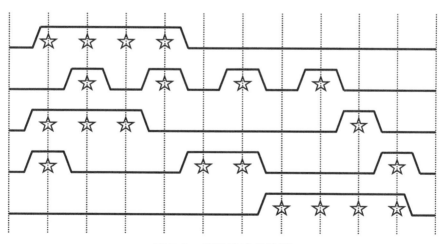

图 6.2 随机脉冲的波形

如例 6.49 所示,可以用随机数组产生上述模式。用 sum 函数约束随机数组只有 4 个位有效,从而产生脉冲信号。

【例 6.49】随机脉冲类

```
class StrobePat;
  rand bit strobe[10];
  constraint c_set_four { strobe.sum() == 4'h4; }
endclass

initial begin
  StrobePat sp;
  int count = 0; // 数据数组的索引

  sp = new();
  `SV_RAND_CHECK (sp.randomize());

foreach (sp.strobe[i]) begin
  ##1 bus.cb.strobe <= sp.strobe[i];
  // 如果 strobe 信号有效，输出下一个数据
  if (sp.strobe[i])
    bus.cb.data <= data[count++];
  end
end
```

第 2 章中介绍过，正常情况下单比特元素的和也是单比特，例如 0 或 1。例 6.49 把
strobe.sum 和 4 位数值（4'h4）进行比较，所以数组元素的和是用 4 位精度计算的。
这个例子使用 4 位精度保存数组元素个数的最大值 10。

6.13.3　数组约束的问题

sum 函数看起来很简单，但 Verilog 的数学运算规则使得它可能会导致很多问题。下
面是一个简单的问题，本书作者之一在创建受约束的随机激励时遇到了这个问题。假设
要产生 1 ~ 8 个随机事务，这些事务的总长度小于 1024。例 6.50 是第一种方法，例 6.51
是测试程序，例 6.52 是输出结果。其中，事务的 len 变量是字节类型。

【例 6.50】sum 约束的第一种方法：bad_sum1

```
class bad_sum1;
  rand byte len[];
  constraint c_len {len.sum() < 1024;
                    len.size() inside {[1:8]};}

  function void display();
    $write("sum = %4d, val = ", len.sum());
    foreach(len[i]) $write("%4d ", len[i]);
    $display;
```

```
  endfunction
endclass
```

【例 6.51】使用数组求和约束的程序

```
program automatic test;
  bad_sum1 c;
  initial begin
    c = new();
    repeat (5) begin
      `SV_RAND_CHECK (c.randomize());
      c.display();
    end
  end
endprogram
```

【例 6.52】bad_sum1 的输出

```
sum =   81, val =  62 -20   39
sum =   39, val = -27  67    1  76  -97 -58 77
sum =   38, val =  60 -22
sum =   72, val =-120  29  123 102  -41 -21
sum =  -53, val = -58 -85 -115 112 -101 -62
```

这段代码产生了一些长度较小的事务，但它们的和有时为负，并且始终小于 127。这绝对不是你期望的！例 6.53 是另一种方法，用无符号类型替代 byte 类型。display 函数没有变化。例 6.54 是相应的输出结果。

【例 6.53】sum 约束的第二种方法：bad_sum2

```
class bad_sum2;
  rand bit [7:0] len[]; // 8 位无符号类型，不是字节类型
  constraint c_len {len.sum() < 1024;
                    len.size() inside {[1:8]};}
endclass
```

【例 6.54】bad_sum2 的输出

```
sum =   79, val = 88 100 246   2  14 228 169
sum =  120, val = 74  75 141  86
sum =   39, val = 39
sum =  193, val = 31 156 172  33  57
sum =  173, val = 59 150  25 101 138 212
```

例 6.53 有个小问题，虽然约束了数组的和小于 1024，但实际上事务长度的和始终小于 256。问题的原因是在 Verilog 中，8 位数值的和也是用 8 位数值保存的。例 6.55 用第 2 章的 uint 类型把 len 变量拓宽到 32 位。例 6.56 是相应的输出结果。

【例6.55】sum约束的第三种方法：bad_sum3

```
class bad_sum3;
  rand uint len[]; // 32 位
  constraint c_len {len.sum() < 1024;
                    len.size() inside {[1:8]};}
endclass
```

【例6.56】bad_sum3 的输出

```
sum = 245, val = 1348956995 3748256598 985546882 2507174362
sum = 600, val = 2072193829 315191491 484497976 3050698208
  2300168220 3988671456 3998079060 970369544
sum = 17, val = 1924767007 3550820640 4149215303 3260098955
sum = 440, val = 3192781444 624830067 1300652226 4072252356
  3694386235
sum = 864, val = 3561488468 733479692
```

哇！例6.56的输出怎么会这样？有点像6.12.1节有符号类型的问题，两个非常大的数的和会变成一个小的数值。应该根据约束中的比较操作限制位宽。例6.57是第四种方法，例6.58是相应的输出结果。

【例6.57】sum约束的第四种方法：bad_sum4

```
class bad_sum4;
  rand bit [9:0] len[]; // 10 位，无符号
  constraint c_len {len.sum() < 1024;
                    len.size() inside {[1:8]};}
endclass
```

【例6.58】bad_sum4 的输出

```
sum =  989, val = 787 202
sum = 1021, val = 564  76 132 235 0 8 6
sum =  872, val = 624 101 136  11
sum =  978, val = 890  88
sum =  905, val = 663 242
```

结果还是不对。由于每个len变量的位宽都超过8位，所以len的值经常超过255。必须约束len的值在1～255，然后用10位位宽来正确求和。这就需要对数组的每个元素进行约束，如下一节所示。

6.13.4　约束数组和队列的每一个元素

SystemVerilog可以用foreach对数组的每一个元素进行约束。和直接写出对固定大小数组的每一个元素的约束相比，使用foreach要更简洁。比较实际的做法是用foreach约束动态数组和队列，如例6.59和例6.60所示。

【例 6.59】简单的 foreach 约束：good_sum5

```
class good_sum5;
  rand uint len[];
  constraint c_len {foreach (len[i])
                         len[i] inside {[1:255]};
                     len.sum < 1024;
                     len.size() inside {[1:8]};}
endclass
```

【例 6.60】good_sum5 的输出

```
sum = 1011, val =  83 249 197 187 152 95 40 8
sum = 1012, val = 213 252 213  44 196 20 20 54
sum =  370, val = 118  76 176
sum =  976, val = 233 187  44 157 201 81 73
sum =  412, val = 172 167  73
```

例 6.60 的输出满足了数组每个元素的和的约束。注意 len 数组的元素可以是 10 位或更宽的位宽，但必须是无符号类型。

可以对数组元素之间的关系进行约束，但要特别小心对待数组两端的边界元素。例 6.61 的类通过和前一个元素比较来产生递增的值序列，第一个元素除外。

【例 6.61】使用 foreach 产生递增的数组元素的值

```
class Ascend;
  rand uint d[10];
  constraint c {
    foreach (d[i])              // 对数组的每个元素操作
      if (i > 0)                     // 除了第一个元素
        d[i] > d[i-1];          // 和前一个元素比较
  }
endclass
```

这些约束可以有多复杂？约束可以复杂到用来求解爱因斯坦问题（关于五个人每人有五个不同特点的逻辑难题）、八皇后问题（将八个皇后放在棋盘上，使它们互相不能攻击），甚至 Sudoku 问题。

6.13.5　产生具有唯一元素值的数组

怎么才能产生一个随机数组，它的每一个元素值都是唯一的？如果数组有 N 个元素，值的范围是从 0 到 N−1，用 2.6.3 节所示的 shuffle 函数就可以解决问题。

如果值的范围比数组元素的个数多怎么办？如果使用 randc 数组，那么数组的每一个元素都会独立地随机化，一定会出现重复的值。

　　你也可以用嵌套的 foreach 循环让求解器比较任意两个元素，如例 6.62 所示，但这会产生超过 4000 个独立的约束，从而降低仿真的速度。

【例 6.62】使用 foreach 产生唯一的元素值

```
class UniqueSlow;                      // 不好的代码，不要使用
  rand bit [7:0] ua[64];
  constraint c {
    foreach (ua[i])                    // 对数组的每个元素操作
      foreach (ua[j])
        if (i != j)                    // 除了元素自己
          ua[i] != ua[j];              // 和其他元素比较
  }
endclass
```

　　更好的办法是，用例 6.63 所示的包含 randc 变量的辅助类，这样就可以不断随机化同一个变量。

【例 6.63】用 randc 辅助类产生唯一的元素值

```
class randc8;
  randc bit [7:0] val;
endclass

class LittleUniqueArray;
  bit [7:0] ua [64];            // 每个元素具有唯一值的数组

  function void pre_randomize();
    randc8 rc8;
    rc8 = new();
    foreach (ua[i]) begin
      `SV_RAND_CHECK(rc8.randomize());
      ua[i] = rc8.val;
    end
  endfunction
endclass
```

　　例 6.64 和例 6.65 是更常用的办法。例如，我们要为 N 个公共汽车司机指定 ID 号，这些 ID 号的范围是 0 到 MAX-1，其中 MAX >= N。

【例 6.64】唯一值发生器

```
// 产生 0:max-1 之间唯一的随机值
class RandcRange;
  randc bit [15:0] value;
  int max_value;                              // 最大值
```

```
  function new(input int max_value = 10);
    this.max_value = max_value;
  endfunction


  constraint c_max_value {value < max_value;}
endclass
```

【例 6.65】产生元素具有唯一值的随机数组的类

```
class UniqueArray;
  int max_array_size, max_value;
  rand bit [15:0] ua[];                          // 每个元素具有唯一值的数组
  constraint c_size {ua.size() inside {[1:max_array_size]};}

  function new(input int max_array_size = 2, max_value = 2);
    this.max_array_size = max_array_size;
    // 如果 max_value 小于数组的大小，那么说明数组里有重复的值，所以要调整 max_value
    if (max_value < max_array_size)
      this.max_value = max_array_size;
    else
      this.max_value = max_value;
  endfunction

  // 在 randomize() 函数里分配数组 ua[]，并填充唯一值
  function void post_randomize();
    RandcRange rr;
    rr = new(max_value);
    foreach (ua[i]) begin
      `SV_RAND_CHECK (rr.randomize());
      ua[i] = rr.value;
    end
  endfunction

  function void display();
    $write("Size: %3d:", ua.size());
    foreach (ua[i]) $write("%4d", ua[i]);
    $display;
  endfunction
endclass
```

例 6.66 是使用 UniqueArray 类的程序。

【例 6.66】使用 UniqueArray 类

```
program automatic test;
  UniqueArray ua;
  initial begin
    ua = new(50);                             // 数组大小 = 50

    repeat (10) begin
      `SV_RAND_CHECK(ua.randomize());         // 产生随机数组
      ua.display();                           // 显示数组内容
    end
  end
endprogram
```

6.13.6 随机化句柄数组

如果要产生多个随机对象，可能需要建立随机句柄数组。和整数数组不同，你需要在随机化前分配所有元素，因为随机求解器不会创建对象。如果使用动态数组，可以按照需要分配最大数量的元素，然后再使用约束减小数组的大小，如例 6.67 所示。随机化时，动态句柄数组的大小可以保持不变或减小，但不能增加。

【例 6.67】产生随机数组的元素

```
parameter MAX_SIZE = 10;

class RandStuff;
  rand bit [31:0] value;
endclass

class RandArray;
  rand RandStuff array[];                     // 不要忘记使用 rand!

  constraint c {array.size() inside {[1:MAX_SIZE]}; }

  function new();
    array = new[MAX_SIZE];                    // 按最大的容量分配
    foreach (array[i])
    array[i] = new();
  endfunction;
endclass

RandArray ra;
initial begin
  ra = new();                                 // 构造数组和所有对象
```

```
`SV_RAND_CHECK(ra.randomize());          // 随机化，可能会减小数组
foreach (ra.array[i])
    $display(ra.array[i].value);
end
```

以上代码适用于单个数组随机化。如果需要一次又一次地重复随机化同一数组，请在 pre_randomize 中分配该数组并构造元素。关于句柄数组的详细内容见 5.14.4 节。

6.14 产生原子激励和场景

到现在为止，你看到的都是原子随机事件。你已经学会了如何产生一个随机总线事务、一个网络包、一条处理器指令。这是一个很好的起点，但你的工作是验证设计是否能在现实世界的激励下工作。一条总线上可能会有很长的事务序列，例如，DMA 传输或填充缓存。网络流量可能包含一系列的包，因为用户可能会同时读取 E-mail、浏览网页、下载音乐。处理器可能会有很深的流水线，上面填充了子程序调用、for 循环和中断响应指令。每次只产生一个事务无法模拟出这些场景。

6.14.1 和历史相关的原子发生器

产生相关事务流的最简单办法是采用基于以前事务的随机值的原子发生器。这个类可以约束总线事务在 80% 的时间里重复过去的命令，例如写操作，并且在过去的目的地址上增加一个增量。你可以使用 post_randomize 函数复制产生的事务，用于下一次 randomize 调用。

这种方法适合小的应用，但当事先需要整个序列的信息时就无能为力了。例如，DUT 可能在验证开始前就需要知道网络事务的序列长度。

6.14.2 随机对象数组

如果想为一个复杂的、多层次的协议生成激励，你可以建立一个代码和随机对象数组的组合。UVM 和 VMM 都允许通过一组复杂的类和宏生成随机序列。本节展示了一个简化的随机序列。

产生随机序列的一种方法是随机化整个对象数组。你可以建立指向数组的前一个对象和后一个对象的约束，SystemVerilog 求解器会同时求解所有约束。由于整个序列同时产生，你可以在发送第一个事务前就知道所有数据的校验和、事务的总数等信息。也可以产生一个 DMA 传输序列，约束它的长度为 1024 字节，让求解器选择合适的事务个数来满足这个约束。

例 6.68 是一个简单的事务序列，每个事务的目标地址都大于之前的一个。例 6.68 基于例 6.61 所示的数组约束。

【例 6.68】具有升序值的简单随机序列

```
class Transaction;                        // 简单的事务
```

```
    rand bit [3:0] src,dst;
  endclass

class Transaction_seq;
  rand Transaction items[10];          // 事务句柄数组

  function new();                      // 构造序列 items
    foreach (items[i])
      items[i] = new();
  endfunction                          // new

  constraint c_ascend                  // 每一个 dst 地址都比前一个大
    { foreach (items[i])
      if (i > 0)
        items[i].dst > items[i-1].dst;

    }
endclass                               // Transaction_seq;

initial begin
    seq = new();                       // 构造序列
  `SV_RAND_CHECK(seq.randomize());  // 随机化
  foreach (seq.items[i])
    $display("item[%0d] = %0d", i, seq.items[i].dst);
End
```

6.14.3　组合序列

你可以把多个序列组合在一起，形成一个更实际的事务流。例如对于网络设备，你可以产生一个下载 E-mail 的序列、一个浏览网页的序列、一个向网页表单输入单个字符的序列。把这些序列组合起来的技术超出了本书的范围，你可以从 VMM 中了解更多这方面的知识，例如 Bergeron（2005）等书籍。

6.14.4　随机序列

编写随机约束很有挑战性，因为它们不像过程语句那样按顺序执行。另一种创建随机序列的方法是使用类似于 BNF（巴科斯 – 诺尔范式）的语法和随机权重的 case 语句。SystemVerilog 的 randsequence 结构集成了多种常见的算法代码，但仍然具有挑战性。

例 6.69 产生了 stream 序列，它可以是 cfg_read、io_read 或 mem_read。随机序列的引擎会随机地从三种操作中选取一种。cfg_read 的权重是 1，io_read 的权重是 2，所以被选中的概率是前者的一倍。mem_read 的权重是 5，被选中的概率最高。

【例 6.69】使用 randsequence 的命令发生器

```
initial begin
  for (int i = 0; i < 15; i++) begin
    randsequence (stream)
      stream : cfg_read := 1 |
               io_read  := 2 |
               mem_read := 5;
      cfg_read : { cfg_read_task(); } |
                 { cfg_read_task(); } cfg_read;
      mem_read : { mem_read_task(); } |
                 { mem_read_task(); } mem_read;
      io_read : { io_read_task(); } |
                { io_read_task(); } io_read;
    endsequence
  end // for
end

task cfg_read_task();
  ...
endtask
```

cfg_read 可以是对 cfg_read_task 任务的一次调用，也可以是在该任务调用后尾随一个 cfg_read。所以，cfg_read_task 任务至少会被调用一次，也可能被调用很多次。

randsequence 的一个优点是它是程序性的代码，在执行的过程中可以逐步调试，或增加 $display 语句。如果调用对象的 randomize 函数，要么成功，要么失败，你无法知道它执行的过程。

使用 randsequence 也会导致一些问题。产生序列的代码与序列使用的包含数据和约束的类是分开的，并且风格完全不同。所以如果同时使用 randomize 和 randsequence，必须处理好这两种不同形式的随机化。更严重的是，如果需要修改一个序列，例如，增加一个新的分支或动作，你可能需要修改序列的原始代码，而不能通过扩展序列来实现。第 8 章会讲到你可以通过扩展一个类来增加新的代码、数据和约束，而不需要修改原来的代码。

6.15 随机控制

你可能认为在设计里产生长的随机序列是一个好办法。但如果设计只是偶尔才需要随机决策，你就会认为这是一件很麻烦的事情。你可能更喜欢用程序性的语句，这样就可以使用调试工具逐条运行。

6.15.1　randcase 简介

你可以使用 randcase 在几个操作之间进行加权选择，无须创建类和实例。例 6.70 根据权重从三个分支中选择一个。SystemVerilog 将权重相加（1+8+1=10），在这个范围内选择一个值，然后选择适当的分支。分支不依赖于顺序，分支的权重可以是变量，分支的总和也不必达到 100%。6.10 小节介绍了 $urandom_range 函数。

【例 6.70】使用 randcase 和 $urandom_range 的随机控制

```
initial begin
  bit [15:0] len;
  randcase
    1: len = $urandom_range(0, 2); // 10%: 0, 1, or 2
    8: len = $urandom_range(3, 5); // 80%: 3, 4, or 5
    1: len = $urandom_range(6, 7); // 10%: 6 or 7
  endcase
  $display("len = %0d", len);
end
```

你可以用类和 randomize 函数编写例 6.70。对这个例子，例 6.71 中的 OOP 显得大材小用了。但如果这个例子是一个大类的一部分，用约束会比用 randcase 语句更简洁。

【例 6.71】等效的约束类

```
class LenDist;
  rand bit [15:0] len;
  constraint c {len dist {[0:2] := 1, [3:5] := 8, [6:7] := 1}; }
endclass

initial begin
  LenDist lenD;
  lenD = new();
  `SV_RAND_CHECK (lenD.randomize());
  $display("len=%0d", lenD.len);
end
```

使用 randcase 的代码比使用随机约束的代码更难修改和重载。修改随机结果的唯一方法是修改代码或使用权重变量。

要小心使用 randcase，因为它不会留下任何线索。例如，你可以用它来决定是否为一个事务注入错误，但问题是事务处理器和记分板需要知道这个决策。最好的办法是在环境或事务里用变量通知事务处理器和记分板。如果在这些类里使用这种变量，那就必须声明成随机变量，并使用约束在不同的测试里改变它。

6.15.2 用 randcase 建立决策树

你可以用 randcase 语句建立决策树。例 6.72 的代码只有两级，但可以很方便地扩展成多级。

【例 6.72】用 randcase 建立决策树

```
initial begin
  //Level 1
  randcase
    one_write_wt: do_one_write();
    one_read_wt: do_one_read();
    seq_write_wt: do_seq_write();
    seq_read_wt: do_seq_read();
  endcase
  end


//Level 2
task do_one_write();
  randcase
    mem_write_wt: do_mem_write();
    io_write_wt: do_io_write();
    cfg_write_wt: do_cfg_write();
  endcase
endtask

task do_one_read();
  randcase
    mem_read_wt: do_mem_read();
    io_read_wt: do_io_read();
    cfg_read_wt: do_cfg_read();
  endcase
endtask
```

6.16 随机数发生器

SystemVerilog 的随机性到底怎么样？一方面，测试平台需要不相关的随机值来产生不同于定向测试的随机激励。另一方面，即使设计或测试平台只做了微小的修改，或在调试特殊的测试时，都需要不断重复某个测试模式。

6.16.1 伪随机数发生器

Verilog 使用一种简单的 PRNG（伪随机数发生器），通过 $random 函数访问。这个发生器有一个内部状态，可以通过 $random 的种子来设置。所有和 IEEE-1364 标准兼容的 Verilog 仿真器都使用相同的算法来计算随机值。

例 6.73 是一个简单的 PRNG，它并不是 SystemVerilog 使用的 PRNG。这个 PRNG 有一个 32 位的内部状态。要计算下一个随机值，先计算状态的 64 位平方值，取中间的 32 位数值，再加上原来的 32 位数值。

【例 6.73】简单的伪随机数发生器

```
bit [31:0] state = 32'h12345678;
function bit [31:0] my_random();
  bit [63:0] s64;
  s64 = state * state;
  state = (s64 >> 16) + state;
  return state;
endfunction
```

你可以看到，这段简单的代码能产生看起来是随机的数据流，并且可以通过设置相同的种子来重复码流。SystemVerilog 通过调用自己的 PRNG 为 randomize 和 randcase 函数产生随机值。

6.16.2　随机稳定性：多个随机发生器

Verilog 在整个仿真过程中使用一个 PRNG。如果 SystemVerilog 也使用这种方案是否可行呢？测试平台通常会有几个激励发生器同时运行，为被测设计产生数据。如果两个码流共享一个 PRNG，它们获得的都是随机数的一个子集。

在图 6.3 中，有两个激励发生器和一个产生 a，b，c 等随机数的 PRNG。Gen2 有两个随机对象，所以在每个周期它使用的随机数的个数是 Gen1 的两倍。

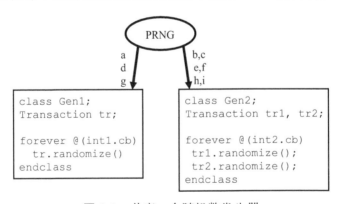

图 6.3　共享一个随机数发生器

当其中一个类改变时就可能出现问题，如图 6.4 所示。如果 Gen1 多取一个随机数，那么每个周期就需要两个随机数。Gen1 的修改不但影响了 Gen1 自己获取的随机数，也影响了 Gen2。

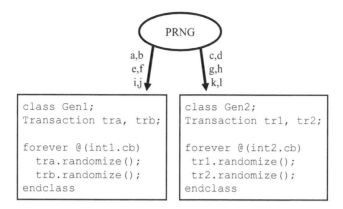

图 6.4 第一个激励发生器多取一个随机数

在 SystemVerilog 中，每个对象和线程都有一个独立的 PRNG。改变一个对象不会影响其他对象获得的随机数，如图 6.5 所示。

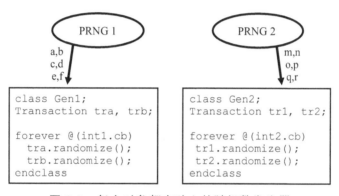

图 6.5 每个对象都有独立的随机数发生器

6.16.3 随机稳定性和层次化种子

SystemVerilog 的每个对象都有自己的 PRNG 和独立的种子。当启动一个新的对象或线程时，子 PRNG 的种子由父 PRNG 产生。所以在仿真开始时，一个种子可以产生多个随机激励流，它们之间是相互独立的。

调试测试平台时，我们会增加、删除或移动代码。即使具备随机稳定性，代码的变化也会使测试平台产生不同的随机数。调试 DUT 的故障时，测试平台却不能再现相同的激励，这是非常令人沮丧的。把新增加的对象和线程放在现有对象和线程之后，可以减少修改代码带来的影响。例 6.74 中的测试平台首先创建对象，然后在并行的线程运行它们。

【例 6.74】修改前的测试代码

```
function void build();
  pci_gen gen0, gen1;
  gen0 = new();
  gen1 = new();
```

```
fork
  gen0.run();
  gen1.run();
join
endfunction : build
```

例 6.75 增加了一个新的 ATM 发生器，并在新的线程里运行。新的对象在原来的对象之后创建，新的线程也是在原来的线程之后产生。

【例 6.75】修改后的测试代码

```
function void build();
  pci_gen gen0, gen1;
  atm_gen new_gen;                // 新的 ATM 发生器
  gen0 = new();
  gen1 = new();
  new_gen = new();                // 在已有的对象后创建新的对象

  fork
    gen0.run();
    gen1.run();
    new_gen.run();                // 在已有的线程后产生新的线程
  join
endfunction : build
```

虽然随着新代码的加入，随机码流无法和过去保持一致，但是可以减少这些改变带来的不良的副作用。

6.17　随机器件配置

测试 DUT 的一个重要工作是测试 DUT 内部设置和环绕 DUT 的系统配置。如 6.2.1 节所述，测试应该随机化环境，这样才能保证尽可能测试足够多的模式。

例 6.76 展示了在必要的时候，在测试级可以改变随机测试平台的配置。EthCfg 类定义了 4 端口以太网交换机的配置。它在环境类里例化，在测试时使用。在测试时修改了其中的一个配置值，打开了全部 4 个端口。

【例 6.76】以太网交换机配置类

```
class EthCfg;
  rand bit [ 3:0] in_use;         // 测试中使用的端口 :3,2,1,0
  rand bit [47:0] mac_addr[4];    //MAC 地址
```

```
  rand bit [ 3:0] is_100;              //100MB 模式，端口：3,2,1,0
  rand uint run_for_n_frames;          // 测试中的帧数


  // 在 unicast 模式设置某些地址位
  constraint local_unicast {
    foreach (mac_addr[i])
      mac_addr[i][41:40] == 2'b00;
    }


  constraint reasonable {                // 限制测试长度
    run_for_n_frames inside {[1:100]};
    }


endclass
```

在 Environment 类的不同阶段使用了配置类。配置类在 Environment 类的构造函数里创建，直到 gen_cfg 阶段才随机化，如例 6.77 所示。这就使得可以在调用 randomize 函数之前打开或关闭约束。然后，可以在 build 阶段前修改产生的配置，创建 DUT 周围的虚拟元件（例 6.77 没有给出 EthGen 和 EthMii 等类的代码）。

【例 6.77】使用随机配置建立环境

```
class Environment;

  EthCfg cfg;
  EthGen gen[4];
  EthMii drv[4];

  function new();
    cfg = new();                                          // 创建 cfg
  endfunction

  // 使用随机配置建立环境
  function void build();
    foreach (gen[i]) begin
      gen[i] = new();
      drv[i] = new();
      if (cfg.is_100[i]
        drv[i].set_speed(100);
      end
    endfunction


  function void gen_cfg();
```

第 6 章　随机化

```
    `SV_RAND_CHECK(cfg.randomize());          // 随机化 cfg
  endfunction

  task run();
    foreach (gen[i])
      if (cfg.in_use[i]) begin
        // 仅启动使用中的测试平台的事务处理器
        gen[i].run();
        ...
      end
  endtask

  task wrap_up();
    // 暂时还没有使用
  endtask
endclass : Environment
```

现在你已经有了建立测试所需的所有元件。例 6.78 中的测试例化了环境类，然后依次运行。

【例 6.78】使用随机配置的简单测试

```
program automatic test;

  Environment env;

  initial begin
    env = new();              // 创建环境
    env.gen_cfg();            // 建立随机配置
    env.build();              // 建立测试平台的环境
    env.run();                // 运行测试
    env.wrap_up();            // 整理并产生报告
  end
endprogram
```

你可能希望修改随机配置，以覆盖某个边界条件。例 6.79 的测试先随机化配置类，然后打开所有端口。

【例 6.79】修改随机配置的简单测试

```
program automatic test;
  Environment env;

  initial begin
    env = new();                    // 创建环境
```

196

```
    env.gen_cfg;                        // 建立随机配置

    // 修改随机值，打开 4 个端口
    env.cfg.in_use = '1;

    env.build();                        // 建立测试平台的环境
    env.run();                          // 运行测试
    env.wrap_up();                      // 整理并产生报告
  end
endprogram
```

注意：在例 6.77 中创建了所有发生器，但根据随机配置的结果只运行了少数几个。如果你只创建用到的发生器，必须在所有用到 gen[i] 的地方都先检测 in_use[i]，否则当测试平台访问到不存在的发生器时会崩溃。这些没有用到的发生器占用的内存对于建立一个稳定的测试平台而言是微不足道的。

6.18 小 结

受约束的随机测试是产生验证复杂设计所需激励的唯一可行的方法。System Verilog 提供了很多种产生随机激励的方法，本章展示了其中一些实现方法。

测试必须是灵活的，允许你既可以使用产生的缺省值，也可以约束或修改缺省值以实现最终目标。在建立测试平台前务必事先规划，留出足够的"钩子"，这样才能在不修改现有代码的情况下控制测试平台。

6.19 练 习

1. 为以下项目编写 System Verilog 代码。

（1）创建一个包含两个随机变量的类 Exercise1，8 位 data 和 4 位 address。创建一个将 address 保持为 3 或 4 的约束块。

（2）在 initial 块中，构造一个 Exercise1 对象并将其随机化。检查随机化的状态。

2. 在练习 1 的基础上，创建新的类 Exercise2，满足：

（1）data 总是等于 5。

（2）address == 0 的概率为 10%。

（3）address 在 [1:14] 之间的概率为 80%。

（4）address == 15 的概率为 10%。

3. 在练习 1 或练习 2 的基础上，生成 20 个新 data 和 address，并检查约束求解器是否正确。

4. 创建一个测试平台，将 Exercise2 类随机化 1000 次。

（1）计算每个 address 值出现的次数，并打印结果柱状图。你看到 10%、80%、10% 的精确分布吗？为什么或者为什么没有？

（2）使用 3 个不同的随机种子运行仿真器，创建直方图，然后对结果进行评论。下面是如何使用随机种子 42 运行仿真：

VCS: > simv +ntb_random_seed = 42

IUS: > irun exercise4.sv -svseed 42

Questa: > vsim -sv_seed 42

5. 对于例 6.4 中的代码，描述 len、dst 和 src 变量的约束。

6. 针对以下约束，完成表 6.9。

```
class MemTrans;
  rand bit x;
  rand bit [1:0] y;
  constraint c_xy {
    y inside { [x:3] };
    solve x before y;
  }
endclass
```

表 6.9　解的概率

解	x	y	概　率
A	0	0	
B	0	1	
C	0	2	
D	0	3	
E	1	0	
F	1	1	
G	1	2	
H	1	3	

7. 根据下面的要求编写代码：

（1）约束读事务的地址范围：0 ~ 7，包括 0 和 7。

（2）编写行为代码以关闭上述约束。构造一个具有内嵌约束的 MemTrans 对象并将其随机化，该约束将读取事务地址限制在 0 ~ 8（包括 0 和 8）的范围内。测试内嵌约束是否有效。

```
class MemTrans
  rand bit rw;   // rw = 0, 读操作; rw = 1, 写操作
  rand bit [7:0] data_in;
  rand bit [3:0] address;
endclass // MemTrans
```

8. 为 10x10 像素的图像创建一个类。每个像素的值可以随机化为黑色或白色。随机生成一个平均为 20% 白色的图像。打印图像并报告每种类型的像素个数。

9. 创建一个名为 StimData 的类，包含一个整数数组。随机化数组的大小和内容，将数组大小限制在 1 ~ 1000。通过生成 20 个事务并报告数组大小来测试约束。

10. 补充下面的 Transaction 类，使相同类型的背靠背事务具有不同的地址。通过生成 20 个事务来测试约束。

```
package my_package;

  typedef enum {READ, WRITE} rw_e;

  class Transaction;
    rw_e old_rw;
    rand rw_e rw;
    rand bit [31:0] addr, data;
    constraint rw_c{ if (old_rw == WRITE) rw != WRITE; };

    function void post_randomize;
      old_rw = rw;
    endfunction

    function void print_all;
      $display("addr = %d, data = %d, rw = %s",
               addr, data, rw);
    endfunction

  endclass

endpackage
```

11. 补充下面的 RandTransaction 类，使相同类型的背靠背事务具有不同的地址。通过生成 20 个事务来测试约束。

```
class Transaction;
  rand rw_e rw;
  rand bit [31:0] addr, data;
endclass

class RandTransaction;

  rand Transaction trans_array[];
```

```
    constraint rw_c { foreach (trans_array[i])
      if ((i > 0) && (trans_array[i-1].rw == WRITE))
        trans_array[i].rw != WRITE ;};


    function new();
      trans_array = new[TESTS];
      foreach (trans_array[i])
        trans_array[i] = new();
    endfunction

  endclass
```

第 7 章　线程以及线程间的通信

在实际硬件中，时序逻辑通过时钟沿来激活，组合逻辑的输出则随着输入的变化而变化。所有这些并发的活动在 Verilog 的寄存器传输级是通过 initial 和 always 块语句、实例化和连续赋值语句来模拟的。为了模拟和检验这些语句块，测试平台使用许多并发执行的线程。在测试平台环境中，大多数语句块被模拟成事务处理器，并运行在各自的线程里。

SystemVerilog 的调度器就像一个交通警察，总是不停地选择下一个要运行的线程。你可以用本章介绍的方法来控制线程，进而控制测试平台。

每个线程都会和相邻的线程通信。在图 7.1 中，发生器把激励传递给代理。环境类需要知道发生器什么时候完成任务，以便及时终止测试平台中还在运行的线程。这个过程需要借助线程间的通信（IPC）来完成。常见的线程间通信有标准的 Verilog 事件、事件控制、wait 语句、SystemVerilog 信箱和旗语等*。

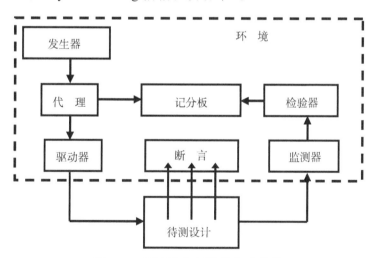

图 7.1　测试平台环境的组成模块

7.1　线程的使用

虽然所有线程结构都可以用在模块和程序块中，但实际上测试平台隶属于程序块。

---

* SystemVerilog 语言参考手册里的"线程（thread）"和"进程（process）"是可以互换的。"进程"一词容易与 Unix 进程联系在一起，每个进程都包含一个在自有存储空间里运行的程序。线程的量级比进程小，其代码和存储区可共享，而且消耗的资源比典型的进程小得多。本书使用"线程"一词。同时，由于"进程间（interprocess）通信"一词用得很普遍，所以本书的英文版也予以采用。但为了保持一致，中文版则全部使用"线程"一词，包括"线程间通信"。

结果就是你的代码总是以 initial 块启动，从时刻 0 开始执行。虽然 always 块不能被放在程序块中，但是，通过在 initial 块内引入 forever 循环可以轻松解决这个问题。

标准的 Verilog 对语句有两种分组方式——使用 begin...end 或 fork...join。begin...end 中的语句以顺序方式执行，而 fork...join 中的语句则以并发方式执行。后者的不足是必须等 fork...join 内的所有语句都执行完后才能继续块内后续的处理。因此，在 Verilog 的测试平台很少用到它。

SystemVerilog 引入了两种新的创建线程的方法——使用 fork...join_none 和 fork...join_any 语句，如图 7.2 所示。

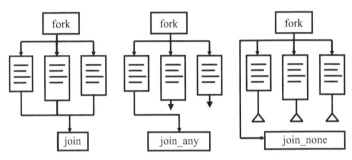

图 7.2　Fork...join 块

测试平台通过已有的结构如事件、@ 事件控制、wait 和 disable 语句，以及新的语言元素如旗语和信箱，实现线程间的通信、同步以及对线程的控制。

7.1.1　使用 fork...join 和 begin...end

例 7.1 中的 fork...join 并发块（见图 7.3）内嵌有 begin...end 顺序块，从而显示了两者的不同。

【例 7.1】fork...join 和 begin...end 的相互作用

```
initial begin
    $display("@%0t: start fork...join example", $time);
  #10 $display("@%0t: sequential after #10", $time);
  fork
      $display("@%0t: parallel start", $time);
    #50 $display("@%0t: parallel after #50", $time);
    #10 $display("@%0t: parallel after #10", $time);
    begin
      #30 $display("@%0t: sequential after #30", $time);
      #10 $display("@%0t: sequential after #10", $time);
    end
  join
  $display("@%0t: after join", $time);
  #80 $display("@%0t: finish after #80", $time);
end
```

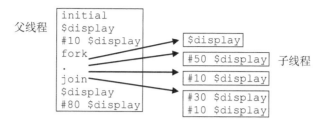

图 7.3 fork...join 块

注意在例 7.2 所示的输出中，fork...join 块里的代码都是并发执行的，所以带短时延的语句执行得比带长时延的语句早，fork...join 直到以 #50 开头的最后那条语句执行结束后才得以完成。

【例 7.2】begin...end 和 fork...join 的输出

```
@0: start fork...join example
@10: sequential after #10
@10: parallel start
@20: parallel after #10
@40: sequential after #30
@50: sequential after #10
@60: parallel after #50
@60: after join
@140: finish after #80
```

7.1.2 使用 fork...join_none 产生线程

fork...join_none 块在调度其块内语句时，父线程继续执行。例 7.3 的代码和例 7.1 相比，除了 join 被换成 join_none 以外，其余均相同。

【例 7.3】fork...join_none 代码

```
initial begin
  $display("@%0t: start fork...join_none example", $time);
  #10 $display("@%0t: sequential after #10", $time);
  fork
      $display("@%0t: parallel start", $time);
   #50 $display("@%0t: parallel after #50", $time);
   #10 $display("@%0t: parallel after #10", $time);
   begin
     #30 $display("@%0t: sequential after #30", $time);
     #10 $display("@%0t: sequential after #10", $time);
   end
  join_none
  $display("@%0t: after join_none", $time);
```

```
#80 $display("@%0t: finish after #80", $time);
end
```

这个块相应的框图类似于图 7.3。注意例 7.4 中 join_none 块后的语句执行早于 fork...join_none 内的任何语句。

【例 7.4】 fork...join_none 的输出

```
@0: start fork...join_none example
@10: sequential after #10
@10: after join_none
@10: parallel start
@20: parallel after #10
@40: sequential after #30
@50: sequential after #10
@60: parallel after #50
@90: finish after #80
```

7.1.3　使用 fork...join_any 实现线程同步

fork...join_any 块对块内语句进行调度，第一个语句完成后，父线程才继续执行，其他停顿的线程也得以继续。例 7.5 的代码与之前的例子相比，唯一的不同就是把 join 换成了 join_any。

【例 7.5】 fork...join_any 代码

```
initial begin
    $display("@%0t: start fork...join_any example", $time);
    #10 $display("@%0t: sequential after #10", $time);
    fork
        $display("@%0t: parallel start", $time);
      #50 $display("@%0t: parallel after #50", $time);
      #10 $display("@%0t: parallel after #10", $time);
      begin
        #30 $display("@%0t: sequential after #30", $time);
        #10 $display("@%0t: sequential after #10", $time);
      end
    join_any
    $display("@%0t: after join_any", $time);
    #80 $display("@%0t: finish after #80", $time);
end
```

注意在例 7.6 中，语句 $display("after join_any") 完成于并发块的第一个语句之后。

【例 7.6】fork...join_any 的输出

```
@0: start fork...join_any example
@10: sequential after #10
@10: parallel start
@10: after join_any
@20: parallel after #10
@40: sequential after #30
@50: sequential after #10
@60: parallel after #50
@90: finish after #80
```

7.1.4　在类中创建线程

使用 fork...join_none 可以开启一个线程，比如随机事务发生器的代码。例 7.7 示范了使用任务 run 创建 N 个数据包的发生器 / 驱动器类。完整的测试平台还包括用于驱动、监测、检验以及其他操作的类，所有类都带有并发运行的事务处理器。

【例 7.7】带有任务 run 的发生器 / 驱动器类

```
class Gen_drive;

  // 创建 N 个数据包的事务处理器
  task run(input int n);
    Packet p;

    fork
      repeat (n) begin
        p = new();
        `SV_RAND_CHECK(p.randomize());
        transmit(p);
      end
    join_none    // 使用 fork-join_none 以使 run() 不发生阻塞
  endtask

  task transmit(input Packet p);
  ...
  endtask
endclass

Gen_drive gen;

initial begin
```

```
gen = new();
gen.run(10);
// 启动检验、监测和其他线程
...
end
```

　例 7.7 中有几点需要注意。首先，事务处理器并不是在 new() 函数里
启动的。构造函数只用来对数值进行初始化，并不启动任何线程。把构造
函数同真正进行事务处理的代码分开，允许你在开始执行事务处理代码之
前修改任何变量。这样，你就可以引入错误检测、修改缺省值，或者变更
代码的行为。其次，任务 run 通过 fork...join_none 块启动一个线程，这个线程是
事务处理器的一部分。该线程不应该在父类中启动，应该在 run 任务里产生。

7.1.5　动态线程

在 Verilog 中，线程是可预知的。你可以通过统计源代码中 initial、always 和
fork...join 块的数量来确定一个模块中有多少线程。而在 SystemVerilog 中，你可以
动态地创建线程，而且不用等到它们都执行完毕。

在例 7.8 中，测试平台产生随机事务并把它们发送至被测设计中，被测设计把事务
存放预定的一段时间后再把事务返回。测试平台必须等待事务完成，同时又不希望停止
随机数据的产生。

【例 7.8】创建动态线程

```
program automatic test(bus_ifc.TB bus);
    // 这里省略描述接口的代码
    task check_trans(input Transaction tr);
        fork
            begin
            wait (bus.cb.data == tr.data);
            $display("@%0t: data match %d", $time, tr.data);
            end
        join_none                               // 创建线程，不阻塞
    endtask

    Transaction tr;

    initial begin
        repeat (10) begin
            tr = new();                          // 创建一个随机事务
            `SV_RAND_CHECK(tr.randomize());
            transmit(tr);                        // 把事务发送到被测设计中
```

```
            check_trans(tr);                        // 等待被测设计的回复
        end
        #100;                                       // 等待事务的最终完成
    end
endprogram
```

当任务 check_trans 被调用时，它将产生一个线程用来检测总线以获取匹配的事务数据。在常规的仿真中，有很多这样的线程在同时运行。在这个简单的例子中，所用的线程仅仅打印出一个信息，实际上你可以加入更多精细的控制。

7.1.6 线程中的自动变量

 当使用循环来创建线程时，如果在进入下一轮循环前没有保存变量值，便会碰到一个常见却又难以被发现的漏洞。例 7.8 只适用于带自动存储的程序（program）或模块（module）。如果 check_trans 使用的是静态存储，那么每个线程将会共享相同的变量 tr，这样会导致后面的调用覆盖前面调用的值。类似地，如果在例子中的 repeat 循环里使用 fork...join_none，那么程序将会试图使用 tr 来匹配即将到来的事务，但是 tr 的值会在下一次循环中改变。所以在并发线程中务必使用自动变量来保存数值。

例 7.9 在 for 循环中使用了 fork...join_none。SystemVerilog 首先对 fork...join_none 里的线程进行调度，由于 #0 时延的存在，这些线程要在原始代码块之后执行。所以例 7.9 打印出来的是 "3 3 3"，即循环终止时索引变量 j 的值。

【例 7.9】不良代码：在循环中内嵌 fork...join_none

```
program no_auto;
    initial begin
        for (int j = 0; j < 3; j++)
            fork
                $write(j);        // 漏洞：打印最终的索引值
            join_none
        #0 $display;
    end
endprogram
```

#0 时延阻塞了当前线程，并且把它重新调度到当前时间片之后启动。在例 7.10 中，时延使得当前线程必须等到所有在 fork...join_none 语句中产生的线程执行完以后才得以运行。这种时延在阻塞线程上很有用，但务必小心，因为过分使用时延会导致竞争和难以预料的结果。

【例 7.10】在循环中内嵌 fork...join_none 不良代码的执行过程

j 语句   备注

```
0  for (j = 0; ...
0  产生线程 $write(j) [线程 0]
1    j++                       j = 1
1  产生线程 $write(j) [线程 1]
2    j++                       j = 2
2  产生线程 $write(j) [线程 2]
3    j++                       j = 3
3  join_none
3  #0                          $display 前的延时
3  $write(j)                   [线程 0: j =3 ]
3  $write(j)                   [线程 1: j = 3]
3  $write(j)                   [线程 2: j = 3]
3  $display;
```

如例 7.11 所示，应该在 fork...join_none 语句中使用自动变量来保存变量的拷贝。

【例 7.11】fork...join_none 里的自动变量

```
initial begin
  for (int j = 0; j < 3; j++)
    fork
      automatic int k = j;            // 创建索引的拷贝
      begin
        $write(k);                    // 打印拷贝值
      end
    join_none
  #0 $display;
end
```

fork...join_none 块被分割成两个部分，变量的声明和程序代码。带初始化的自动（automatic）变量声明在 for 循环的线程中运行。在每轮循环中，创建索引 k 的一个拷贝并将其设置为 j 的当前值，然后 fork...join_none（$write）被调度，包括 k 的拷贝。循环完成后，#0 时延阻塞了当前线程，因此三个线程一起运行，打印出各自的拷贝值 k。线程运行完毕后，在当前时间片已经没有其他事件残留，这时 System Verilog 会前进到下一个语句执行 $display。

例 7.12 追踪了例 7.11 中的代码和变量。本例中自动变量 k 的三个拷贝分别称为 k0、k1 和 k2。

【例 7.12】自动变量代码的执行步骤

```
j  k0  k1  k2        语句
0                     for (j = 0; ...
0  0                  创建 k0, 产生线程 $write(k) [线程 0]
1  0                  j++
```

```
1   0   1                 创建 k1, 产生线程 $write(k) [线程 1]
2   0   1                 j++
2   0   1   2             创建 k2, 产生线程 $write(k) [线程 2]
3   0   1   2             j < 3
3   0   1   2             join_none
3   0   1   2             #0
3   0   1   2             $write(k0) [线程 0]
3   0   1   2             $write(k1) [线程 1]
3   0   1   2             $write(k2) [线程 2]
3   0   1   2             $display;
```

例 7.11 的另一种写法是在 fork...join_none 外部声明自动变量。例 7.13 适合在带自动存储的程序内部使用。

【例 7.13】fork...join_none 内的自动变量

```
program automatic bug_free;
  initial begin
    for (int j = 0; j < 3; j++) begin
      automatic int k = j;    // 拷贝索引
      fork
        begin
          $write(k);          // 打印拷贝
        end
      join_none
    end
    #0 $display;              // 所有线程结束后另起一行
  end
endprogram
```

7.1.7 等待所有衍生线程

在 SystemVerilog 中,当程序中的 initial 块全部执行完毕,仿真器就退出了。例 7.14 示范了如何生成多个线程,有些线程运行时间比较长,可以用 wait fork 语句等待所有子线程结束。

【例 7.14】使用 wait fork 等待所有子线程结束

```
task run_threads();
  ...                          // 创建一些事务
  fork
    check_trans(tr1);          // 产生第一个线程
    check_trans(tr2);          // 产生第二个线程
    check_trans(tr3);          // 产生第三个线程
  join_none
```

209

```
    ...                                    // 完成其他工作
    // 在这里等待上述线程结束
    wait fork;
  endtask
```

7.1.8　在线程间共享变量

在一个类内部的子程序里，可以使用局部变量、类变量或者在程序中定义的变量。如果你忘记声明某个变量，SystemVerilog 会到更高层的作用范围里寻找，直至找到匹配的声明。如果两部分代码无意间共享了同一变量，会导致难以发现的漏洞，而漏洞的原因往往是你忘了最内层的声明。

例如，如果你喜欢使用索引变量 i，那么在你的测试平台中一定要注意，避免两个使用 i 的 for 循环线程在同一时间修改变量 i，或者如例 7.15 所示，忘了在类 Buggy 中声明局部变量 i。如果你的程序块声明了一个全局的 i，那么 Buggy 类就会使用全局变量来替代你原本期望的局部变量。只要不出现两部分程序同时试图修改共享变量，你可能不会注意到这个问题。

【例 7.15】使用共享程序变量导致的漏洞

```
program automatic bug;

  class Buggy;
    int data[10];
    task transmit();
      fork
        for (i = 0; i < 10; i++)            //i 在这里并没有声明
          send(data[i]);
      join_none
    endtask
  endclass

  int i;                                    // 共享的程序级变量 i
  Buggy b;
  event receive;

  initial begin
    b = new();
    for (i = 0; i < 10; i++)                //i 在这里没有声明
      b.data[i] = i;
    b.transmit();
```

```
        for (i = 0; i < 10; i++)                //i 在这里没有声明
          @(receive) $display(b.data[i]);
      end
    endprogram
```

解决的办法是，在包含所有变量使用的最小范围内声明所有变量。在例 7.15 中，对索引变量的声明应该放在 for 循环内部而不是在程序或整个作用域的层次上。更好一点的做法是，尽可能使用 foreach 语句。

7.2 停止线程

正如你需要在测试平台创建线程，你也有可能需要停止线程。Verilog 中的 disable 语句可以用于停止 SystemVerilog 中的线程。以下各节介绍如何异步禁用线程。这可能会导致意外的行为，所以当线程中途停止时，应该注意中止线程的副作用。另一个办法是设计一种算法，在特定的时间点检查中断，然后合理地放弃资源。

7.2.1 停止单个线程

例 7.16 同样是 check_trans 任务，不过这次使用 fork...join_any 加上 disable 来创建对超时的观测。在这个例子里，通过禁止一个标签块可以精确指定需要停止的块。

最外层的 fork...join_none 和例 7.8 一模一样。两个例子不同的是，这里的 fork...join_any 包含了两个线程，一个是简单的 wait，另一个是带时延的 $display，两个线程并发执行。如果正确的总线数据来得足够早，则 wait 结构先完成，fork...join_any 得以执行，之后的 disable 结束剩余的线程。但是，如果在 TIME_OUT 时延完成前总线数据没有得到正确值，那么错误警告的信息就会被打印出来，join_any 被执行，之后的 disable 将结束 wait 线程。

【例 7.16】停止一个线程

```
parameter TIME_OUT = 1000ns;

task check_trans(input Transaction tr);
  fork

    begin
      // 等待回应，或者达到某个最大时延
      fork : timeout_block
        begin
          wait (bus.cb.data == tr.data);
          $display("@%0t: data match %d", $time, tr.data);
        end
```

```
        #TIME_OUT $display("@%0t: Error: timeout", $time);
    join_any
    disable timeout_block;
  end


  join_none                    // 产生线程，无阻塞
endtask
```

 要当心可能会无意中使用 disable 导致停止了太多线程。disable 语句停止指定块所有进程的执行，可能会出现多个驱动器或监视器被关闭的情况。如果代码只有一个实例，disable 标签是停止线程的安全方法。

7.2.2　停止多个线程

例 7.16 使用典型的 Verilog 语句 disable 来停止一个指定块中的所有线程。SystemVerilog 引入 disable fork 语句，使你能够停止从当前线程中衍生出来的所有子线程。

 需要小心的是，你可能会无意识地用 disable fork 语句停止过多的线程，例如，周边任务调用中创建的线程。应该使用 fork...join 把目标代码包围起来以限制 disable fork 语句的作用范围。

下面几个例子使用的仍然是例 7.16 中的 check_trans 任务。你可以把这个任务看成和执行一个 #TIME_OUT 一样。例 7.17 在 fork...join 中增加一个 begin...end 块，使得其中的语句变成顺序执行。

【例 7.17】限制 disable fork 的作用范围

```
initial begin
  check_trans(tr0);                        // 线程 0
  // 创建一个线程来限制 disable fork 的作用范围
  fork                                     // 线程 1
    begin
      check_trans(tr1);                    // 线程 2
      fork                                 // 线程 3
        check_trans(tr2);                  // 线程 4
      join

      // 停止线程 2 ~ 4，单独保留线程 0
      #(TIME_OUT/10) disable fork;
    end
  join
end
```

图 7.4 显示了线程的执行顺序。

图 7.4 fork...join 方框图

代码调用 check_trans 启动线程 0。接着用 fork...join 创建线程 1。在线程 1 中，check_trans 任务产生一个新线程，最里层的 fork...join 也产生一个线程，后者通过调用任务又产生了线程 4。在一段时延之后，disable fork 停止线程 1 及其所有子线程 2 ~ 4。线程 0 在带有 disable 的 fork...join 块之外，所以不受影响。

例 7.18 是例 7.17 的一个更稳健的版本，使用带标签的 disable，该标签明确指定了希望停止的线程名称。

【例 7.18】使用带标签的 disable 停止线程

```
initial begin
  check_trans(tr0);                    //线程 0
  fork                                 //线程 1
    begin : threads_inner
      check_trans(tr1);                // 线程 2
      check_trans(tr2);                // 线程 3
    end

    // 停止线程 2 和线程 3，单独保留线程 0
    #(TIME_OUT/10) disable threads_inner;
  join
end
```

7.2.3 禁止被多次调用的任务

当你从某个块内部禁止该块时一定要小心——你停止的可能会比预期的多。按照预期，如果你在某个任务内部禁止该任务，就像是任务的返回语句，但是也会停止所有由该任务启动的线程。另外，一个 disable 标签语句将终止所有使用这段代码的线程，不仅仅当前线程。

在例 7.19 中，任务 wait_for_time_out 被调用了三次，从而产生了三个线程。线程 0 在 #2ns 延时后禁止了该任务。只要运行这段代码，就可以看到三个线程都启动了，但是这些线程最终都没有完成。这是因为线程 0 中的 disable 语句将三个线程都停止了，而不仅仅是一个线程。如果这个任务位于多次实例化的驱动器类中，则其中的 disable 标签语句将停止所有块。

【例 7.19】使用 disable 标签来停止一个任务

```
task wait_for_time_out(input int id);
  if (id == 0)
    fork
      begin
        #2ns;
        $display("@%0t: disable wait_for_time_out", $time);
        disable wait_for_time_out;
      end
    join_none

  fork : just_a_little
    begin
      $display("@%0t: %m: %0d entering thread", $time, id);
      #TIME_OUT;
      $display("@%0t: %m: %0d done", $time, id);
    end
  join_none
endtask

initial begin
  wait_for_time_out(0);              // 产生线程 0
  wait_for_time_out(1);              // 产生线程 1
  wait_for_time_out(2);              // 产生线程 2
  #(TIME_OUT*2) $display("@%0t: All done", $time);
end
```

7.3 线程间的通信

测试平台中的所有线程都需要同步并交换数据。在最基本的层面，一个线程等待另一个，例如，环境对象要等待发生器执行完毕。多个线程可能会同时访问同一资源，例如被测设计中的总线，所以测试程序需要确保有且仅有一个线程被许可访问。在最高的层面，线程需要彼此交换数据，例如，从发生器传递给代理的事务对象。所有数据交换和控制的同步被称为线程间的通信（Inter-Process Communication，IPC），在 SystemVerilog 中可使用事件、旗语和信箱来完成。本章的剩余部分将阐述这方面的内容。

IPC 通常由三部分组成：创建信息的生产者、接收信息的消费者和传递信息的渠道。生产者和消费者处于不同的线程。

7.4 事 件

Verilog 事件可以实现线程同步。就像打电话时一个人等待另一个人的呼叫，在 Verilog 中，一个线程总是等待一个带 @ 操作符的事件。这个操作符是边沿敏感的，所以它总是阻塞着，等待事件的变化。其他线程可以通过 -> 操作符触发事件，解除对第一个线程的阻塞。

SystemVerilog 从几个方面对 Verilog 事件做了增强。事件成为同步对象的句柄，可以传递给子程序。这个特点允许你在对象间共享事件，不用把事件定义成全局的。最常见的方式是把事件传递到一个对象的构造器中。

在 Verilog 中，当一个线程在一个事件上发生阻塞，正好同时另一个线程触发了这个事件，则竞争的可能性便出现了。如果触发线程先于阻塞线程执行，则触发无效。SystemVerilog 引入 triggered 状态，用于查询某个事件是否已被触发，包括当前时刻。线程可以等待这个函数的结果，不用在 @ 操作符上阻塞。

7.4.1 在事件边沿阻塞

运行例 7.20 中的代码时，第一个初始化块启动，触发 e1 事件，然后阻塞在另一个事件上，如例 7.21 所示。第二个初始化块启动，触发 e2 事件（唤醒第一个块），然后阻塞在第一个事件上。但是，因为第一个事件是一个零宽度的脉冲，所以第二个线程会因为错过第一个事件而被锁住。

【例 7.20】Verilog 中在一个事件上阻塞

```
event e1, e2;
initial begin
  $display("@%0t: 1: before trigger", $time);
  -> e1;
  @e2;
  $display("@%0t: 1: after trigger", $time);
end

initial begin
  $display("@%0t: 2: before trigger", $time);
  -> e2;
  @e1;
  $display("@%0t: 2: after trigger", $time);
end
```

【例 7.21】在一个事件上阻塞以后的输出

```
@0: 1: before trigger
@0: 2: before trigger
@0: 1: after trigger
```

7.4.2　等待事件的触发

可以使用电平敏感的 wait(e1.triggered) 替代边沿敏感的阻塞语句 @e1。如果事件在当前时间已经被触发，则不会引起阻塞。否则，会一直等到事件被触发，如例 7.22 所示。

【例 7.22】等待事件

```
event e1, e2;

initial begin
  $display("@%0t: 1: before trigger", $time);
  -> e1;
  wait (e2.triggered);
  $display("@%0t: 1: after trigger", $time);
end

initial begin
  $display("@%0t: 2: before trigger", $time);
  -> e2;
  wait (e1.triggered);
  $display("@%0t: 2: after trigger", $time);
end
```

运行例 7.22 的代码时，第一个初始化块启动，触发 e1 事件，然后阻塞在另外一个事件上。第二个初始化块启动，触发 e2 事件（唤醒第一个块），然后阻塞在第一个事件上，从而得到例 7.23 所示的输出。

【例 7.23】等待事件时的输出

```
@0: 1: before trigger
@0: 2: before trigger
@0: 2: after trigger
@0: 1: after trigger
```

上述几个例子都存在竞争的条件，它们在不同仿真器上的执行结果可能并不完全一致。比如，例 7.23 的输出是假定当第二个块触发 e2 后，程序的执行跳回到第一个块上。而下面的假定同样也是合理的：第二个块触发 e2 后，开始等待 e1，接着打印出一个信息以后，控制权才回到第一个块上。

7.4.3　在循环中使用事件

你可以使用事件来实现两个线程的同步，但是务必小心。

如果你在循环中使用 wait(handshake.triggered)，一定要确保在下次等待之前时间可以向前推进。否则代码将进入一个零时延循环，

原因是 wait 会在单个事件触发器上反复执行。例 7.24 不当地使用了一个电平敏感的阻塞语句来等待一个事务准备好。

【例 7.24】等待事件导致零时延循环

```
forever begin
  // 这是一个零时延循环!
  wait(handshake.triggered);
  $display("Received next event");
  process_in_zero_time();
end
```

正如你学过应该把时延放到 always 块内一样,你需要把时延放到一个事件处理循环当中去。例 7.25 中边沿敏感的时延语句在每次事件触发时都会执行并且只执行一次。

【例 7.25】等待事件的边沿

```
forever begin
  // 这里避免了零时延循环!
  @handshake;
  $display("Received next event");
  process_in_zero_time();
end
```

如果需要在同一时刻发送多个通告,那就不应该使用事件,应该使用其他内嵌排队机制的线程通信(IPC)方法,如旗语和信箱,这也是本章后续要讨论的内容。

7.4.4　传递事件

如前所述,SystemVerilog 中的事件可以像参数一样传递给子程序。在例 7.26 中,一个事件被事务处理器用来作为其执行完毕的标识信号。

【例 7.26】把事件传递给构造器

```
Program automatic test;
class Generator;
  event done;
  function new (input event done);          // 从测试平台传来事件
    this.done = done;
  endfunction

  task run();
    fork
      begin
        ...                                  // 创建事务
        -> done;                             // 告知测试程序任务已完成
```

```
          end
      join_none
    endtask
  endclass

    event gen_done;
    Generator gen;

    initial begin
      gen = new(gen_done);                    // 测试程序实例化
      gen.run();                              // 运行事务处理器
      wait(gen_done.triggered);               // 等待任务结束
    end
  endprogram
```

7.4.5　等待多个事件

在例 7.26 中，只有单个发生器释放出单个事件。如果你的测试环境类必须等待多个子线程完成，比如有 N 个发生器，最容易的办法是使用 wait fork 来等待所有子线程结束。问题在于，也要等待所有事务处理器、驱动器以及在测试环境中衍生出来的其他线程。因此，你需要有更好的选择。与此同时，你还想使用事件来同步父线程和子线程。

你可以在父线程中用 for 循环来等待每个事件，但仅适用于所有线程按顺序完成的情况，即线程 0 在线程 1 之前完成，线程 1 在线程 2 之前完成，依此类推。如果线程不按顺序完成，那么可能需要一直等待某个实际上已经在数个周期前触发的事件。

对此，解决的办法是创建一个新线程并从中衍生子线程，然后保证每个线程阻塞在每个发生器的一个事件上，如例 7.27 所示。这样你就有了更好的选择，也就能使用 wait fork 了。

【例 7.27】使用 wait fork 等待多个线程

```
event done[N_GENERATORS];

initial begin
  foreach (gen[i]) begin
    gen[i] = new(done[i]);                    // 创建 N 个发生器
    gen[i].run();                             // 发生器开始运行
  end

  // 通过等待每个事件来等待所有发生器完成
  foreach (gen[i])
    fork
      automatic int k = i;
```

```
    wait (done[k].triggered);
  join_none

  wait fork;                                      // 等待所有触发事件完成
end
```

另一种解决问题的办法是记录下已触发事件的数目，如例 7.28 所示。

【例 7.28】通过对触发事件进行计数来等待多个线程

```
event done[N_GENERATORS];
int done_count;

initial begin
  foreach (gen[i]) begin
    gen[i] = new(done[i]);                    // 创建 N 个发生器
    gen[i].run();                             // 发生器开始运行
  end

  // 等待所有发生器完成
  foreach (gen[i])
    fork
      automatic int k = i;
      begin
        wait (done[k].triggered);
        done_count++;
      end
    join_none
  wait (done_count == N_GENERATORS);          // 等待触发
end
```

这样做使复杂度稍微降低了一点。为什么不摆脱所有事件而仅对运行的发生器进行计数呢？这个计数值可以是 Generator 类中的一个静态变量。注意线程的大部分操作代码已经被单个 wait 结构所替代。例 7.29 中的最后一个块使用类作用域分辨操作符 :: 来等待计数完成。你可能已经使用过诸如 gen[0] 这样的句柄，但那样做实际上不够直接。

【例 7.29】使用线程计数来等待多个线程

```
class Generator;
  static int thread_count = 0;

  task run();
    thread_count++;                           // 启动另一个线程
    fork
```

```
        begin
          // 这里省略实际工作的代码
          // 当工作完成时，对线程数目减计数
          thread_count--;
        end
      join_none
    endtask
endclass

Generator gen[N_GENERATORS];

initial begin
  // 创建 N 个发生器
  foreach (gen[i])
    gen[i] = new();

  // 发生器开始运行
  foreach (gen[i])
    gen[i].run();

  // 等待所有发生器结束
  wait (Generator::thread_count == 0);
end
```

7.5　旗　语

　　使用旗语可以实现对同一资源的访问控制。想象一下你和爱人共享一辆汽车的情形。显然，每次只能有一个人可以开车。为应对这种情况，可以约定谁持有钥匙谁开车。当你用完车以后，会让出车子以便另一个人可以使用它。车钥匙就是旗语，它确保了只有一个人可以使用汽车。在操作系统的术语里，这就是大家熟知的"互斥访问"，所以旗语可被视为一个互斥体，用于实现对同一资源的访问控制。

　　当测试平台中存在一个资源，如一条总线，对应多个请求方，而实际物理设计中又只允许单一驱动时，便可使用旗语。在 SystemVerilog 中，一个线程如果请求"钥匙"而得不到，则会一直阻塞。多个阻塞的线程会以先进先出（FIFO）的方式排队。

7.5.1　旗语的操作

　　旗语有三种基本操作。使用 new 方法可以创建一个带单个或多个钥匙的旗语，使用阻塞任务 get() 可以获取一个或多个钥匙，而 put() 则可以归还一个或多个钥匙。如果你试图获取一个旗语而希望不被阻塞，可以使用 try_get() 函数。如果有可用的钥匙，

try-get()函数获取钥匙并返回 1；如果没有足够的钥匙，则直接返回 0。例 7.30 展示了如何通过旗语控制对资源的访问。

【例 7.30】用旗语实现对硬件资源的访问控制

```
program automatic test(bus_ifc.TB bus);
  semaphore sem;                           // 创建一个旗语
  initial begin
    sem = new(1);                          // 分配 1 个钥匙
    fork
      sequencer();                         // 产生两个总线事务线程
      sequencer();
    join
  end

  task sequencer();
    repeat($urandom()%10)                  // 随机等待 0-9 个周期
      @bus.cb;
    sendTrans();                           // 执行事务
  endtask

  task sendTrans();
    sem.get(1);                            // 获取总线钥匙
    @bus.cb;                               // 把信号驱动到总线上
    bus.cb.addr <= t.addr;
    ...
    sem.put(1);                            // 处理完成时把钥匙返回
  endtask
endprogram
```

7.5.2 带多个钥匙的旗语

使用旗语时有两个地方需要小心。第一，返回的钥匙可以比取出来得多。你可能会突然间有两把钥匙而实际上只有一辆汽车。第二，当测试程序需要获取和返回多个钥匙时，务必谨慎。假设你剩下一把钥匙，有一个线程请求两把钥匙而被阻塞。这时第二个线程出现，它只请求一把钥匙，那么会有什么样的结果呢？在 SystemVerilog 中，第二个请求 get(1) 会悄悄地排到第一个请求 get(2) 的前面，先进先出的规则在这里会被忽略。

如果有多个大小不同的请求混在一起，你可以自己编写一个类。这样你对于谁取得优先权会比较清楚。

7.6　信　箱

如何在两个线程之间传递信息呢？考虑发生器需要创建很多事务并传递给驱动器的情况。你可能会认为仅仅使用发生器线程去调用驱动器中的任务就可以了。但如果这样做，发生器需要知道到达驱动器任务的层次化路径，这会降低代码的可重用性。此外，这种代码风格还会迫使发生器与驱动器以同一速率运行，在一个发生器需要控制多个驱动器时引发同步问题。

把发生器和驱动器想象成具有自治能力的事务处理器对象，它们通过信道交换数据。每个对象从它的上游对象中得到事务（如果对象本身是发生器，则创建事务），进行一些处理，然后把它们传递给下游对象。这里的信道必须允许驱动器和接收器异步操作。你可能倾向于仅仅使用一个共享的数组或队列，但这样一来就难以产生能够安全读写和阻塞的线程。

解决的办法是使用 SystemVerilog 中的信箱。从硬件角度出发，对信箱最简单的理解是把它看成一个具有源端和收端的 FIFO。源端把数据放进信箱，收端则从信箱中获取数据。信箱可以有容量上的限制，也可以没有。当源端线程试图向一个容量固定并且已经饱和的信箱里放入数据时，会发生阻塞直到信箱里的数据被移走。同样地，如果收端线程试图从一个空信箱里移走数据，它也会被阻塞直到有数据放入信箱里。

图 7.5 所示为一个连接发生器和驱动器的信箱。

图 7.5　连接两个事务处理器的信箱

信箱是一种对象，必须调用 new 函数来进行实例化。实例化时有一个可选的参数 size，用来限制信箱中的条目。如果 size 是 0 或者没有指定，则信箱是无限大的，可以容纳任意多的条目。

使用 put() 任务可以把数据放入信箱里，而使用阻塞性的 get() 任务则可以移除数据。如果信箱为满，则 put() 会阻塞；而如果信箱为空，则 get() 会阻塞。如果想看看信箱是否已满，使用 try_put()。如果想看看信箱是否已空，使用 try_get()。peek() 任务可以对信箱里的数据进行拷贝而不移除它。

这里说的数据是单个的值，例如一个整数、任意宽度的 logic 或句柄。信箱中不允许放入对象，只允许引用对象。缺省情况下，信箱没有类型，所以允许在其中放入任何混合类型的数据。但不要这样做！建议使用例 7.31 所示的参数化邮箱，每个邮箱强制使用一种数据类型，以便在编译时发现类型不匹配的错误。

【例 7.31】信箱的声明

```
mailbox #(Transaction) mbx_tr;          // 参数化信箱：建议的方式
mailbox mbx_untyped;                     // 不专业：不建议
```

　　　如例 7.32 所示，一个典型的漏洞是在循环外面构造一个对象，然后使用循环对对象进行随机化并把它们放到信箱里。因为实际上只有一个对象，它被一次又一次地随机化。

【例 7.32】只创建一个对象的错误的发生器

```
task generator_bad(input int n,
                   input mailbox #(Transaction) mbx);
  Transaction tr;
  tr = new();                                     // 只创建一个事务
  repeat (n) begin
    `SV_RAND_CHECK(tr.randomize());
    $display("GEN: Sending addr = %h", tr.addr);
    mbx.put(tr);                                  // 把事务发送给驱动器
  end
endtask
```

图 7.6 显示了所有指向同一个对象的句柄。信箱里保存的只是句柄而非对象，所以你最终得到的是一个含有多个句柄的信箱，所有句柄都指向同一个对象。从信箱里获取句柄的代码实际上只能见到最后一组随机值。

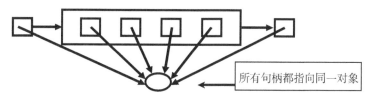

所有句柄都指向同一对象

图 7.6　一个信箱带有多个指向同一对象的句柄

解决的办法如例 7.33 所示，就是确保每个循环都包含三个完整的步骤构造对象、把对象随机化并放入信箱。这个漏洞比较常见。

【例 7.33】创建多个对象的良性发生器

```
task generator_good(input int n,
                    input mailbox #(Transaction) mbx);
  Transaction tr;
  repeat (n) begin
    tr = new();                                   // 创建一个新的事务
    `SV_RAND_CHECK(tr.randomize());
    $display("GEN: Sending addr = %h", tr.addr);
    mbx.put(tr);                                  // 把事务发送给驱动器
```

```
    end
  endtask
```

结果如图 7.7 所示，每个句柄都指向不同的对象。这种类型的发生器被称为"蓝图模式"，将在 8.2 节中描述。

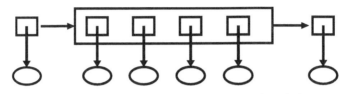

图 7.7 一个信箱带有多个指向不同对象的句柄

例 7.34 所示的驱动器，正在等待来自发生器的事务。

【例 7.34】接收来自信箱的事务的良性驱动器

```
task driver(input mailbox #(Transaction) mbx);
  Transaction tr;
  forever begin
    mbx.get(tr);                              // 获取来自信箱的事务
    $display("DRV: Received addr = %h", tr.addr);
    // 驱动事务到待测设计中
  end
endtask
```

如果你不希望代码在访问信箱时出现阻塞，可以使用 `try_get()` 和 `try_peek()` 函数。如果函数执行成功，它们会返回一个非零值，否则返回 0。这比使用 `num()` 函数可靠，因为在你对信箱实施测量直到下一次访问信箱的这段时间里，信箱中条目的数量可能会发生变化。

7.6.1 测试平台里的信箱

例 7.35 示范了一个发生器（Generator）和一个驱动器（Driver）使用信箱交换事务的过程。

【例 7.35】使用信箱实现对象的交换：Generator 类

```
program automatic mailbox_example(bus_ifc.TB bus);

class Generator;
  Transaction tr;
  mailbox #(Transaction) mbx;

  function new(input mailbox #(Transaction) mbx);
    this.mbx = mbx;
  endfunction
```

```
    task run(input int count);
      repeat (count) begin
        tr = new();
        `SV_RAND_CHECK(tr.randomize);
        mbx.put(tr);                                    // 发送事务
      end
    endtask
  endclass


class Driver;
  Transaction tr;
  mailbox #(Transaction) mbx;

  function new(input mailbox #(Transaction) mbx);
    this.mbx = mbx;
  endfunction

  task run(input int count);
    repeat (count) begin
      mbx.get(tr);                                      // 获取下一个事务
      // 驱动事务
    end
  endtask
endclass

mailbox #(Transaction) mbx;          // 连接发生器（gen）和驱动器（drv）的信箱
Generator gen;
Driver drv;
int count;

initial begin
  mbx = new();                       // 创建信箱
  gen = new(mbx);                    // 创建发生器
  drv = new(mbx);                    // 创建驱动器
  count = $urandom_range(50);        // 运行最多50个事务
    fork
      gen.run(count);                // 运行发生器
      drv.run(count);                // 运行驱动器
    join                            // 等待两者结束
  end
endprogram
```

7.6.2　定容信箱

　　缺省情况下，信箱类似于容量不限的 FIFO——在消费方取走物品之前生产方可以向信箱里放入任意数量的物品。但是，你可能希望在消费方处理完物品之前将生产方阻塞住，以便使两个线程步调一致。

　　在构造信箱时可以指定一个最大容量。缺省容量是 0，表示信箱容量不限。任何大于 0 的容量都可创建一个"定容信箱"。如果你试图往信箱里放入多于设定容量的物品，则 put() 会阻塞，直到你从邮箱里搬走物品腾出空间。

　　例 7.36 创建了一个只能存放单条信息的最小容量的信箱。生产方（Producer）线程试图把三条信息（整数）放入信箱里，而消费方（Consumer）线程则慢慢地每 1ns 提取一个信息。

【例 7.36】定容信箱

```
program automatic bounded;
  mailbox #(int) mbx;

  initial begin
    mbx = new(1);                        // 容量为 1
    fork

      // 生产方线程
      for (int i = 1; i < 4; i++) begin
        $display("Producer: before put(%0d)", i);
        mbx.put(i);
        $display("Producer: after put(%0d)", i);
      end

      // 消费方线程
      repeat(4) begin
        int j;
        #1ns mbx.get(j);
        $display("Consumer: after get(%0d)", j);
      end
    join
  end
endprogram
```

　　如例 7.37 所示，第一个 put() 执行成功后，生产方线程试图执行 put(2) 但被阻塞。消费方线程被定时唤醒后，从信箱里取走信息 1，之后生产方才能把信息 2 放进信箱。

【例 7.37】定容信箱的输出

```
Producer:        before put(1)
```

```
Producer:         after put(1)
Producer:         before put(2)
Consumer:         after get(1)
Producer:         after put(2)
Producer:         before put(3)
Consumer:         after get(2)
Producer:         after put(3)
Consumer:         after get(3)
```

定容信箱在两个线程之间扮演一个缓冲器的角色，从中你可以看到在消费方读取当前数值之前，生产方是如何生成下一个数值的。

7.6.3　在异步线程间使用信箱通信

在多种情况下，由信箱连接的两个线程运行时应该是步调一致的，这样生产方才不至于跑到消费方的前头。这种方法的好处在于，它能使生成激励的整个链条运行时步调一致。最高层的发生器需要等到低层的最后一个事务发出以后才能结束。这样测试平台便能够精确地知道所有激励都发送出去的时间。另一种情况是，发生器跑到驱动器的前面，而你正在收集发生器的功能覆盖率信息，这时即使测试提早结束，你也有可能记录到一些被测试过的数据。所以信箱虽然可以减少其两端的连接，但还是需要确保两端同步。

如果你想让生产方和消费方两个线程步调一致，就需要额外的握手信号。在例 7.38 中，生产方和消费方是两个类，使用信箱交换整数，但两者之间没有明显的同步信号。结果如例 7.39 所示，生产方运行直到结束，消费方都还没有启动。

【例 7.38】没有同步信号的生产方和消费方

```
program automatic unsynchronized;

  mailbox #(int) mbx;

  class Producer;
    task run();
      for (int i = 1; i < 4; i++) begin
        $display("Producer: before put(%0d)", i);
        mbx.put(i);
      end
    endtask
  endclass

  class Consumer;
```

```
    task run();
      int i;
      repeat (3) begin
        mbx.get(i);                              // 从 mbx 中提取整数
        $display("Consumer: after get(%0d)", i);
      end
    endtask
  endclass

  Producer p;
  Consumer c;

  initial begin
    // 构建信箱、生产方和消费方
    mbx = new();                                 // 容量不限
    p = new();
    c = new();

    // 并发运行生产方和消费方
    fork
      p.run();
      c.run();
    join
  end
endprogram
```

例 7.38 将邮箱保存在一个全局变量中，使代码更加紧凑。在实际代码中，应该通过构造函数将邮箱传递到类中，并将对它的引用保存在类级别的变量中。

例 7.38 中没有同步信号，导致在消费方还没有开始取数时生产方就已经把三个整数都放到信箱里了。这是因为线程在没有碰到阻塞语句之前会一直运行，而生产方恰好没有碰到阻塞语句。消费方线程则在第一次调用 mbx.get 时就被阻塞了。

例 7.38 的输出如例 7.39 所示。

【例 7.39】没有同步信号的生产方和消费方的输出

```
Producer: before put(1)
Producer: before put(2)
Producer: before put(3)
Consumer: after get(1)
Consumer: after get(2)
Consumer: after get(3)
```

这个例子有一个竞争条件，所以在某些仿真器上可能会出现消费方提早激活的情况。

但是运行的结果还是一样，因为信箱里的数值是由生产方决定的，不会因为消费方提早看到而有所不同。

7.6.4　使用定容信箱和探视（peek）来实现线程同步

在一个同步的测试平台中，生产方和消费方在操作上的步调是一致的。这样，通过等待线程便可知道什么时候完成输入激励。如果双方线程在操作上不同步，那就需要增加额外的代码来检测最后的事务是什么时候加到待测设计上去的。

为了使两个线程同步，生产方创建一个事务并把它放到信箱里，然后开始阻塞直到事务被消费方处理掉。事务处理完成的标志是事务最终被消费方从信箱里移出，而非事务被初次检测到。

例 7.40 显示了使用定容信箱实现两个线程同步的方法。消费方使用一个内建的信箱方法 peek() 来探视信箱里的数据但不将其移出。当消费方处理完数据后，便使用get() 移出数据。这就使得生产方可以生成一个新的数据。如果消费方使用 get() 替代peek() 启动循环，那么事务会被立刻移出信箱，这样生产方可能会在消费方完成事务处理之前生成新的数据。例 7.41 是这段代码的输出。

【例 7.40】使用定容信箱实现同步的生产方和消费方

```
program automatic synch_peek;
// 使用例 7.38 中的生产方

  mailbox #(int) mbx;

  class Consumer;
    task run();
      int i;
      repeat (3) begin
        mbx.peek(i);                  // 从 mbx 里取出一个整数
        $display("Consumer: after get(%0d)", i);
        mbx.get(i);                   // 从 mbx 里移出
      end
    endtask
  endclass : consumer

  Producer p;
  Consumer c;

  initial begin
    // 创建信箱、生产方和消费方
    mbx = new(1);                     // 定容信箱，容量限定为 1！
    p = new();
```

```
        c = new();

        // 使生产方和消费方并发运行
        fork
          p.run();
          c.run();
        join
      end
    endprogram
```

【例7.41】使用了定容信箱的生产方和消费方的输出

```
Producer: before put(1)
Producer: before put(2)
Consumer: after peek(1)
Consumer: after peek(2)
Producer: before put(3)
Consumer: after peek(3)
```

可以看到，生产方和消费方步调是一致的，但是生产方仍然比消费方提前一个事务的时间。这是因为，容量为1的定容信箱只有在你试图对第二个事务进行 put 操作时才会发生阻塞[*]。

7.6.5 使用信箱和事件来实现线程同步

你可能希望让两个线程使用握手信号，以使生产方永远不会超前于消费方。既然消费方以阻塞的方式等待生产方使用信箱，那么生产方也可以以阻塞的方式等待消费方完成对信箱条目的处理。这可以通过在生产方增加阻塞语句，如事件、旗语或第二个信箱来实现。例 7.42 在生产方把数据放入信箱后用事件来阻塞它。消费方则在处理完数据后再触发事件。

如果在循环中使用 wait(handshake.triggered)，务必确保在下次等待之前时间得以向前推进，如 7.4.3 节所示。这个 wait 在给定的时间段里只发生一次阻塞，所以每次触发后就必须移到新的时间段里。

例 7.42 用边沿敏感的阻塞语句 @handshake 替代电平触发，可以确保生产方在发送完数据后便停止。虽然边沿敏感语句可以在一个时间段内多次有效，但如果碰到触发和阻塞同时发生的情况，则可能会出现次序上的问题。

【例7.42】使用事件实现同步的生产方和消费方

```
program automatic mbx_evt;
```

---

[*] 这个行为与 VMM 通道不同。如果你把通道的满度设为1，第一次调用 put() 函数时会把事务放到通道里，但是在数据被移出之前函数不会返回。

```
mailbox #(int) mbx;
event handshake;

class Producer;
  task run();
    for (int i = 1; i < 4; i++) begin
      $display("Producer: before put(%0d)", i);
      mbx.put(i);
      @handshake;
      $display("Producer: after put(%0d)", i);
    end
  endtask
endclass : Producer

class Consumer;
  task run();
    int i;
    repeat (3) begin
      mbx.get(i);
      $display("Consumer: after get(%0d)", i);
      ->handshake;
    end
  endtask
endclass : Consumer

Producer p;
Consumer c;

initial begin
  p = new();
  c = new();
  mbx = new();

  // 使生产方和消费方并发运行
  fork
    p.run();
    c.run();
  join
end
endprogram
```

执行结果如例 7.43 所示，在消费方触发事件之前，生产方不会再往前执行。

【例 7.43】使用事件实现同步的生产方和消费方的输出

```
Producer: before put(1)
Consumer: after get(1)
Producer: after put(1)
Producer: before put(2)
Consumer: after get(2)
Producer: after put(2)
Producer: before put(3)
Consumer: after get(3)
Producer: after put(3)
```

可以看到，生产方和消费方运行时成功取得了同步，因为在旧的数值被读走之前，生产方不会再产生新值。

7.6.6　使用两个信箱实现线程同步

对两个线程进行同步的另一种方式是再使用一个信箱把完成信息发回给生产方，如例 7.44 所示。

【例 7.44】使用信箱实现同步的生产方和消费方

```
program automatic mbx_mbx2;
  mailbox #(int) mbx, rtn;
  class Producer;
    task run();
      int k;
      for (int i = 1; i < 4; i++) begin
        $display("Producer: before put(%0d)", i);
        mbx.put(i);
        rtn.get(k);
        $display("Producer: after get(%0d)", k);
      end
    endtask
  endclass : Producer

class Consumer;
  task run();
    int i;
    repeat (3) begin
      $display("Consumer: before get");
      mbx.get(i);
      $display("Consumer: after get(%0d)", i);
      rtn.put(-i);
```

```
      end
    endtask
  endclass : Consumer

  Producer p;
  Consumer c;
  initial begin
    p = new();
    c = new();
    mbx = new();
    rtn = new();

      // 使生产方和消费方并发运行
      fork
        p.run();
        c.run();
      join
    end
  endprogram
```

返回到 rtn 信箱中的信息仅仅是原始整数的一个相反值。当然你可以使用任意值，但是这个相反值可以对原始值实施校验，便于调试。

例 7.44 的输出如例 7.45 所示。

【例 7.45】使用信箱实现同步的生产方和消费方的输出

```
Producer: before put(1)
Consumer: before get
Consumer: after get(1)
Consumer: before get
Producer: after get(-1)
Producer: before put(2)
Consumer: after get(2)
Consumer: before get
Producer: after get(-2)
Producer: before put(3)
Consumer: after get(3)
Producer: after get(-3)
```

从例 7.45 可以看出，生产方和消费方运行时成功取得了同步。

7.6.7　其他同步技术

通过变量或旗语来阻塞线程同样可以实现握手。事件是最简单的结构，其次是通过变量阻塞。旗语相当于第二个信箱，但没有信息交换。SystemVerilog 的定容信箱用起来比其他技术稍差，原因是无法在生产方放入第一个事务时让它阻塞。例 7.41 所示的生产方一直比消费方提前一个事务的时间。

7.7　构筑带线程并可实现线程间通信的测试程序

在 1.10 节中已经介绍了分层测试平台。图 7.8 显示了各个部分之间的关系。在懂得使用线程以及线程间通信（IPC）之后，你就可以构造出带事务处理器的基本测试平台。

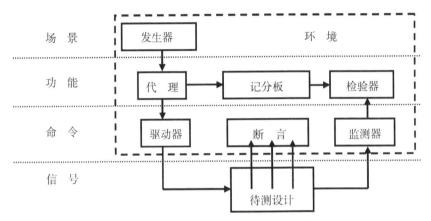

图 7.8　带有环境的分层测试平台

7.7.1　基本的事务处理器

例 7.46 所示为一个位于发生器和驱动器之间的代理（Agent）类。

【例 7.46】基本的事务处理器

```
class Agent;

  mailbox #(Transaction) gen2agt, agt2drv;
  Transaction tr;

  function new(input mailbox #(Transaction) gen2agt, agt2drv);
    this.gen2agt = gen2agt;
    this.agt2drv = agt2drv;
  endfunction

  task run();
    forever begin
      gen2agt.get(tr);              // 从上游模块中获取事务
      ...                           // 进行一些处理
      agt2drv.put(tr);              // 把事务发送给下游模块
    end
```

```
    endtask

    task wrap_up();                                    // 暂时为空
    endtask

endclass
```

7.7.2 配置类

配置类允许你在每次仿真时对系统的配置进行随机化。例 7.47 所示的配置类只包含一个变量和一个基本的约束。

【例 7.47】配置类

```
class Config;
  rand bit [31:0] run_for_n_trans;
  constraint reasonable
    {
    run_for_n_trans inside {[1:1000]};
    }
endclass
```

7.7.3 环境类

图 7.8 所示虚线框中的环境类，包含发生器、代理、驱动器、监测器、检验器、记分板，以及它们之间的配置对象和信箱。例 7.48 所示为一个基本的环境类。

【例 7.48】环境类

```
class Environment;

  Generator   gen;
  Agent       agt;
  Driver      drv;
  Monitor     mon;
  Checker     chk;
  Scoreboard scb;
  Config      cfg;
  mailbox #(Transaction) gen2agt, agt2drv, mon2chk;

  extern function new();
  extern function void gen_cfg();
  extern function void build();
  extern task run();
```

```
    extern task wrap_up();
  endclass

function Environment::new();
  cfg = new();
endfunction

function void Environment::gen_cfg();
  `SV_RAND_CHECK(cfg.randomize);
endfunction

function void Environment::build();
  // 初始化信箱
  gen2agt = new();
  agt2drv = new();
  mon2chk = new();

  // 初始化事务处理器
  gen = new(gen2agt);
  agt = new(gen2agt, agt2drv);
  drv = new(agt2drv);
  mon = new(mon2chk);
  chk = new(mon2chk);
  scb = new(cfg);
endfunction

task Environment::run();
  fork
    gen.run(cfg.run_for_n_trans);
    agt.run();
    drv.run();
    mon.run();
    chk.run();
    scb.run(cfg.run_for_n_trans);
  join
endtask

task Environment::wrap_up();
  fork
    gen.wrap_up();
    agt.wrap_up();
```

```
    drv.wrap_up();
    mon.wrap_up();
    chk.wrap_up();
    scb.wrap_up();
  join
endtask
```

第 8 章将就如何构建这些类给出更多的细节。

7.7.4 测试程序

例 7.49 所示为基本测试程序，它被放到一个程序块中。正如 4.3.4 节所讨论的，您也可以在模块中进行测试，但会稍微增加竞争的可能性。

【例 7.49】基本测试程序

```
program automatic test;

  Environment env;

  initial begin
    env = new();
    env.gen_cfg();
    env.build();
    env.run();
    env.wrap_up();
  end

endprogram
```

7.8 小 结

你的设计可以用很多并发运行的独立块来建模，所以测试平台也必须能够产生很多激励流并检验并发线程的反应。所有这些都被组织在一个层次化的测试平台中，并在顶层环境里得到统一。SystemVerilog 在标准的 fork...join 之外，引入了诸如 fork...join_none 和 fork...join_any 这些用于动态创建线程的功能强大的结构。线程间可以使用事件、旗语、信箱，以及经典的 @ 事件控制和 wait 语句实现通信和同步。最后，disable 命令可以中止线程。

这些线程和相关的控制结构对 OOP（面向对象编程）的动态特性形成了很好的补充。由于对象可以被创建和删除，所以它们可以运行在独立的线程里，这使得你能够构筑强大而灵活的测试平台环境。

7.9　练　习

1. 对于以下代码，如果使用 join 或 join_none 或 join_any，请确定每条语句的执行顺序和执行时间。提示：fork 和 join/join_none/join_any 之间的执行顺序、执行时间相同，只有 join 语句后的执行顺序、执行时间不同。

```
initial begin
  $display("@%0t: start fork...join example", $time);
  fork
    begin
      #20 $display("@%0t: sequential A after #20", $time);
      #20 $display("@%0t: sequential B after #20", $time);
    end
    $display("@%0t: parallel start", $time);
    #50 $display("@%0t: parallel after #50", $time);
    begin
      #30 $display("@%0t: sequential after #30", $time);
      #10 $display("@%0t: sequential after #10", $time);
    end
  join // 或 join_any, join_none
  $display("@%0t: after join", $time);
  #80 $display("@%0t: finish after #80", $time);
end
```

2. 对以下代码，在指定的位置插入或不插入 wait fork 语句，输出结果是什么？

```
initial begin

  fork
    transmit(1);
    transmit(2);
  join_none

  fork: receive_fork
    receive(1);
    receive(2);
  join_none

  // 在这里有或没有 wait fork 语句，输出结果是什么？

  #15ns disable receive_fork;
  $display("%0t: Done", $time);
end
```

```
task transmit(int index);
  #10ns;
  $display("%0t: Transmit is done for index = %0d",
          $time, index);
endtask
task receive(int index);
  #(index * 10ns);
  $display("%0t: Receive is done for index = %0d",
          $time, index);
endtask
```

3. 下面代码的执行结果是什么? 假设事件和任务 trigger 在程序内声明为 automatic。

```
event e1, e2;
task trigger(event local_event, input time wait_time);
  #wait_time;
  ->local_event;
endtask

initial begin
  fork
    trigger(e1, 10ns);
    begin
      wait(e1.triggered());
      $display("%0t: e1 triggered", $time);
    end
  join
end

initial begin
  fork
    trigger(e2, 20ns);
    begin
      wait(e2.triggered());
      $display("%0t: e2 triggered", $time);
    end
  join
end
```

4. 创建一个名为 wait10 的任务, 进行 10 次尝试: 等待 10ns, 然后检查是否有一个旗语钥匙可用。当有钥匙可用时, 退出循环并打印时间。

5. 下面的代码调用练习 4 的任务, 执行结果是什么?

```
initial begin
  fork
    begin
      sem = new(1);
      sem.get(1);
      #45ns;
      sem.put(2);
    end
    wait10();
  join
end
```

6. 下面的代码执行结果是什么？

```
program automatic test;
  mailbox #(int) mbx;
  int value;
  initial begin
    mbx = new(1);
    $display("mbx.num() = %0d", mbx.num());
    $display("mbx.try_get = %0d", mbx.try_get(value));
    mbx.put(2);
    $display("mbx.try_put = %0d", mbx.try_put(value));
    $display("mbx.num() = %0d", mbx.num());
    mbx.peek(value);
    $display("value = %0d", value);
  end
endprogram
```

7. 根据图 7.8 "带有环境的分层测试平台"，创建 Monitor 类，可以做以下假设：

（1）Monitor 类了解带有成员变量 out1 和 out2 的 OutputTrans 类。

（2）DUT 和 Monitor 通过名为 my_bus 的接口连接，接口带有信号 out1 和 out2。

（3）接口 my_bus 有一个时钟块 cb。

（4）在每个活动时钟沿，Monitor 类将对 DUT 的输出 out1 和 out2 进行采样，将它们赋值给 OutputTrans 类型的对象，然后把对象放到邮箱中。

第 8 章　面向对象编程的高级技巧指南

怎样才能为总线事务创建一个可以注入错误并带有可变延时的复杂的类呢？第一种方法是将所有东西放入一个大的、不分层的类中。这种方法创建起来很简单，理解起来也很容易（所有代码都在同一个类中），但是开发和调试起来可能会很费时。而且，这样一个大类的维护是一个很大的负担，因为每一个想要创建基于这个类的新事务行为的人都必须去编辑同一个文件。就像你不会只使用一个模块来创建一个复杂的 RTL 设计一样，你应当将类分解成更小的可重用的块。

另一个办法就是合成（composition）。学习了第 5 章后，你已经知道如何在一个类中例化另一种类型的类，就像在一个模块中例化另一个模块一样，这样就可以搭建一个层次化的测试平台。你可以自上而下或者自下而上编写和调试你的类，寻找合乎自然的划分，以决定哪些变量和方法封装在哪个类中。一个像素可以划分为色彩和坐标两部分；一个数据包可以分为包头和有效载荷两部分；一条指令可以拆分为操作码和操作数两部分。关于划分的指导参见 8.4 节。

有时候很难将功能划分成独立的部分。以带有错误注入的总线事务为例。当你编写事务的原始类时，可能不会考虑所有可能的出错情况。理想情况下，你会为一个正确的事务创建一个类，然后增加不同的错误注入。如果事务包括数据域和由此产生的用于错误检查的校验和域，那么校验和错误就是一种错误注入。如果你使用合成，就需要为正确的事务和错误的事务分别创建不同的类。使用了正确类的对象的测试平台代码必须重写以处理新的错误类的对象。其实你需要的是一种和原始类很相像的新类，它增加了一些新的变量和方法。继承就可以达到这种效果。

继承允许将一个现存的类扩展为一个新的类，并增加一些变量和方法。原始类被称为基类。新类因为扩展了基类的功能，被称为扩展类。继承通过增加新的特性提供了可重用性，并且不需要修改基类，例如，对现有的类增加错误注入功能。

OOP 真正强大的地方在于它使你能够继承现有类，例如一个事务类，并且可以通过替换类的方法有选择性地改变其部分行为，但是不修改基础结构。所有依赖基类的原始测试都会继续工作，现在可以使用扩展类创建新的测试。通过周密的事先计划，你可以创建一个足够强健的测试平台来发送基本的事务，同时也能够满足测试需要的任何扩展需求。

请注意，本章将介绍一系列高级 OOP 主题，其中许多在学习 SystemVerilog 时是不需要的。现在可以跳过后面的部分，把它们留到深入 UVM 和 VMM 的内部时再学习。

8.1　继承简介

图 8.1 给出一个简化的分层测试平台。测试控制了发生器。发生器创建事务，将其

随机化，然后沿虚线发送到驱动器。驱动程序将事务分解为输入信号的变化，并将其沿虚线发送到 DUT。此处省略了测试平台的其他部分。

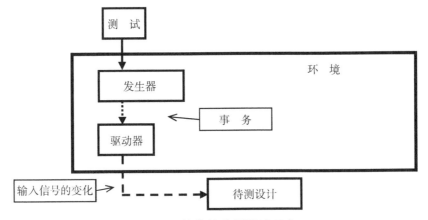

图 8.1　简化的分层测试平台

8.1.1　事务基类

例 8.1 中的事务基类含有一些变量和方法，变量包括源地址、目的地址、8 个数据字和校验错误用的校验和，方法包括用于显示内容和计算校验和的方法。calc_csm 函数被标记为 virtual，这样就可以在需要的时候重新定义，见下一小节给出的例子。虚方法在本章后续的 8.3.2 节中做详细的解释。事务基类非常简单，使用默认的 SystemVerilog 构造函数分配内存并将变量初始化为默认值。

【例 8.1】事务（Transaction）基类

```
class Transaction;
  rand bit [31:0] src, dst, data[8];            // 随机变量
  bit [31:0] csm;                               // 计算得到的校验和

  virtual function void calc_csm();
    csm = src ^ dst ^ data.xor;
  endfunction

  virtual function void display(input string prefix = "");
    $display("%sTr: src = %h, dst = %h, csm = %h, data = %p",
            prefix, src, dst, csm, data);
  endfunction
endclass
```

通常校验和的计算在 post_randomize() 中完成，但在本例中将其与随机化分离，以展示如何注入错误。

图 8.2 画出了事务基类的变量和方法。

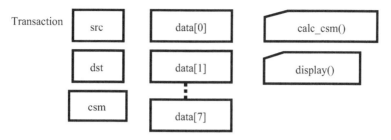

图 8.2 事务基类框图

8.1.2 Transaction 类的扩展

假设你有一个测试平台可以通过 DUT 发送正确的事务，但是现在需要注入错误。你可以对现有的事务类扩展以得到一个新的类。根据第 1 章的方针，你希望对现有的测试平台代码修改越少越好。那么，怎样才能重用现有的 Transaction 类呢？通过声明新的 BasTr 类作为当前类的扩展就可以。Transaction 类是基类，BadTr 类是扩展类。例 8.2 展示了代码，图 8.3 是扩展类的框图。

【例 8.2】扩展的 Transaction 类

```
class BadTr extends Transaction;
  rand bit bad_csm;

  virtual function void calc_csm();
    super.calc_csm();                        // 计算正确的 csm
    if (bad_csm) csm = ~csm;                  // 产生错误的 csm 位
  endfunction

  virtual function void display(input string prefix = "");
    $write("%sBadTr: bad_csm = %b, ", prefix, bad_csm);
    super.display();
  endfunction
```

注意在例 8.2 中，变量 csm 的使用没有用到分层标识符。BadTr 类可以直接访问 Transaction 原始类和所有变量，例如 bad_csm，如图 8.3 所示。扩展类中的 calc_csm 函数通过使用 super 前缀调用基类中的 calc_csm 函数。你可以调用上一层类的成员，但是 SystemVerilog 不允许用类似 super.super.new 的方式进行多层调用。因为这种调用风格跨越了不同的层次，也跨越了不同的边界，自然也违反了封装的规则。

最初的 display 方法只打印一行，以前缀开头。扩展的 display 方法用 $write 打印前缀、类名和 bad_csm，打印结果仍在一行上。

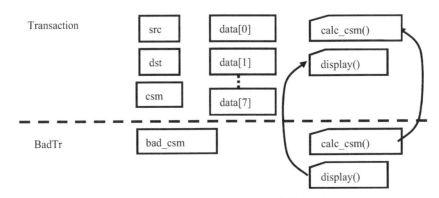

图 8.3　扩展的 Transaction 类的框图

　　　　应该将类中的方法定义成虚拟的,这样它们就可以在扩展类中重定义。这一点适用于所有任务和函数,除了 new 函数。因为 new 函数在对象创建时调用,所以无法扩展。SystemVerilog 始终基于句柄类型来调用 new 函数。虚方法在 8.3.2 节中介绍。

8.1.3　更多的 OOP 术语

先回顾一下常用的术语。如第 5 章所述,OOP 中类的变量称为属性(property),而任务或者函数称为方法(method)。基类是不从任何其他类派生得到的类。当你扩展一个类的时候,原始类(例如 Transaction)被称为父类或者超类,扩展类(BadTr)叫作派生类或者子类。方法的原型(prototype)是指明了参数列表和返回类型(如果存在)的第一行。当把方法的体移到类外时需要用到原型,在描述方法如何与其他方法通信的时候也需要用到原型,具体可参见 5.10 节。

8.1.4　扩展类的构造函数

当你启动扩展类的时候,需要牢记一条关于构造函数(new 函数)的规则。如果你的基类构造函数有参数,那么扩展类必须有一个构造函数而且必须在构造函数的第一行调用基类的构造函数。在例 8.3 中,由于 Base::new 有一个参数,所以扩展的 Extended::new 必须调用基类。

【例 8.3】扩展类中带有参数的构造函数

```
class Base;
  int val;
  function new(input int val);          // 带有参数的构造函数
    this.val = val;
  endfunction
endclass


class Extended extends Base;
```

```
function new(input int val);
  super.new(val);                    // 必须是 new 函数的第一行
  // 构造函数的其他行为
endfunction
endclass
```

8.1.5 驱动类

例 8.4 中的驱动类从发生器接收事务信息，然后将它们输送给 DUT。

【例 8.4】驱动类

```
class Driver;
  mailbox #(Transaction) gen2drv;    // 发生器和驱动器间的信箱

  function new(input mailbox #(Transaction) gen2drv);
    this.gen2drv = gen2drv;
  endfunction

  virtual task run();
    Transaction tr;                  // 指向一个 Transaction 对象
                                     // 或者是由 Transaction 派生得到的类

    forever begin
      gen2drv.get(tr);               // 从发生器获得 transaction
      tr.calc_csm();                 // 处理 transation
      @ifc.cb;
      ifc.cb.src <= tr.src;          // 发送 transaction
      ...
    end
  endtask
endclass
```

驱动类通过信箱 gen2drv 从发生器接收 Transaction 对象，将它们分解为接口中的信号变化并激励 DUT。OOP 的规则指出，指向基类（Transaction）的句柄也可以用来指向派生类（BadTr）的对象，这是因为句柄 tr 只可以引用基类中的对象，例如变量 src、dst、csm、data 以及 cala_csm 函数。所以可以不修改 Driver 类就将 BadTr 对象送入驱动器。

参见第 10 章和第 11 章中关于具有高级特性的全功能驱动器的例子，例如虚拟接口和回调函数等。

当驱动器调用 tr.calc_csm 时，哪一个将会被调用呢？是 Transaction 中的函数还是 BadTr 中的函数？因为 calc_csm 在例 8.1 的基类中被声明为一个虚方法，System Verilog 会查看存储在 tr 中的对象类型，并以此来选取适当的方法。如果对象是

Transaction 类型，那么 SystemVerilog 调用 Transaction::calc_csm。如果它是 BadTr 类型，那么 SystemVerilog 调用 BadTr::calc_csm 函数。

8.1.6 简单的发生器类

例 8.5 的测试平台发生器创建了一个随机事务，然后将其放入邮箱传递给驱动器。下面的例子（不正确的）演示了如何根据迄今为止你已经学到的知识创建一个类。值得一提的是这个例子在循环内部而非外部构建事务的对象，从而避免了一种常见的测试平台错误。这种错误在介绍邮箱（mailbox）的 7.6 节中有更加详细的讨论。

【例 8.5】不正确的发生器类

```
// 使用 Transaction 对象的发生器类
// 第一个尝试 ... 只有有限的功能
class Generator;
  mailbox #(Transaction) gen2drv;              // 将事务传递给驱动器
  Transaction tr;

  function new(input mailbox #(Transaction) gen2drv);
    this.gen2drv = gen2drv;                    //this-> 类一级变量
  endfunction

  virtual task run(input int num_tr = 10);
    repeat (num_tr) begin
      tr = new();                              // 创建事务
      `SV_RAND_CHECK(tr.randomize());          // 随机化
      gen2drv.put(tr.copy());                  // 复制一份送入驱动器
    end
  endtask
endclass
```

例 8.5 的发生器有比较大的局限性。任务 run 构建了一个事务并立即随机化其值。这意味着该事务使用默认的所有约束。只有一个办法可以改变这种情况，那就是修改 Transaction 类，但是这和本书所讲的验证准则背道而驰。更糟糕的是，发生器仅使用了 Transaction 对象——因此无法使用扩展对象，例如 BadTr。解决问题的办法是将 tr 的创建和初始化分开，如 8.2 节所示。

当你建立用于诸如网络和总线传输中面向数据的类时，可能会发现它们具有一些共同的属性（如 id）和方法（如 display）。面向控制的类，诸如 Generator 类和 Driver 类也有一些共同的结构。你可以将它们都声明为基类 Transaction 的扩展，并定义虚方法 run 和 wrap_up。UVM 和 VMM 中都定义了含有事务、数据等基类的扩展类集合。

8.2 蓝图（Blueprint）模式

"蓝图模式"是 OOP 中一种非常有用的技术。如果你用一台机器生产标记，那么你并不需要预先知道每一个可能的标记形状。你所需要的只是一个压印机然后变换金属模子以剪裁出不同的形状。同样的，当你想要构建一个事务发生器时，你不需要知道怎样建立各种类型的事务，只需要根据给定的事务建立一个类似的新的事务即可。

和例 8.5 中构建并立即使用一个对象不同，在这里我们先构建一个对象的蓝图（建材金属模），用 constraint_mode 修改它的约束，甚至使用一个扩展对象替换它，如图 8.4 所示。当你随机化这个蓝图时，它就会具有你想赋予的随机值。接着复制这个对象，并将拷贝值发送给下游的事务处理器。

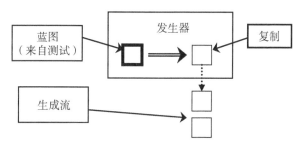

图 8.4 蓝图模式发生器

上述技术出色的地方在于如果你改变了蓝图对象，发生器就会创建一个不同类型的对象。相当于你使用一个三角形金属模取代正方形金属模来制作"产品标志"（Yield signs），如图 8.5 所示。

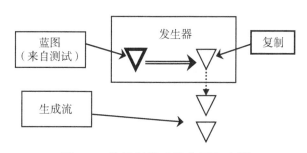

图 8.5 使用新模式的蓝图发生器

这个蓝图是一个钩子（hook），它允许你改变发生器类的行为而无须改变其类代码。但是在使用时需要创建一个复制方法来复制蓝图以便传送，这样最原始的蓝图对象在循环中下一轮调用时就可以随时使用了。

例 8.6 是一个使用蓝图模式的发生器类。值得注意的是，蓝图对象在一个地方构建（new 函数），但是在另一个地方（run 任务）使用。本书前述的编码准则提过将声明和构造分开定义；类似地，你也需要将蓝图对象的构建和随机化分开。

【例 8.6】使用蓝图模式的发生器类

```
class Generator;
  mailbox #(Transaction) gen2drv;
  Transaction blueprint;

  function new(input mailbox #(Transaction) gen2drv);
    this.gen2drv = gen2drv;
    blueprint = new();
  endfunction

  virtual task run(input int num_tr = 10);
    repeat(num_tr) begin
      `SV_RAND_CHECK(blueprint.randomize);
      gen2drv.put(blueprint.copy()); // 将拷贝发送到驱动器
    end
  endtask
endclass
```

通过将对象的变量复制到新的对象里，copy 方法将对象复制了一份，5.15 节和 8.5 节将讨论 copy 方法。现在只需要记住：必须将它加到 Transaction 类和 BadTr 类中。例 8.37 是一个使用模板的高级发生器。

每次蓝图随机化时，发生器都会构造一个新事务。这种编码风格可以防止经典的 OOP 邮箱错误，因为邮箱存储多个对象的句柄，而不是同一个对象的句柄。

反复随机化 blueprint 对象的另一个优点是 randc 变量工作正常。例 8.5 中错误的生成器每次通过循环都会构造新对象。每个带有 randc 变量的对象都会为变量保留历史记录。错误的发生器将创建具有独立随机变量的对象，每当构建一个新对象，历史记录就会丢失。在例 8.6 中，只有 blueprint 对象是随机的，因此 randc 历史记录会被保留下来。

第 8.2.3 节显示了如何更改蓝图。

8.2.1　Environment 类

第 1 章讨论了执行的三个阶段：创建（Build）、运行（Run）和收尾（Wrap-up）。例 8.7 的 Environment 类例化了测试平台的所有元素，并且执行这三个阶段。还要注意邮箱 gen2drv 如何承载发生器传递给驱动器的事务，然后传递到每个类的构造函数中。

【例 8.7】Environment 类

```
// 测试平台的 Environment 类
class Environment;
  Generator gen;
  Driver drv;
```

```
  mailbox #(Transaction) gen2drv;

  virtual function void build();      // 通过构建邮箱、发生器和驱动器来创建环境
    gen2drv = new();
    gen = new(gen2drv);
    drv = new(gen2drv);
  endfunction

  virtual task run();
    fork
      gen.run();
      drv.run();
    join
  endtask

  virtual task wrap_up();
    // 暂时为空，调用记分板（scoreboard）生成报告
  endtask
endclass
```

8.2.2　一个简单的测试平台

测试包含在顶层程序中，如例 8.8 所示。基本的测试仅仅使 Environment 类按默认方式运行。

【例 8.8】使用 environment 默认值的简单测试程序

```
program automatic test;

  Environment env;
  initial begin
    env = new();              // 创建 environment 对象
    env.build();              // 创建测试平台对象
    env.run();                // 运行测试
    env.wrap_up();            // 清理
  end
endprogram
```

8.2.3　使用扩展的 Transaction 类

为了注入错误，需要将蓝图对象从 Transaction 对象变成 BadTr 对象。必须在环境的创建和运行阶段完成这个操作，例 8.9 的顶层测试平台运行环境的每个阶段并且改变蓝图。注意，所有 BadTr 引用都在一个文件

中，不需要改变 Environment 类或者 Generator 类。在 initial 块的中部使用一个独立的 begin...end 块，从而限制 BadTr 类的使用范围，这也使这段代码看起来与众不同。你也可以在声明中创建一个扩展类来完成同样的事情。

【例 8.9】在测试平台中增加扩展的事务

```
program automatic test;

  Environment env;
  initial begin
    env = new();
    env.build();                      // 创建发生器等

    begin
      BadTr bad = new();              // 以 bad 对象取代蓝图
      env.gen.blueprint = bad;
    end

    env.run();                        // 运行带 BadTr 的测试
    env.wrap_up();                    // 清理内存
  end
endprogram
```

8.2.4 使用扩展类改变随机约束

在第 6 章你已经学会了如何产生受约束的随机数据（constrained random data）。绝大多数的测试程序需要对数据做进一步的约束，继承是实现这些要求的最佳方法。在例 8.10 中扩展了最初的 Transaction 类，并使用一个新的约束来将目的地址限制在原地址 ±100 的范围内。

例 8.10 将发生器的蓝图替换为具有附加约束的扩展对象，正如您将在本章后面学习的，Nearby 类应该有一个 copy 方法。

【例 8.10】使用继承来增加一个约束

```
class Nearby extends Transaction;
  constraint c_nearby {
    dst inside {[src-100:src+100]};
  }
  // 在这里没有列出 copy 方法的代码
endclass

program automatic test;
  Environment env;
```

```
    initial begin
      env = new();
      env.build();                           // 创建发生器等

      begin
        Nearby nb = new();                   // 创建一个新的蓝图
        env.gen.blueprint = nb;              // 替换蓝图
      end

      env.run();                             // 运行带 Nearby 的测试程序
      env.wrap_up();                         // 清理内存
    end
  endprogram
```

如果你在扩展类中定义了一个约束，并且扩展后的约束名和基类的约束名相同，那么扩展类的约束会替代基类的约束。这样你就可以改变现有约束的行为。

8.3 类型向下转换（**Downcasting**）和虚方法

当你开始使用继承来扩展类的功能时，需要一些 OOP 技巧来控制对象和它们的功能。例如，句柄能够指向一个类的对象或者任何扩展类的对象。所以当一个基类句柄指向一个扩展类对象时会发生什么？当你调用一个同时存在于基类和扩展类中的方法时又会发生什么？本节将通过几个例子给出解释。

8.3.1 使用 $cast 做类型向下转换

类型向下转换或者类型变换是指将一个基类的句柄指向一个基类的派生类的对象。我们来看例 8.11 和图 8.6 中的基类和派生类。

【例 8.11】基类和派生类

```
class Transaction;
  rand bit [31:0] src;
  virtual function void display(input string prefix = "");
    $display("%sTransaction: src = %0d", prefix, src);
  endfunction
endclass

class BadTr extends Transaction;
  bit bad_csm;
  virtual function void display(input string prefix = "");
    $display("%sBadTr: bad_csm = %b", prefix, bad_csm);
    super.display(prefix);
  endfunction
endclass
```

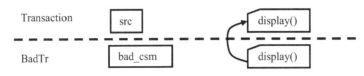

图 8.6　简化的扩展事务

你可以将一个派生类句柄赋值给一个基类句柄，并且不需要任何特殊的代码，如例 8.12 中所示。当一个类被扩展时，所有基类变量和方法都将被继承，所以变量 src 存在于扩展类的对象中。允许时 tr 的赋值操作，因为任何使用基类句柄 tr 的引用都是合法的，例如 tr.src 和 tr.display。

【例 8.12】将一个扩展类句柄赋值给基类句柄

```
Transaction tr;
BadTr bad;
bad = new();                    // 构建 BadTr 扩展对象
tr = bad;                       // 基类句柄指向扩展对象
                                // tr 向下转换指向扩展对象
$display(tr.src);               // 显示基类对象的变量成员
tr.display;                     // 调用 BadTr::display
```

但是如例 8.13 所示，当你试图做反方向的赋值，也就是将一个基类对象句柄拷贝到一个扩展类句柄中时，会发生什么呢？这种操作会失败，因为有些属性仅存在于扩展类中，基类并不具备，例如 bad_csm。SystemVerilog 编译器会对句柄类型做静态检查，因此例 8.13 中的第 2 行不会被编译。

【例 8.13】将一个基类句柄赋值给一个扩展类句柄

```
tr = new();                     // 创建一个基类对象
bad = tr;                       //ERROR：这一行不会被编译
$display(bad.bad_csm);          // 基类对象不存在 bad_csm 成员
```

将一个基类句柄赋值给一个扩展类句柄并不总是非法的，但是必须始终使用 $cast，允许基类句柄指向一个派生类对象，如例 8.14 所示。$cast 方法会检查句柄指向的对象类型，而不仅仅检查句柄本身。一旦源对象和目的对象是同一类型，或者是目的类的扩展类，可以从基类句柄 tr 中拷贝扩展对象的地址给扩展对象的句柄 bad2。

【例 8.14】使用 $cast 拷贝句柄

```
Transaction tr;
BadTr bad,bad2;

bad = new();                    // 构建 BadTr 扩展对象
tr = bad;                       // 基类句柄指向扩展对象

// 检查对象类型并且拷贝，如果类型失配则在仿真时报错
```

```
// 如果成功，bad2 就指向 tr 所引用的对象
$cast(bad2, tr);

// 检查类型是否失配，如果类型失配，在仿真时也不会输出错误信息
if($cast(bad2, tr))
  $dislay(bad2.bad_csm);                      // 原始对象中存在 bad_csm 成员
else
  $display("ERROR: cannot assign tr to bad2");
```

当你将 $cast 作为一个任务来使用时，SystemVerilog 会在运行时检查源对象类型，如果和目的对象类型不匹配则给出一个错误报告。当你将 $cast 作为函数使用时，SystemVerilog 仍然进行类型检查，但是在失配时不再输出错误信息。如果类型不兼容，$cast 函数返回 0，如果类型兼容则返回 1。

6.3.2节的宏 SV_RAND_CHECK 可以替代例8.14中的if语句。不要使用立即断言语句，因为如果禁用了断言，就不会计算断言表达式，这意味着 $cast 和 bad2 的赋值将永远不会执行。

8.3.2 虚方法

到这里你大概已经熟悉了使用句柄指向一个派生类。但是当你试图使用这些句柄调用一个方法时会发生什么呢？例 8.15 和例 8.16 是基类、派生类，以及调用这些类内方法的代码。

【例 8.15】Transaction 类和 BadTr 类

```
class Transaction;
  rand bit [31:0] src, dst, data[8];        // 变量
  bit [31:0] csm;

  virtual function void calc_csm();          // 异或所有域
    csm = src ^ dst ^ data.xor;
  endfunction
endclass : Transaction

class BadTr extends Transaction;
  rand bit bad_csm;
  virtual function void calc_csm();
    super.calc_csm();                        // 计算正确的 CSM
    if (bad_csm) csm = ~csm;                  // 产生错误的 CSM 位
  endfunction
endclass : BadTr
```

例 8.16 的代码使用了不同类型的句柄。

【例 8.16】调用类方法

```
Transaction tr;
BadTr bad;

initial begin
  tr = new();
  tr.calc_csm();                              // 调用 Transaction::calc_csm

  bad = new();
  bad.calc_csm();                             // 调用 BadTr::calc_csm

  tr = bad;                                   // 基类句柄指向扩展对象
  tr.calc_csm();                              // 调用 BadTr::calc_csm
end
```

当需要决定调用哪个虚方法时，SystemVerilog 根据对象的类型，而非句柄的类型来做决定。在例 8.16 最后的语句中，tr 指向一个扩展类对象（BadTr），所以调用的方法是 BadTr::calc_csm。

如果没有对 Transaction::calc_csm 使用 virtual 修饰符，SystemVerilog 会检查 tr（Transaction）句柄的类型，而不是对象的类型。那么例 8.16 最后的语句就会调用 Transaction::calc_csm——这可能不是你想要的结果。

OOP 中多个方法使用一个名字的现象叫作"多态（polymorphism）"。它解决了计算机架构设计师面临的一个问题，即如何在物理内存很小的情况下让处理器对一个很大的地址空间寻址。针对这个问题他们引入了虚拟内存的概念，即程序的代码和数据可以保存在内存或者磁盘。编译的时候，程序不知道它的代码存放在哪里——这些都由硬件以及操作系统在运行时决定。一个虚拟地址可以映射到一块 RAM 芯片上，或者硬盘的交换文件中。程序员在写代码的时候不再需要考虑虚拟内存映射——他们只需要知道处理器在程序运行时一定会找到代码和数据。参见 Denning（2005）。

8.3.3　签名和多态

使用虚方法也存在一些劣势——一旦你定义了一个虚拟的方法，所有带有该虚拟子程序的扩展类必须使用相同的"签名"，例如参数的类型和个数必须相同，如果有返回值也必须是相同类型。在扩展类的虚方法中不能增加或者删除参数，这就意味着必须提前做好计划。

SystemVerilog 和其他 OOP 语言要求虚方法必须和父类（或者祖父类，grandparent）具有相同的签名是有充分理由的。如果你能够增加一个额外的参数，或者将一个任务转换为一个函数，多态就不再适用了。代码必须能够调用一个虚方法，并且保证该方法在派生类中具有相同的接口。

8.3.4 构造函数从来都不是虚拟的

调用虚方法时，SystemVerilog 会检查对象的类型，以确定它应该在基类还是扩展类中调用该方法。现在你应该明白为什么构造函数不能是虚拟的了。当你调用它时，没有办法检查一个还不存在的对象的类型。对象仅在构造函数调用开始后才存在。

8.4 合成、继承和其他替代的方法

当你创建测试平台时，必须决定如何将相关的变量和方法组合进不同的类定义中。在第 5 章中你已经学会了怎样创建基本的类，以及怎样在一个类中包含另一个类。在本章前面的部分，你知道了继承的基础知识。本节告诉你怎样在这两种编码风格之间取舍，并给出了另一种可选的方法。

8.4.1 在合成和继承之间取舍

怎样将两个相关联的类组合到一起？合成使用"有"的关系。一个数据包有一个包头和一个数据体。继承使用"是"的关系。一个 BadTr 是一种 Transaction，只不过具有更多的信息。表 8.1 对二者作了一个简单的比较，随后是详细的说明。

表 8.1 合成和继承的比较

问　题	继　承（"是"的关系）	合　成（"有"的关系）
1. 你是否需要将多个子类组合到一起？（SystemVerilog 不支持多继承）	否	是
2. 较高级别的类是否代表具有相近抽象级别的对象？	是	否
3. 较低级别的信息是否总会出现或者一定需要出现？	是	否
4. 现有代码在处理原始类时，是否可以处理附加的额外数据？	是	否

（1）是否存在几个小类，你想要将它们组合成一个更大的类？例如，你可能已经有了一个数据类和一个数据包头的类，现在希望创建一个数据包类。SystemVerilog 不支持多继承，在多继承中一个类可以由几个类同时生成。所以你可以使用合成。还有一种方法是将其中的一个类扩展成一个新类，然后手动将其他类的信息加上去。

（2）在例 8.15 中，Transaction 类和 BadTr 类都是总线事务类，它们在发生器中创建后被输送到 DUT 中。继承在这种情况下就很适用。

（3）较低级别的信息诸如 src, dst 和 data 必须出现在驱动器（Driver）中，用来发送事务。

（4）在例 8.15 中，新类 BadTr 有一个新的 bad_csm 域和一个扩展的 calc_csm 函数。Generator 类仅仅负责传送事务，不关心该事务是否存在额外的信息。如果你使用合成来产生总线事务错误，那么 Generator 类就需要被重写才能处理这种新类型。

如果两个类看起来都具有"是"和"有"的关系，你可能就需要将它们拆分成更小的类了。

8.4.2　合成的问题

将类层次化的经典 OOP 方法是根据功能将类划分成易于理解的小块。但是就像 5.16 节中关于共有和私有属性的讨论所指出的，测试平台并非标准的软件开发项目。诸如信息隐藏（使用私有变量）等概念和创建一个测试平台是矛盾的，因为测试平台需要最大的可见性和可控制性。类似地，将一个事务分成若干个小块，带来的问题可能会比解决的问题更多。

当你创建一个代表事务的类时，可能出于代码管理上的方便而将其划分成若干个小块。例如，你有一个以太网的 MAC 帧，而你的测试平台使用的却是普通类型（类型 II）和虚拟局域网（VLAN）两种帧格式。如果使用合成，你就可以创建一个基本的 EthMacFrame 单元，它包含所有公共域，例如 da 和 sa，以及用于指示帧类型的判别变量 kind，如例 8.17 所示。此外，在 EthMacFrame 中还必须包含第二个类来保存 VLAN 的信息。

【例 8.17】通过合成创建以太帧

```
// 不推荐
class EthMacFrame;
  typedef enum {II, IEEE} kind_e;
  rand kind_e kind;
  rand bit [47:0] da, sa;
  rand bit [15:0] len;
  ...
  rand Vlan vlan_h;
endclass

class Vlan;
  rand bit [15:0] vlan;
endclass
```

使用合成方法存在以下几个问题。首先，它增加了一个层次，必须为每次引用增加一个额外的名字，例如 VLAN 信息被称为 eth_h.vlan_h.vlan。当增加更多层次时，层次名就成了一种负担。

其次，在例化这个层次化的类结构并随机化其值时会出现一个更加微妙的问题。EthMacFrame 构造函数将会生成什么呢？因为 kind 是随机取值的，当 new 函数被调用时你不知道是否要创建一个 Vlan 对象。随机化类对象时，约束将根据随机的 kind 值同时对 EthMacFrame 和 Vlan 对象设置变量。这样就存在一种循环的依赖关系：随机化仅仅对被例化的对象起作用，然而你却要等到 kind 的值确定了以后才能例化这个对象。

创建和随机赋值问题的唯一解决方法是每次都例化 EthMacFrame::new 中的所有对象。但是既然有其他办法可以解决问题，为什么一定要将以太网单元划分到两个不同的类中去呢？

8.4.3 继承的问题

继承可以部分解决上述问题。引用扩展类中的变量无须像 eth_h.vlan 那样增加额外的层次。虽然你不需要判别变量 kind，但是你会发现使用一个测试变量会比类型检验更容易，如例 8.18 所示。

【例 8.18】通过继承创建以太帧

```
// 不推荐
class EthMacFrame;
  typedef enum {II, IEEE} kind_e;
  rand kind_e kind;
  rand bit [47:0] da, sa;
  rand bit [15:0] len;
  ...
endclass

class Vlan extends EthMacFrame;
  rand bit [15:0] vlan;
endclass
```

就其劣势而言，使用继承的类在设计、创建和调试上比没有使用继承的类要付出更多的努力。在把基类句柄赋值给扩展类句柄时你的代码必须使用 $cast。创建一系列的虚方法可能会很麻烦，因为它们必须具有相同的签名。一旦你需要一个额外的参数，就需要回过头去编辑这一系列的方法，甚至可能包括对该方法的调用。

继承在初始化的时候也存在问题。你需要怎样的约束才能在两种帧类型中随机取值并且给变量赋以恰当的值呢？你不能在引用 vlan 域的 EthMacFrame 上施加约束。

最后就是多继承的问题。在图 8.7 中，你可以看到 VLAN 帧是怎样从普通 MAC 帧派生得到的。问题是这些不同的帧格式最后再一次收敛到一种格式。SystemVerilog 不支持多继承，所以你不能通过继承来创建 VLAN/Snap/Control 帧。

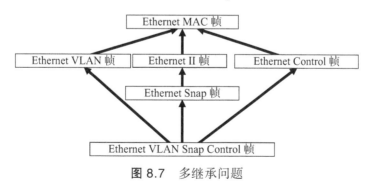

图 8.7 多继承问题

8.4.4 现实世界中的其他方法

合成会导致层次结构变复杂，继承需要额外的代码和计划来处理所有不同类，而且两者的创建和初始化都很困难，那么该怎么办呢？你可以创建一个单一的不分层的类，包含所有变量和方法。这种方法会使得类变得很大，但是它解决了上述所有问题。你必须使用判别变量来决定哪个变量是有效的，如例 8.19 所示。例 8.19 包含若干个条件约束，根据变量 kind 的取值分别适用于不同的情形。

【例 8.19】创建一个不分层的以太帧

```
class eth_mac_frame;
  typedef enum {II, IEEE} kind_e;
  rand kind_e kind;
  rand bit [47:0] da, sa;
  rand bit [15:0] len, vlan;
  rand bit [ 7:0] data[];
  ...
  constraint eth_mac_frame_II {
    if (kind == II) {
      data.size() inside {[46:1500]};
      len == data.size();
  }}
  constraint eth_mac_frame_ieee {
    if (kind == IEEE) {
    data.size() inside {[46:1500]};
    len < 1522;
  }}
endclass
```

不管如何创建类，你都应当在类中定义典型的行为和约束，然后在测试级使用继承来添加新的行为。

8.5　对象的复制

在例 8.6 中，发生器首先随机化，然后复制蓝图来创建一个新的事务。让我们仔细看一下例 8.20 中的 copy 函数。更复杂的 copy 函数的例子见 5.15 节。

【例 8.20】带有虚 copy 函数的事务基类

```
class Transaction;
  rand bit [31:0] src, dst, data[8];  // 变量
  bit [31:0] csm;

  virtual function Transaction copy();
    copy = new();                      // 构造目标对象
    copy.src = this.src;               // 复制数据域
    copy.dst = this.dst;               // 前缀 "this." 不是必需的，但让代码更清楚
```

```
        copy.data = this.data;
        copy.csm = this.csm;
        return copy;                            // 返回要 copy 的句柄
    endfunction
endclass
```

当你扩展 Transaction 类来创建 BadTr 类时，copy 函数仍然需要返回一个
Transaction 对象。这是因为扩展类的虚函数必须和基类的 Transaction::copy 函
数相匹配，包括所有参数和返回类型，如例 8.21 所示。

【例 8.21】带有虚 copy 函数的扩展事务类

```
class BadTr extends Transaction;
    rand bit bad_csm;

    virtual function Transaction copy();
        BadTr bad;
        bad = new();                            // 构造派生的对象
        bad.src = this.src;                     // 复制数据域
        bad.dst = this.dst;
        bad.data = this.data;
        bad.csm = this.csm;
        bad.bad_csm = this.bad_csm;
        return bad;                             // 返回要 copy 的句柄
    endfunction
endclass : BadTr
```

之前的 copy 方法总会创建一个新的对象。copy 函数的一种改进方法就是指定复制
对象的存放地址。当你想要重用一个现有对象而不是分配一个新对象时，这种技术非常
有效，如例 8.22 所示。

【例 8.22】使用 copy 函数的事务基类

```
class Transaction;
    virtual function Transaction copy(input Transaction to = null);
        if (to == null)
            copy = new();                       // 创建新对象
        else
            copy = to;                          // 或者使用现有对象
        copy.src = this.src;                    // 复制数据域
        copy.dst = this.dst;
        copy.data = this.data;
        copy.csm = this.csm;
        return copy;
    endfunction
endclass
```

改进方法与之前的方法唯一不同之处就是用于指定目标的额外参数，以及对是否有目标对象传入该方法进行测试的代码。如果没有传入任何值（默认情况），就会创建一个新的对象，否则就会使用现有对象。

既然你已经为基类中的虚方法增加了一个新的参数，你也需要将新参数加入到扩展类（如 Badtr）相同的方法中去，如例 8.23 所示。

【例 8.23】含有新 copy 函数的扩展事务类

```
class BadTr extrands Transaction;

  virtual function Transaction copy(input Transaction to = null);
    BadTr bad;
    if (to == null)
      bad = new();                        // 创建一个新对象
    else
      $cast(bad,to);                      // 重用现有的对象
    super.copy(bad);                      // 复制基类数据域
    bad.bad_csm = this.bad_csm;          // 复制扩展数据域
    return bad;
  endfunction
endclass : BadTr
```

注意 BadTr::copy 只需要复制扩展类里的数据。对于基类的数据，可以使用基类的 Transaction::copy 方法复制。

8.6　抽象类和纯虚方法

前面你见到的类往往带有拷贝和显示等常见操作方法。验证的一个目标就是创建可以为多个项目所共享的代码。如果你的公司建立了一系列通用类和方法，那么在项目之间重用代码就更加简单了。

OOP 语言，例如 SystemVerilog，允许你使用两种构造方法创建一个可以共享的基类。第一种是抽象类，即可以被扩展但是不能被直接实例化的类。它使用 virtual 关键词进行定义。第二种即纯虚（pure virtual）方法，这是一种没有实体的方法原型。一个由抽象类扩展得来的类只有在所有虚方法都有实体的时候才能被例化。关键词 pure 表明一个方法声明是原型定义，而不仅仅是空的虚方法。pure 方法没有 endfunction 或 endtask 关键字。纯虚方法只能在抽象类中定义。抽象类可以包含纯虚方法、带有实体的虚方法、不带实体的虚方法和非虚方法。注意：如果定义一个不带实体的虚方法，例如内部没有代码，可以调用它但是它会立即返回。

例 8.24 的抽象类 BaseTr 是一个事务基类。它以一些有用的属性，如 id 和 count 开始。构造函数保证每一个实例的 ID 都是独一无二的。接下来就是用于比较、复制和显示对象的纯虚方法。

【例 8.24】使用纯虚方法的抽象类

```
virtual class BaseTr;
  static int count;                 // 需要创建的实例数
  int id;                           // 唯一的事务 ID

  function new();
    id = count++;                   // 每一个对象对应一个 ID
  endfunction

  pure virtual function bit compare(input BaseTr to);
  pure virtual function BaseTr copy(input BaseTr to = null);
  pure virtual function void display(input string prefix = "");
endclass : BaseTr
```

你可以声明 BaseTr 类型的句柄，但是不能创建该类型的对象。你需要先扩展该类并对所有纯虚方法提供具体实现。

例 8.25 给 出 了 Transaction 类 的 定 义，它 从 BaseTr 类 扩 展 而 来。因 为 Transaction 类对所有从 BaseTr 类扩展的纯虚方法都有实体定义，所以可以在测试平台中构造这种类型的对象。

【例 8.25】Transaction 类扩展了抽象类

```
class Transaction extends BaseTr;
  rand bit [31:0] src, dst, csm, data[8];

  extern function new();
  extern virtual function bit compare(input BaseTr to);
  extern virtual function BaseTr copy(input BaseTr to = null);
  extern virtual function void display (input string prefix = "");

endclass

function Transaction::new();
  super.new();
endfunction : new

function bit Transaction::compare(input BaseTr to);
  Transaction tr;
  if (!$cast(tr, to));              // 检查 to 是否为正确类型
    $finish;
  return ((this.src == tr.src) &&
          (this.dst == tr.dst) &&
```

```
                        (this.csm == tr.csm) &&
                        (this.data == tr.data));
    endfunction : compare

    function BaseTr Transaction::copy(input BaseTr to = null);
      Transaction cp;
      if (to == null) cp = new();
      else             $cast(cp, to);
      cp.src = this.src;                    // 复制数据域
      cp.dst = this.dst;
      cp.data = this.data;
      cp.csm = this.csm;
      return cp;
    endfunction : copy

    function void Transaction::display(input string prefix = "");
      $display("%sTransaction %0d src = %h, dst = %x, csm = %x",
               prefix, id, src, dst, csm);
    endfunction : display
```

抽象类和纯虚方法可以建立具有统一观感的测试平台。这就使得任何一个工程师都可以读懂你的代码并且快速理解其结构。

8.7　回　调

本书想给出的一个最主要的建议就是如何创建一个可以不做任何更改就能在所有测试中使用的验证环境。要做到这一点的关键就是测试平台必须提供一个"钩子"，以便测试程序在不修改原始类的情况下注入新的代码。你的驱动器可能想做下面的事情。

（1）注入错误。

（2）放弃事务。

（3）延迟事务。

（4）将本事务与其他事务同步。

（5）将事务放进记分板。

（6）收集功能覆盖数据。

与其试图预测所有可能的错误、延迟或者事务流程中的干扰，不如使用回调的方法，驱动器仅需要"回调"一个在顶层测试中定义的方法。这项技术的好处在于回调方法可以在每个测试中做不同的定义。这样测试就可以使用回调来为驱动器增加新的功能而不需要编辑 Driver 类。对于某些激烈的行为，例如丢弃事务，需要提前在类中编写代码，这是一种已知的模式。事务被丢弃的原因由回调决定。

在图 8.8 中，Driver::run 任务在无限循环中调用一个 transmit 任务。发送事务之前，如果存在前回调（pre_callback）任务，则 run 进行调用。发送事务之后，如果存在后回调（postcallback）任务，run 也会调用。默认情况下是没有回调任务的，所以 run 仅仅调用 transmit。

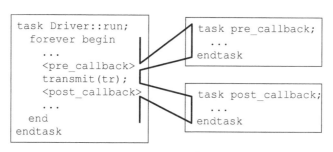

图 8.8　回调流程

你可以将 Driver::run 定义为一个虚方法，然后在可能的扩展类 MyDriver::run 中覆盖其行为。这样做的缺点是如果你想增加新的行为，你可能需要在新方法中重复原方法的所有代码。一旦你对基类做了修改，需要记得将它传播到所有派生类中去。此外，可以增加一个回调任务而无须修改构成原对象的代码。

8.7.1　创建一个回调任务

应该在顶层测试中创建一个回调任务，在环境中的最低级即驱动器中调用回调任务。驱动器无须知道关于测试的任何信息——它只需要使用一个可以在测试中扩展的通用类。例 8.27 中的驱动器用一个队列保存回调对象，这样就可以增加多个对象。例 8.26 中的回调基类是一个抽象类，使用前必须先进行扩展。回调函数的类型是任务，所以可以有延时。

【例 8.26】回调基类

```
virtual class Driver_cbs;                // 驱动器回调

  virtual task pre_tx(ref Transaction tr, ref bit drop);
    // 默认情况下回调不做任何动作
  endtask

  virtual task post_tx(ref Transaction tr);
    // 默认情况下回调不做任何动作
  endtask
endclass
```

【例 8.27】使用回调的驱动器类

```
// 局部示例，详细信息见例 8.4
class Driver;
```

```
    Driver_cbs cbs[$];                      // 回调对象的队列

    task run();
      bit drop;
      Transaction tr;

      forever begin
        drop = 0;
        agt2drv.get(tr);                     // 驱动器邮箱的代理
        foreach (cbs[i]) cbs[i].pre_tx(tr, drop);
        if (drop) continue;
        transmit(tr);                        // 实际工作
        foreach (cbs[i]) cbs[i].post_tx(tr);
      end
    endtask
  endclass
```

需要指出的是虽然 Driver_cbs 是一个抽象类，但 pre_tx 和 post_tx 不是纯虚方法。这是因为一个典型的回调任务只会使用它们中的一个。只要类中存在一个没有实现的纯虚函数，OOP 的规则就不允许你例化这个类。

回调是 VMM 和 UVM 的一部分。这里的回调技术和 Verilog PLI 的回调或 SVA 的回调无关。

8.7.2　使用回调注入干扰

回调的一种常见用法是注入干扰，例如引起一个错误或者延迟。例 8.28 的测试平台使用一个回调对象随机地丢弃数据包。回调也可以用来向记分板发送数据或者收集功能覆盖率数据。注意，你可以使用push_back()或者push_front()将回调对象放入队列，这取决于你想要以什么样的顺序来调用这些方法。例如，你可能想要在任何事务被延迟、破坏或者丢弃之后调用记分板。只有在一个事务成功传送之后才能收集覆盖率数据。

【例 8.28】使用回调进行错误注入的测试

```
class Driver_cbs_drop extends Driver_cbs;
  virtual task pre_tx(ref Transaction tr, ref bit drop);
    // 每 100 个事务中随机丢弃 1 个
    drop = ($urandom_range(0,99) == 0);
  endtask
endclass


program automatic test;
  Environment env;
```

```
initial begin
  env = new();
  env.gen_cfg();
  env.build();

  begin                                    // 创建错误注入的回调任务
    Driver_cbs_drop dcd = new();
    env.drv.cbs.push_back(dcd);    // 放入驱动器队列
  end

  env.run();
  env.wrap_up();
end

endprogram
```

8.7.3　记分板简介

记分板的设计取决于待测设计（DUT）。对于一个处理原子事务（atomic transaction）的 DUT，例如处理包信息的 DUT，其记分板需要包含一个将输入的事务转换成期望值的传输函数、用来保存这些值的内存空间，以及一个进行比较的方法。一个处理器的设计需要一个参考模型来预测期望输出，而对期望值和实际值的比较可能会在仿真的末尾进行。

例 8.29 给出了一个简单的记分板，它将事务存储在期望值队列中。第一个方法用来保存一个期望的事务，第二个方法尝试找出与测试平台接收到的实际事务相匹配的期望事务。当你在一个队列中搜索时，可能会得到 0 个匹配（即未找到事务），1 个匹配（理想情况），或者多个匹配（你需要做一次更加复杂的匹配）。

【例 8.29】用于原子事务的简单记分板

```
class Scoreboard;
  Transaction scb[$];                        // 保存期望的事务的队列

  function void save_expected(input Transaction tr);
    scb.push_back(tr);
  endfunction

  function void compare_actual(input Transaction tr);
    int q[$];

    q = scb.find_index(x) with (x.src == tr.src);
```

```
     case (q.size())
       0: $display("No match found");
       1: scb.delete(q[0]);
       default:
         $display("Error, multiple matches found!");
     endcase
   endfunction : compare_actual
endclass : Scoreboard
```

8.7.4 与使用回调的记分板进行连接

例 8.30 的测试平台创建了对于驱动器回调类的扩展,并且在驱动器的回调队列中加入了一个引用。需要指出的是,记分板回调需要一个记分板句柄,这样才能调用方法来保存期待的事务。例 8.30 中没有给出监测器的代码,因为它需要自己的回调任务来给记分板发送实际的事务,以作比较。

【例 8.30】记分板使用回调的测试

```
class Driver_cbs_scoreboard extends Driver_cbs;
  Scoreboard scb;

  virtual task pre_tx(ref Transaction tr, ref bit drop);
    // 将事务放入记分板
    scb.save_expected(tr);
  endtask

  function new(input Scoreboard scb);
    this.scb = scb;
  endfunction
endclass


program automatic test;
  Environment env;

  initial begin
    env = new();
    env.gen_cfg();
    env.build();

    begin                              // 创建计分板回调
      Driver_cbs_scoreboard dcs = new(env.scb);
      env.drv.cbs.push_back(dcs);      // 放入驱动器队列
```

```
        end

        env.run();
        env.wrap_up();
    end

endprogram
```

VMM 建议为记分板和功能覆盖使用回调。事务监测器可以利用回调来比较接收到的事务和期待的事务。监测器回调也非常适合用于收集 DUT 实际发送事务的功能覆盖数据。

你可能已经想过将记分板和功能覆盖数据组置于一个事务处理器中，并使用邮箱将其连接到测试平台。这是一种笨拙的解决方法，原因如下：这些测试平台组件几乎总是被动和异步的，所以这些组件只有在测试平台给它们数据的时候才会被唤醒，而它们从不会主动向下游事务处理器传递信息。这样一来，一个需要同时监视多个邮箱的事务处理器的解决方案就变得过于复杂了。此外，你可能在测试平台的多个地方采样数据，但是事务处理器设计用来处理单个数据源。相反地，可以将方法置于记分板和覆盖率类中来收集数据，并通过回调将它们连接到测试平台。

UVM 建议使用 TLM 分析端口，将监控器 / 驱动器连接到记分板和功能覆盖率测试模块。对这种构造的描述超出了本书的范围，你可以将其视为带有可选使用者的邮箱。

8.7.5 使用回调来调试事务处理器

如果一个使用回调的事务处理器没有按照预想工作，可以增加一个调试回调。可以从增加一个显示事务内容的回调开始调试工作。如果该事务处理器存在多个实例，可以为它们建立唯一的标识符。将调试代码放置到其他回调的前面和后面来定位引起问题的回调。即使是调试，也必须避免对测试环境造成改变。

8.8 参数化的类

随着你对类越来越熟悉，你可能注意到一个类，例如一个堆栈或者一个发生器，只对一种数据类型有效。本节将告诉你如何定义一个参数化类以用于处理多种数据类型。

8.8.1 一个简单的栈（stack）

一种常见的数据结构就是堆栈（stack），它通过入栈（push）和出栈（pop）方法存储和取回数据。例 8.31 给出了一个用于整数类型（int）的简单的堆栈。

【例 8.31】使用整型的堆栈

```
parameter int SIZE = 100;
class IntStack;
```

```
    local int stack[SIZE];                    // 保存数据值
    local int top;

    function void push(input int i);          // 从顶端入栈
      stack[top++] = i;
    endfunction : push

    function int pop();                        // 从顶端出栈
      return stack[--top];
    endfunction

  endclass : IntStack
```

这个类的问题在于它只能用于操作整数类型。如果为实数类型做一个堆栈，那么你就得复制该类，然后将数据类型由整型转换为实数类型。这样会导致类的快速增长，最后在需要增加一些新操作，如遍历和输出堆栈内容时，代码维护就会出现问题。

在 SystemVerilog 中，你可以为类增加一个数据类型参数，并在声明类句柄的时候指定类型。这样做类似于参数化的模块（module），即在例化时指定位宽等值，但是这种方法更加强大。SystemVerilog 的类参数化近似于 C++ 中的模板。

例 8.32 是一个参数化的堆栈类。其中，类型 T 在第一行中定义成默认类型 int。

【例 8.32】参数化的堆栈类

```
parameter int SIZE = 100;
class Stack #(type T = int);
  local T stack[SIZE];                        // 保存数据值
  local int top;

  function void push(input T i);              // 从顶部入栈
    stack[top++] = i;
  endfunction : push

  function T pop();                            // 从顶部出栈
    return stack[--top];
  endfunction
endclass : Stack
```

为参数化类指定值的步骤称为专门化。例 8.33 声明了一个实数类型的堆栈类的句柄。

【例 8.33】产生参数化的堆栈类

```
initial begin
  Stack #(real) rStack;                       // 创建一个实数类型的堆栈
```

```
  rStack = new();                                    // 构造实数栈对象
  for(int i = 0; i < SIZE; i++)
    rStack.push(i*2.0);                              // 数据入栈

  for(int i = 0; i < SIZE; i++)
    $display("%f ", rStack.pop());                   // 数据出栈
end
```

原子发生器（atomic generator）是类被参数化的很好的例子。一旦定义了一个发生器类，那么该类的结构对任何数据类型都有效。例 8.34 中的原子发生器来自例 8.6，但是增加了一个参数，这样你就可以产生任何随机对象。发生器应当是验证类包的一部分。它需要指明一个默认类型，所以这里使用例 8.24 中的 BsaeTr 类，因为这个抽象类也应当是验证包的一部分。

【例 8.34】使用蓝图模式的参数化的发生器类

```
class Generator #(type T = BaseTr);
  mailbox #(Transaction) gen2drv;
  T blueprint;                                       // 蓝图对象

  function new(input mailbox #(Transaction) gen2drv);
    this.gen2drv = gen2drv;
    blueprint = new();                               // 创建默认类型的对象
  endfunction

  task run(input int num_tr = 10);
    T tr;
    repeat (num_tr) begin
      `SV_RAND_CHECK(blueprint.randomize);
      $cast(tr, blueprint.copy());                   // 复制
      gen2drv.put(tr);                               // 送给驱动器
    end
  endtask
endclass
```

使用例 8.25 中的 transaction 类和例 8.34 中的发生器，可以创建例 8.35 这样简单的测试平台。它启动发生器，使用例 7.40 所示的邮箱同步，并输出最初的 5 个事务。

【例 8.35】使用参数化发生器类的简单测试平台

```
program automatic test;

  initial begin
    Generator #(Transaction) gen;
    mailbox #(Transaction) gen2drv;
```

```
    gen2drv = new(1);
    gen = new(gen2drv);

    fork
      gen.run();

      repeat (5) begin
        Transaction tr;
        gen2drv.peek(tr);                    // 获取下一个事务
        tr.display();
        gen2drv.get(tr);                     // 删除事务
      end

    join_any
  end
endprogram // test
```

8.8.2　共享参数化类

当专门化一个参数化类时，如例 8.33 中的 real 堆栈，你正在创建一个新的数据类型，与任何其他专门化都没有 OOP 关系。例如，不能使用 $cast() 在实数变量和整数之间进行转换。为此，您需要一个公共基类，如例 8.36 所示。

【例 8.36】参数化发生器类的公共基类

```
class GenBase
endclass

class Generator #(type T = BaseTr) extends GenBase;
  // 见例 8.34 的发生器类
endclass

  GenBase gen_queue[$];
  Generator #(Transaction)    gen_good;
  Generator #(BadTr)          gen_bad;

  initial begin
    gen_good = new();                        // 构造正确的发生器
    gen_queue.push_back(gen_good);           // 保存到队列
    gen_bad = new();                         // 构造错误的发生器
    gen_queue.push_back(gen_bad);            // 保存到同一个队列
  end
```

后续小节会展示更多参数化类的实例。

8.8.3 关于参数化类的建议

在建立参数化类时，应当从非参数化类开始，仔细调试，然后增加参数。这种分开的做法可以减少今后的调试时间。

事务类中的通用虚方法集可以帮助你创建参数化类。例如 Generator 类使用 copy 方法，并且总是使用相同的签名。类似地，当事务穿过测试平台组件时，display 方法允许你方便地对它们进行调试。

系统函数 $typename() 和 $bits() 可以获取类参数的名称和宽度。$typename(T) 函数返回参数类型的名称，如 int、real 或句柄的类名。$bits() 函数的作用是返回参数的宽度，对于结构和数组等复杂类型，它返回将表达式作为位流时所需的位数。UVM 事务打印方法使用 $bits() 函数正确对齐字段。

宏是参数化类的一种替代形式。例如，你可以为发生器定义一个宏，然后用它传递事务数据类型。宏相对于参数化的类来说更难调试，除非编译器能输出扩展后的代码。

如果需要定义几个共享相同事务类型的相关类，可以使用参数化类或单个大型宏。归根结底，你如何定义类并不重要，重要的是类中的内容。

8.9 静态和单例类

本节和下一节将展示在 UVM 和 VMM 中广泛使用的高级 OOP 概念。你可以通过阅读包含许多方法的源代码理解 UVM 的工作机制。本节会用一个大大简化的例子帮你节省时间。本章准备了几个备选方案，这样你就可以理解为什么 UVM 没有选择更多简单的选项。

OOP 的目标之一是消除全局变量和方法，以免代码很难维护和重用。全局度量和方法的名字存在于全局名称空间，可能会导致名称空间冲突。无法确定 packet_count 是指 TCP/IP 数据包还是其他协议，将名为 count 的变量放入 Packet 类则可以避免歧义。

8.9.1 打印消息的动态类

有时候你真的需要全局化。例如，所有验证方法都提供打印服务，因此可以过滤消息并统计错误。如果试图用迄今为止所学的知识构建这样一个类，它应该类似于例 8.37。

【例 8.37】带有静态变量的动态打印类

```
class Print;
  static bit [31:0] erro_count = 0, error_limit = -1;
  string class_name, instance_name;

  function new(input string class_name, instance_name);
    this.class_name    = class_name;
    this.instance_name = instance_namc;
  endfunction
```

```
function void error(input string ID, input string message);
  $display("@%0t %m [%s-%s] [%s] %s",
             $realtime, class_name, instance_name, ID, message);
  if (++error_count >= error_limit) begin
     $display("FATAL: Maximum error limit reached");


      $finish;
    end
  endfunction

endclass
```

这是 VMM 日志类的一个大大简化的版本。VMM 代码允许按类、实例名称或其他功能过滤消息。

例 8.38 的类使用了例 8.37 中的 Print 类打印错误消息。

【例 8.38】带有动态打印对象的事务处理类

```
class Xactor;
  Print p;
  function new();
    p = new("Xactor", "solo");
  endfunction      // new

  task run();
    p.error("NYI", "This Xactor is not yet implemented");
  endtask
endclass             // Xactor
```

Print 类的最大限制是测试平台的每个元件需要将它实例化。上面的简单 Print 类占用空间很小，但像 VMM 这样的真实版本可能会有许多字符串和数组，消耗大量内存。添加到事务处理类时，这些消耗可能不是很重要，但可能会压倒小的事务类，例如只有53 字节的 ATM 信元。

8.9.2　打印消息的单例类

构造所有打印对象的另一种方法是不构造任何打印对象。如 5.11.4 节所述，可以将 Print 类中的方法声明为静态。这些方法只能引用静态变量，如例 8.39 所示。

【例 8.39】静态打印类

```
class Print;
  static bit [31:0] error_count = 0, error_limit = -1;
  static function void error(input string ID,
                               input string message);
```

```
    $display("@%0t %m [%s] %s", $realtime, ID, message);
    error_count++;
    if (error_count >= error_limit) begin
      $display("Maximum error limit reached");
      $finish;
    end
  endfunction
endclass
```

既然类是静态的，就不能再拥有每个实例的信息，比如父类的名称和实例。任何过滤都必须基于其他标准。

例 8.40 显示了如何使用 Print 类名调用 error() 方法。

【例 8.40】带有静态打印类的事务处理类

```
class Xactor;
  task run();
    Print::error("NYI", "This Xactor is not yet implemented");
  endtask
endclass
```

这种类型的类被称为单例（singleton）类，因为只有一个副本，在编译优化时分配静态变量。

随着静态类（例如例 8.39 中的类）的增长，必须用 static 关键字标记所有内容，这是一个小麻烦。接下来，在仿真前分配类，即使从未使用过它。此外，由于没有指向这个类的句柄，所以不能把它传递给测试平台。替代静态类的办法是具有单个实例的单例类（或单例模式），它是一个只构造一次的非静态类。虽然很难在开始的时候创造单例类，但可以简化程序的架构。许多 UVM 类都是单例类。

单例模式（singleton pattern）是通过一个新类的方法实现，它能创建类的新实例（如果不存在）。如果一个实例已经存在，那么只返回该对象的句柄。为了确保无法以任何其他方式实例化该对象，必须将构造函数声明为 protected。构造函数不能是 local，因为扩展类可能需要访问构造函数。

8.9.3 带有静态参数化类的配置数据库

静态类在验证中另一个很好的用途是配置参数数据库。仿真开始时，将系统的配置随机化。在一个小系统中，您可以简单地将静态类存储在单个类或层次化的类中，并根据需要在测试平台上传递它们。但有时当句柄在层次结构中上下传递时，这种方法会变得太复杂。相反创建一个全局参数数据库，通过名称进行索引，则可以在测试平台的任何地方访问数据库。UVM 1.0 引入了这个概念，下面是一组相关的例子。代码在数据库中有一个字符串索引，而像 UVM 这样的实数数据库可能有属性名、实例名和其他值，可以将它们连接起来以创建更复杂的索引字符串。

数据库的一个问题是，需要在单个数据库中存储不同类型的值，例如位向量、整数、实数、枚举值、字符串、类句柄、虚拟接口等。虽然可以找到一些常见类型，如位向量和公共基类，但也有一些类型（如虚拟接口）是独特的，因此没有简单的方法将它们存储在公共数据库中。OVM 和 UVM 的早期版本建议围绕虚拟接口创建一个类包装器，但这需要额外的编码，并且是一种常见的错误源。

如果为每种数据类型创建不同的数据库会怎么样？可以使用按参数名称索引的关联数组。一个真实的数据库可能有一个实例名，但对于这个简单的例子，可以将所有名称连接在一起，形成一个索引。例 8.41 显示了由全局方法生成的整数数据库的代码。

【例 8.41】带有全局方法的配置数据库

```
int db_int[string];
function void db_int_set(input string name, input int value);
  db_int[name] = value;
endfunction


function void db_int_get(input string name, ref int value);
  value = db_int[name];
endfunction


function void db_int_print();
  foreach (db_int[i])
    $display("db_int[%s] = %0d", i, db_int[i]);
endfunction
```

你可以使用 8.8 节的概念将其概括为一个参数化类，如例 8.42 所示。

【例 8.42】带有参数化类的配置数据库

```
class config_db #(type T = int);
  T db[string];
  function void set(input string name, input T value);
    db[name] = value;
  endfunction

  function void get(input string name, ref T value);
    value = db[name];
  endfunction

  function void print();
    $display("Configuration database %s", $typename(T));
    foreach (db[i])
      $display("db[%s] = %p", i, db[i]);
```

```
    endfunction
endclass
```

现在，你可以为整数数据库、实数数据库等构造对象。最终的问题是，数据库的每个实例都是本地的，作用域是该类实例化的作用域。例 8.43 中所示的解决方案是全局化，使其成为一个具有静态属性和方法的静态类。

【例 8.43】带有静态参数化类的配置数据库

```
class config_db #(type T = int);
  static T db[string];
  static function void set(input string name, input T value);
    db[name] = value;
  endfunction

  static function void get(input string name, ref T value);
    value = db[name];
  endfunction

  static function void print();
    $display("\nConfiguration database %s", $typename(T));
    foreach (db[i])
      $display("db[%s] = %0p", i, db[i]);
  endfunction
endclass
```

你可以用例 8.44 测试以上代码，观察参数化类如何为每种类型创建新数据库。

【例 8.44】配置数据库的测试平台

```
class Tiny;
  int i;
endclass    // Tiny


int i = 42, j = 43, k;                   // 要保存到数据库的整数
real pi = 22.0/7.0, r;                   // 要保存到数据库的实数
Tiny t;                                  // 要保存到数据库的句柄


initial begin
  config_db#(int)::set("i",i);           // 将整数保存到数据库
  config_db#(int)::set("j",j);           // 将整数保存到数据库
  config_db#(real)::set("pi",pi);        // 将实数保存到数据库

  t = new();
  t.i = 8;
```

```
config_db#(Tiny)::set("t",t);                  // 将句柄保存到数据库
config_db#(Tiny)::set("null",null);            // 测试空句柄

config_db#(int)::get("i",k);                    // 从数据库取出一个整数
$display("Fetched value (%0d) of i (%0d)", i, k);

config_db#(int)::print();                       // 打印整数数据库
config_db#(real)::print();                      // 打印实数数据库
config_db#(Tiny)::print();                      // 打印句柄数据库
end
```

将单例实现为单实例而不是静态类成员，你只需要初始化单例，在需要时创建它。

UVM 数据库允许使用通配符和其他正则表达式，这些需要比关联数组更复杂的查找方案。

8.10　创建测试注册表

在实际设计中，编译测试和 DUT 需要花费大量时间。如果你想在每个单独的程序块中运行 100 个测试，每次测试前都需要重新编译，总共 100 次。因为大多数代码没有改变，所以这种重复编译是对 CPU 时间的浪费。如果你有 100 个程序块，每个都有一个测试，模型中连接了所有程序块，那就需要一种方法禁用除了当前程序块之外的所有程序块。最好的解决方案是在一个程序块内包括所有测试和测试平台，和 DUT 一起编译一次。本节显示了如何利用 Verilog 命令行开关每次选择运行一个测试。

8.10.1　静态方法测试注册表

本书前面的例子有一个包含一个测试的程序。对于这种方法，每个测试都是一个单独的类。所有类都位于同一个程序块中，要么从包中导入，要么在编译时包含进来。首先构建测试类，并在测试注册表中注册。运行时，可以选择需要进行的测试。这遵循了早期的 VMM 风格。

首先，您需要一个可以扩展的测试基类。例 8.45 显示了一个抽象类，包含一个环境类的句柄和一个纯虚任务，该任务是包含测试代码的方法的占位符。

【例 8.45】测试基类

```
virtual class TestBase;
  Environment env;
  pure virtual task run_test();
  function new();
    env = new();
  endfunction
endclass
```

测试注册类的核心是由测试名称索引的关联数组，保存了所有测试的句柄。TestRegistry类，如例8.46所示，是一个只包含静态变量和方法的静态类，从未构造过。get_test()方法读取Verilog命令行参数以确定要执行的测试。

【例8.46】测试注册类

```
class TestRegistry;
  static TestBase registry[string];

  static function void register(string name, TestBase t);
    registry[name] = t;
  endfunction // register

  static function TestBase get_test();
    string name;
    if (!$value$plusargs("TESTNAME = %s", name))
        $display("ERROR: No +TESTNAME switch found");
        return registry[name];
  endfunction
endclass // TestRegistry
```

例8.47展示了如何扩展TestBase以创建一个简单的运行所有环境的测试。例子的最后一行是调用构造函数的声明，这个构造函数注册了测试。测试构建了所有测试对象，但只运行其中一个。

【例8.47】类里的简单测试

```
// 重复每个测试
class TestSimple extends TestBase;

  function new();
    env = new();
    TestRegistry::register("TestIimple", this);
  endfunction

  virtual task run_test();
    $display("%m");
    env.gen_config();
    env.build();
    env.run();
    env.wrap_up();
  endtask
endclass

TestSimple TestSimple_handle = new(); // 每个类都需要
```

例 8.48 中的程序向测试注册表请求一个测试对象并运行它。测试类可以在包中声明并导入，也可以在程序块内部或外部声明。

【例 8.48】测试类的程序块

```
program automatic test;
  TestBase tb;
  initial begin
    tb = TestRegistry::get_test();
    tb.run_test();
  end
endprogram
```

例 8.49 展示了如何创建一个测试类，并增加新的行为。例子通过改变发生器的蓝图来创建错误事务。

【例 8.49】将错误事务放入发生器的测试类

```
class TestBad extends TestBase;
  function new();
    env = new();
    TestRegistry::register("TestBad", this);
  endfunction // new

  virtual task run_test();
    $display("%m");
    env.gen_config();
    env.build();
    begin
      BadTr bad = new();
      env.gen.blueprint = bad;
    end
    env.run();
    env.wrap_up();
  endtask
endclass

TestBad TestBad_handle = new(); // 声明 & 构建
```

这个简短的示例可以将多个测试编译成一个可执行仿真文件，并在运行时选择测试，从而避免多次重复编译。这种方法适合做一些少量的测试，下一节将展示更强大的方法。

8.10.2　带有代理类的测试注册表

上一节的测试注册表适用于较小的测试环境，但对实际项目有一些限制。首先，别忘了构造每个测试类，否则注册表无法找到它。其次，每个测试都是在仿真开始时构建的，尽管实际上只有一个测试在运行。验证一个大型设计时，可能会有数百个测试，构建所有测试浪费了宝贵的仿真时间和内存。

做个对比。当你想买车时，可以去经销商那里看看。如果只有少数选项，白色或黑色，带或不带天窗，经销商为每个车型储备一辆，开销不会太大。这就是你在上一节看到的情况，测试注册表中每个测试类型都有一个对象。

如果有许多不同的型号，每个型号都有十几种颜色，有收音机、天窗、空调、运动套装和发动机等选项，那该怎么办？经销商不可能在场地里准备所有类型，因为有数百种组合。相反，他会给你看一份包含所有选项的目录。你选择想要的选项，工厂会根据你的要求造一台车。同样，测试注册表可以有很多小类，每个类都知道如何构建完整的测试。小类的开销很低，所以即使一千个对象也不会消耗太多内存。现在，当想要运行第 N 个测试时，就好像在目录（test registry）中快速翻动，找到测试的图片，然后告诉工厂制造该类型的对象。

测试注册表（就像上面的产品目录）需要一个根据名称查找测试对象的表格。在8.10.1 节中，这张表是 TestBase 句柄的关联数组，由字符串索引，如例 8.46 所示。如果你有一个参数化类，它的唯一任务就是构造测试，该怎么办？ UVM 使用一种设计模式称为代理类，其唯一作用就是构建实际所需的类。这个代理类是轻量级的，因为它只包含几个属性和方法，因此只占用很少的内存和 CPU 时间。它的行为就像汽车经销商目录里的照片，代表了可以构建的内容。

接下来的几个代码示例展示了 UVM 类工厂是如何工作的。由于本书中的代码是真实 UVM 类的简化版本，因此名称已更改为 SVM，表示 SystemVerilog Methodology，这样就不会将其与真实内容混淆。希望你会发现这个简单工厂的解释比阅读 UVM 源代码更容易理解。

首先是例 8.50，它是一个公共基类，是其他类的基类。它还是一个抽象类，你永远不应该构造这种类型的对象，应该构造从这种类型扩展而来的类。

【例 8.50】通用 SVM 基类

```
virtual class svm_object;
  //空类
endclass
```

接下来是例 8.51 中的元件类。在 UVM 中，组件是一个耗时的对象，它形成了测试平台的层次结构，类似于 VMM 事务处理程序。在这个简化的示例中，层次化的父句柄已被删除。

【例 8.51】元件类

```
virtual class svm_component extends svm_object;
  protected svm_component m_children[string];
```

```
    string name;

    function new(string name);
      this.name = name;
      $display("%m name = '%s'", name);
    endfunction

    pure virtual task run_test();
  endclass
```

现在定义 svm_object_wrapper，代理类的抽象公共基类，如例 8.52 所示。它有一个纯虚方法来返回类类型的名称，并创建一个这种类型的对象。

【例 8.52】通用代理类的基类

```
virtual class svm_object_wrapper;
  pure virtual function string get_type_name();
  pure virtual function svm_object create_object(string name);
endclass
```

现在来看关键类 svm_component_registry，如例 8.53 所示。这是一个轻量级类，可以用很少的开销构建。测试类的类型和名称是参数化的。一旦有了这个类的一个实例，测试平台可以随时使用 create_object 方法构造实际的测试类。这是一个单例类，因为只需要创建一个测试类的实例。仿真开始时，如果需要，可以调用构造第一个实例的 get() 方法初始化静态句柄 me。

【例 8.53】参数化代理类

```
class svm_component_registry #(type T = svm_component,
                               string Tname = "<unknown>")
  extends svm_object_wrapper;

  typedef svm_component_registry #(T,Tname) this_type;

  virtual function string get_type_name();
    return Tname;
  endfunction

  local static this_type me = get();              // 单例的句柄

  static function this_type get();
    if (me = null) begin                          // 有实例吗?
      svm_factory f = svm_factory::get();         // 构造 factory
      me = new();                                 // 构造单例
      f.register(me);                             // 注册类
```

```
      end
      return me;
   endfunction


   virtual function svm_object create_object(string name = "");
      T obj;
      obj = new(name);
      return obj;
   endfunction


   static function T create(string name);
      create = new(name);
   endfunction


endclass : svm_component_registry
```

最后一个主要类是 svm_factory,它的核心是一个单例类,它的数组 m_type_names 保存了测试用例名和创建测试类实例的代理类。例 8.54 中的这个类中还有一个 get_test 方法,它从仿真运行的命令行读取测试名称,并构造测试类的一个实例。与例 8.46 不同,你甚至可以进行一些自检查。

【例 8.54】Factory 类

```
class svm_factory;
   // 根据字符串检索 svm_object_wrapper 句柄的关联数组
   static svm_object_wrapper m_type_names[string];

   static svm_factory m_inst;                    // 单例类的句柄

   static function svm_factory get();
      if (m_inst == null) m_inst = new();
      return m_inst;
   endfunction

   static function void register(svm_object_wrapper c);
      m_type_names[c.get_type_name()] = c;
   endfunction

   static function svm_component get_test();
      string name;
      svm_object_wrapper test_wrapper;
      svm_component test_comp;
```

```
        if(!$value$plusargs("SVM_TESTNAME = %s", name)) begin
          $display("FATAL +SVM_TESTNAME not found");
          $finish;
        end
          $display("%m found +SVM_TESTNAME = %s", name);
          test_wrapper = svm_factory::m_type_names[name];
          $cast (test_comp, test_wrapper.create_object(name));
          return test_comp;
      endfunction
  endclass : svm_factory
```

最后一个是测试基类，由例 8.55 的 svm_component 扩展得到。它使用宏 svm_component_utils 定义新数据类型 type_id，指向代理类。宏把类名符号 T 转化为字符串，并将其转换为包含 T 值的字符串，语法为：`"T"`。测试程序如例 8.56 所示。

【例 8.55】测试基类和注册宏

```
`define svm_component_utils(T) \
    typedef svm_component_registry #(T,`"T`") type_id; \
    virtual function string get_type_name(); \
      return `"T`" \
    endfunction

  class TestBase extends svm_component;
    Environment env;
    `svm_component_utils(TestBase)

    function new(string name);
      super.new(name);
      $display("%m");
      env = new();
    endfunction

    virtual task run_test();
    endtask
  endclass : TestBase
```

【例 8.56】测试程序

```
program automatic test;
  initital begin
    svm_component test_obj;
    test_obj = svm_factory::get_test();
    test_obj.run_test();
```

```
        end
    endprogram
```

以下是使用命令行参数 +SVM_TESTNAME = TestBase 启动仿真时的步骤：

（1）通过宏 svm_component_utils，TestBase 类定义了基于类 svm_component_registry 的 type_id 类型，并带有参数 TestBase 和 "TestBase"。因为这是一种新类型，仿真器会通过调用实例化该类的 get 方法初始化静态变量 svm_component_registry::me。这个实例已经在 factory 注册。这一切意味着现在有一个对象可以构建 TestBase 类，你可以通过 factory 获得。

（2）现在仿真开始，factroy 的 get_test 方法从命令行读取测试名称。该字符串用作注册表的索引，以获取代理对象的句柄。代理对象的 create_object 方法构造了 TestBase 对象的一个实例。

（3）程序调用测试对象的 run_test 方法，该方法调用相关类的测试步骤。现在，例 8.55 中的 TestBase 类没有做任何事情，但只要在例 8.47 和例 8.49 中的测试类添加对 svm_component_utils 宏的调用，就可以运行测试了。

现在你可以按照基本的 UVM 流程开始测试。注册表包含可以构造测试对象的代理类列表。

8.10.3 UVM Factory 构建

UVM factory 还可以使用例 8.53 中的 create 方法为测试平台中的任何类构造对象。例 8.57 展示了如何构建驱动器。

【例 8.57】UVM factory 构建示例

```
driver drv;
drv = driver::type_id::create("drv", this);
```

上面的代码调用静态方法 create 构造 driver 类型的对象。在 UVM 中，第 2 个参数指向创建元件的父类。

UVM factory 允许覆盖元件，以便在构建元件时得到扩展的元件。

你可能已经注意到术语的变化。在经典的 OOP 中，通过调用 new 方法"构造"一个类，根据句柄类型将地址赋值给赋值语句左侧的句柄。在 UVM factory 模式中，通过调用静态 create 方法"构建"对象。这样可以创建与句柄类型相同的对象或扩展类型。

8.11 小 结

软件概念中的继承在现有的类中增加了新的功能，在硬件设计中也扩展了每次生成的特性，并且与之前的设计保有兼容性。

例如，你可以增加一个更大容量的硬盘来升级 PC。只要它使用和原来同样的接口，你就无须更换系统的其他部件，同时使总体性能得到改进。

同样地，你可以通过"升级"现有的驱动器类来注入错误以创建一个新的测试。如果你使用驱动器中已有的回调，则无须对测试平台的架构做任何改变。

如果你想使用这些 OOP 技术，需要提前做好计划。通过使用虚方法和提供足够的程序回调入口，你的测试可以在对代码不做任何改变的情况下更改测试平台的行为。这样你就有了一个健壮的测试平台，只要留下一个钩子使测试可以通过它增加自己的行为，那么这个测试平台就不需要对任何干扰（错误注入，延迟，同步）进行预测。

本章中的测试平台比你在前面创建的都要复杂，但是得到的回报是测试程序变得更小并且更容易编写。因为测试平台完成了发送激励和检查响应等艰巨任务，所以测试程序只需要稍做调整就可以得到想要的特殊行为。在测试平台增加几行额外的代码就可以省去可能在每个测试程序中都重复的代码。

最后，OOP 技术中的类可以重用，这改善了代码编写效率。例如，参数化的堆栈类可以作用于所有而非单个数据类型，使得你无须为每个数据类型编写重复代码。

8.12　练　习

1. 对以下代码，在扩展类 ExtBinary 中创建一个方法，该方法将 val1 和 val2 相乘并返回一个整数。

```
class Binary;
  rand bit [3:0] val1, val2;

  function new(input bit [3:0] val1, val2);
    this.val1 = val1;
    this.val2 = val2;
  endfunction

  virtual function void print_int(input int val);
    $display("val = 0d%0d", val);
  endfunction
endclass
```

2. 在练习 1 的基础上，使用 ExtBinary 类进行初始化 val1 = 15，val2 = 8，并打印出乘法的结果。

3. 在练习 1 的基础上，创建一个扩展类 Exercise3，将 val1 和 val2 限制为小于 10。

4. 在练习 3 的基础上，使用 Exercise3 类将 val1 和 val2 随机化，并打印出乘法的结果。

5. 对于练习 1 的类、以下声明和扩展类 ExtBinary，在执行每个代码段（1）～（4）后，句柄 mc、mc2 和 b 会指向什么，还是会发生编译错误？

```
Binary b;
```

```
ExtBinary mc,mc2;
```

```
（1）mc = new(15,8);
    b = mc;
（2）b = new(15, 8);
    mc = b;
（3）mc = new(15, 8);
    b = mc;
    mc2 = b;
（4）mc = new(15, 8);
    b = mc;
    if($cast(mc2, b))
      $display("Success");
    else
      $display("Error: cannot assign");
```

6. 对于练习 1 的 Binary 和 Ext Binary 类，以及下面 Binary 类的复制函数，创建函数 Ext Binary::copy。

```
virtual function Binary Binary::copy();
  copy = new(15,8);
  copy.val1 = val1;
  copy.val2 = val2;
endfunction
```

7. 在练习 6 的基础上，使用复制函数，将由扩展类句柄 mc 指向的对象复制到扩展类句柄 mc2。

8. 使用 8.7.1 节和 8.7.2 节中例 8.26 至例 8.28 的代码，添加在 0 到 100ns 之间随机延迟一个事务的功能。

9. 创建一个可以使用比较运算符（=== 和 !==）比较任何数据类型的类。它包含一个比较函数，如果两个值匹配，返回 1，否则返回 0。默认情况下，比较两个 4 位数据。

10. 在练习 9 的基础上，使用比较类比较两个 4 位值，expected_4bit 和 actual_4bit。然后比较两个 color_t、expected_color 和 actual_color 类型的值。如果发生错误，增加错误计数器的值。

第9章　功能覆盖率

随着各种设计变得越来越复杂，采用受约束的随机测试方法（CRT）是对设计进行全面验证的唯一有效途径。这种方法可以把你从以往编写测试程序的烦闷中解脱出来，不用再为设计中的每个特征单独编写一套定向的测试集。但是，当你的测试平台在所有设计状态的空间里随机游走时，你怎样才能知道是否已经达到最终目标？即使是定向测试也应该通过功能覆盖率进行双重检查。在项目的整个生命周期，DUT 时序或功能的微小变化可能会微妙地改变定向测试的结果，因此定向测试无法继续验证同样的功能。无论你用的是随机的激励还是定向的激励，都要使用功能覆盖率来度量测试进行的程度。

功能覆盖率是用来衡量哪些设计特征已经被测试程序测试过的一个指标。从设计规范着手，创建一个验证计划，详细列出要测试什么以及如何进行测试。例如，如果你的设计与总线相连，那么就需要对设计和总线之间全部可能的交互方式进行测试，包括相关的设计状态、延时和错误模式。验证计划是引导你开展工作的指南。关于创建验证计划的更多信息，可参见 Bergeron（2006）。

在许多复杂的系统中，你可能永远无法实现 100% 的覆盖率，因为时间表不允许你到达每一个可能的角落。毕竟，没有足够的时间编写定向测试以获得足够的覆盖率，甚至 CRT 也受到创建和调试测试用例以及分析结果所需时间的限制。

图 9.1 用一个反馈环路分析覆盖的结果，并决定采取哪种行动来达到 100% 的覆盖率。首要选择当然是用更多种子运行现有的测试程序；其次是建立新的约束。只有在确实需要的时候才会求助于创建定向测试。

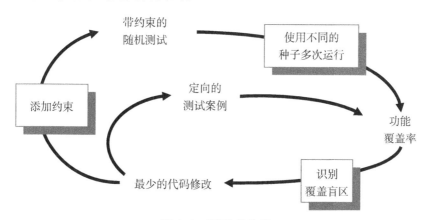

图 9.1　覆盖率收敛

退回到只写定向测试的情况，这时验证计划的用处就不大了。假设设计规范中列出了 100 个特征，你需要做的就是写 100 个测试。在这些测试中，覆盖率是隐含的——比如关于"寄存器移动"的测试就是把所有寄存器的各种组合前后移动。进度的衡量很简单，如果你完成了 50 个测试，那么任务就完成了一半。本章使用"显式的"和"隐含的"来描述覆盖率的指定方式。显式的覆盖率是在测试环境中使用 SystemVerilog 特性直接描述的。隐含的覆盖率则是暗藏在测试中的——比如当关于"寄存器移动"的定向测试通过后，你就已经有希望覆盖所有寄存器级事务了。

使用 CRT，你不再需要手工逐行输入激励，但是需要根据验证计划编写代码来追踪测试的有效性。由于处在更高的抽象层次，所以你的工作更加富有成效。你的工作已经从对逐个比特进行调试转变为对感兴趣的设计状态进行描述。100% 覆盖率的目标迫使你花更多的精力去思考需要观测什么以及如何引导设计进入期望的状态。

9.1 收集覆盖率数据

仅仅通过改变随机种子，就可以反复运行同一个随机测试平台来产生新的激励。每一次仿真都会产生一个带有覆盖率信息的数据库，记录随机种子游走的轨迹。把这些信息全部合并在一起就可以得到功能覆盖率，从而衡量整体进展程度，如图 9.2 所示。

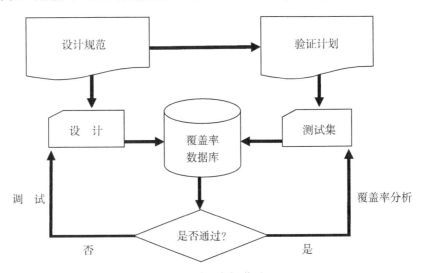

图 9.2 覆盖率操作流程

接下来，通过分析覆盖率数据可以决定如何修改测试集。如果覆盖率稳步增长，那么只需添加新的随机种子继续运行已有的测试，或者延长测试的运行时间。如果覆盖率增速放缓，那么需要添加额外的约束来产生更多"有意思的"激励。当覆盖率稳定下来，而设计的某些部分尚未被测试过，这时就需要创建更多新的测试了。最后，在功能覆盖率接近 100% 时检查错误率。如果仍然不停地发现错误，那么你可能并没有真正覆盖设计中的某些区域。不要急于想达到 100% 的覆盖率，它只不过意味着你的测试到达所有常见的区域而已。当你试图对整个设计进行验证时，应该多在激励空间进行随机游走，而这可能会给你创造很多预料不到的组合，见 van der Schoot（2007）。

每一个仿真器供应商在存储覆盖率数据时都有自己的格式，同时也有自己的分析工具。你需要使用这些分析工具完成以下工作。

（1）运行一个带有多个随机种子的测试。对于给定的约束集和覆盖组合，把测试平台和设计一起编译成一个可执行文件。现在你需要做的就是使用不同的随机种子反复运行这个约束集。可以使用 Unix 系统时间作为随机种子，但需要小心的是，你的批处理系统也许会同时启动多项任务。这些任务可能运行在不同的服务器上，也可能运行在同一台服务器的不同处理器上。因此，将所有这些价值观结合起来，形成一种真正唯一的种子。种子必须与仿真和覆盖率结果一起保存，以便重现。

（2）检查运行是否通过。功能覆盖信息只在仿真运行成功时才有效。当因设计存在漏洞而使仿真失败时，必须丢弃覆盖率信息。覆盖率数据衡量的是验证计划中有多少项已完成，而验证计划则是基于设计规范的。如果设计不符合规范，那么覆盖率数据就没用了。一些验证团队会定期全面衡量功能覆盖率，以便能够正确反映当前的设计状态。

（3）分析通过多次运行得到的覆盖率。你需要衡量每个约束集在经受时间考验时到底有多成功。如果约束指向的区域还没有达到 100% 的覆盖率，但是覆盖率一直在增加，那么就继续运行更多的种子。如果覆盖率已经稳定下来，不再继续增长，那么应该考虑修改约束。只有当你觉得使用受约束的随机仿真覆盖特定区域的最后几种情况可能会花太长时间时，才有必要考虑编写定向测试。即使到这个时候，仍然可以继续使用随机激励测试设计中的其他区域，因为通过这种"背景噪音"也许还能找出漏洞来。

9.2 覆盖率的类型

覆盖率是衡量设计验证完成程度的一个通用词。随着测试逐步覆盖各种合理的组合，仿真过程会慢慢勾画出你的设计情况。覆盖率工具会在仿真过程中收集信息，然后进行后续处理并得到覆盖率报告。通过这个报告找出覆盖上的盲区，然后修改现有测试或者创建新测试来填补这些盲区。这个过程可以一直迭代进行，直到你对覆盖率满意为止。

9.2.1 代码覆盖率

衡量验证进展的最简易的方式是使用代码覆盖率。这种方式衡量的是多少行代码已经被执行（行覆盖率），在穿过代码和表达式的路径中有哪些已经被执行（路径覆盖率），哪些单比特变量的值为 0 或 1（翻转覆盖率），以及状态机中哪些状态和状态转换已经被访问（有限状态机覆盖率）。不用添加任何额外的 HDL 代码，工具会通过分析源代码和增加隐藏代码自动完成代码覆盖率的统计。当你运行完所有测试，代码覆盖率工具便会创建相应的数据库。

大多数仿真器都带有代码覆盖率工具。后续处理工具会把数据库转换成可读格式。最终的结果用于衡量你执行了设计中的多少代码。注意，你的主要关注点应该放在对设计代码的分析上，而不是测试平台。未经测试的设计代码里可能会隐藏硬件漏洞，也可能仅仅是冗余的代码。

代码覆盖率衡量的是测试对于设计规范的"实现"究竟有多彻底，并非针对验证计划。原因很简单，你的测试达到 100% 的覆盖率，并不意味着你的工作已经完成。如果代码有漏洞但是测试没找到怎么办？或者情况更差一些，如果代码中遗漏了某个必要的特性怎么办？例 9.1 的模块描述了一个 D 触发器。你能看出其中的错误吗？

【例 9.1】缺少一条路径的不完善的 D 触发器模型

```
module dff(output logic q, q_l,
           input logic clk, d, reset_l);

  always @(posedge clk or negedge reset_l) begin
    q <= d;
    q_l <= !d;
  end
endmodule
```

复位逻辑被意外地漏掉了。代码覆盖率工具会报告每一行都被测试过，但实现的模型却是不正确的。必须回到描述复位行为的功能规范，确保验证计划包含验证这一点的要求。然后再收集复位期间的功能覆盖率信息。

9.2.2　功能覆盖率

验证的目的就是确保设计在实际环境中的行为正确，实际环境可以是 MP3 播放器、路由器或移动电话。设计规范里详细说明了设备应该如何运行，而验证计划里则列出了相应的功能应该如何激励、验证和测量。当你收集测量数据希望找出哪些功能已被覆盖时，其实就是在计算"设计"的覆盖率。例如，对 D 触发器的验证计划除了涉及触发器的数据存储外，还应该检查触发器如何被复位到某个已知状态。在你的测试对这两种设计特性全部进行验证之前，你就不能达到 100% 的功能覆盖率。

功能覆盖率是和设计意图紧密相连的，有时也被称为"规范覆盖率"，而代码覆盖率则是衡量对 RTL 代码的测试程度，也被称为"实现覆盖率"，这是两种截然不同的评价指标。设想某个代码块在设计中被漏掉，代码覆盖率不能发现这个错误，可能会报告已经执行了 100% 的代码行，但功能覆盖率将显示该功能不存在。

9.2.3　漏洞率

衡量覆盖率的一个间接方式是查看新漏洞出现的概率，如图 9.3 所示。在一个项目实施期间，你应该持续追踪每周有多少漏洞被发现。一开始，当你创建测试程序时，通过观察可能就会发现很多漏洞。当你对照设计规范时，可能会发现前后矛盾，有望在 RTL 代码编写之前就得以解决。一旦测试程序建立并运行，当你校对系统中的各个模块时便会有很多漏洞出现。在设计临近流片时，漏洞率会下降，甚至有望为零。即便如此，你的工作仍不能结束。每次概率下跌时，就应该寻找不同的方法去测试各种边界情况。

漏洞率可能每周都会变化，它和很多因素有关，比如项目所处的阶段、近期设计上的变化、正在集成的模块、人事上的变动甚至是休假的调度等。漏洞率出现意外的变化可能预示着潜在的问题。如图 9.3 所示，即使到了流片甚至是设计被送给客户以后，还是不断发现漏洞，这种情况并不罕见。

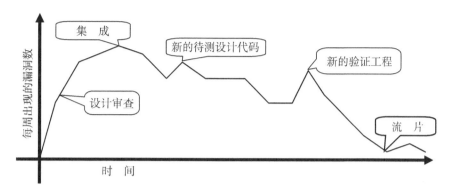

图 9.3 一个项目中的漏洞率

9.2.4 断言覆盖率

断言是用于一次性或在一段时间内核对两个设计信号之间关系的声明性代码。它可以跟随设计和测试平台一起仿真，也可以被形式检查工具所证实。虽然在有些情况下你可以使用 SystemVerilog 的程序性代码编写等效性检查，但是使用 SystemVerilog 断言（SVA）来表达会更容易。

断言可以拥有局部变量，并且可以进行简单的数据检查。如果你需要检查更复杂的协议，例如，确定一个数据包是否顺利通过了路由器，那么程序性代码通常会更适用。在很多地方，使用程序性代码和 SVA 都可以。参见 Vijayaraghavan 和 Ramanadhan（2005）、Cohen 等人（2005）的著作，以及 Bergeron 等人编写的 VMM（2005）书籍中的第 3 章和第 7 章，可以获取更多关于 SVA 的信息。

断言最常用于查找错误，例如，两个信号是否应该互斥或者请求是否被许可等。一旦检测到问题，仿真就会立刻停止。断言也可以用于检查仲裁算法、各种 FIFO 以及其他硬件。这些情况会用到 assert property 语句。

有些断言会被用于查找感兴趣的信号值或设计状态，例如，一次成功的总线数据交换。这要用到 cover property 语句。使用断言覆盖率可以测量这些断言被触发的频繁程度。cover property 语句用于观测信号序列，而覆盖组（下面将描述）则对仿真过程中的数值和事务进行采样。这两种结构交叠的地方是，覆盖组可以在信号序列结束时触发。另外，序列可以收集信息供覆盖组使用。

9.3 功能覆盖策略

在写测试代码之前，你需要先弄清楚相关设计的关键特性、边界情形和可能的故障模式，这些其实就是验证计划的内容。不要只考虑数据数值等内容；相反地，要考虑设计中所包含的信息。验证计划应该把有影响的设计状态描述清楚。

9.3.1　收集信息而非数据

最典型的例子莫过于 FIFO。如何确定你是否已经对一个容量为 1K 的 FIFO 存储器进行了全面的测试？你可以测量它读写地址索引里的数据，但这有上百万种可能的组合。即使你能够把它们全部仿真完，你可能也没有兴趣去看覆盖率报告。

在一个更抽象的层次上，一个 FIFO 可以保持 0 到 $N-1$ 个可能的数值。如果仅仅通过比较读和写的地址索引值来测量 FIFO 的满和空情况，你仍然会有 1K 个覆盖数据。如果在测试程序中把 100 个数据放进 FIFO 中，接着又放进 100 个数据，你是否真的需要知道这个 FIFO 曾经有 150 个数值呢？其实你只需要成功读出所有数据即可。

FIFO 的边界情形是满和空。如果你能够使 FIFO 从空（复位以后的状态）变为满再由满变为空的话，就已经覆盖了所有情形。其他感兴趣的状态包括地址索引在全 1 和全 0 之间转换。关于这些情形的覆盖率报告是浅显易懂的。

你可能已经注意到这些感兴趣的状态和 FIFO 的大小无关。再次强调，要关注信息而非数值。

设计信号如果数量范围太大（超过几十个可能的数值），应该拆分成小范围再加上边界的情形。例如，被测设计中可能有一套 32 位的地址总线，但你肯定不用去采集与它相对应的 40 亿个数值。你可以很自然地把它划分成存储器和 IO 空间。对于一个计数器，则只需选取若干感兴趣的数值即可，而且一定不要忘记把全 1 的计数值翻转成全 0 的情形。

9.3.2　只测量你将会使用到的内容

因为收集功能覆盖率数据的开销很大，所以应该只测量你将会分析并用来改进测试的内容。由于仿真器要对信号进行监测以得到功能覆盖率，所以仿真过程可能会慢一些，但这种开销仍然比检查波形图和测量代码覆盖率要小。一旦仿真结束，数据库便被保存到硬盘上。随着多个测试案例和多个种子仿真的进行，覆盖率数据和报告会逐渐被收集到硬盘上。但如果你从来都不去看最后的覆盖率报告，就不要进行这些测量。

在编译、初始化或触发时刻都能控制覆盖率数据。可以使用仿真器供应商提供的选项，也可以使用条件编译或者对覆盖率信息的收集实行抑制。最后一项措施比较少用，因为抑制会使后续处理报告里到处都是覆盖率为零的区段，这样就很难找到少数几个不为零的部分。

9.3.3　测量的完备性

设想一下，当你准备出去度假，孩子都已经坐到车后座上了，你的经理还在不停地问你，"我们的任务完成了没有？"你如何告诉他设计已经被完整地测试过了？你需要查看所有覆盖率测量结果并考虑漏洞率，以便确认已经达到目的。

项目开始时，代码覆盖率和功能覆盖率都很低。接着你开始测试，并且使用不同的随机种子反复进行测试，直到功能覆盖率不再增加。这时，创建额外的约束和测试去开发新的区域。保存那些给出高覆盖率的测试和种子组合，以备回归测试之用。

如果功能覆盖率很高但代码覆盖率很低（见图 9.4），怎么办？这说明可能因为验证计划不完整，你的测试没有执行设计的所有代码。这时应该回到硬件的设计规范并且更新验证计划。然后你需要增加更多针对未测试功能的功能覆盖点。

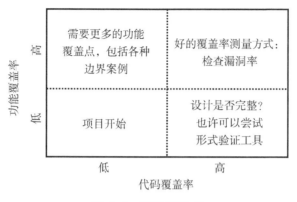

图 9.4　覆盖率比较

更麻烦的情形是，代码覆盖率很高但功能覆盖率很低。即使测试平台很好地执行了设计的所有代码，还是没有把它定位到所有感兴趣的状态上。首先，查看设计是否实现了所有指定的功能。如果功能有了，但测试不到，你可能需要一个形式验证工具来提取设计状态并创建适当的激励。

你的目标是同时取得高的代码覆盖率和功能覆盖率。即使达到这个目标，也先别急着安排休假。漏洞率的趋势如何？是否还在不断发现大的漏洞？

更严峻的是，这些漏洞是你特意检查的，还是因为测试平台碰巧撞到了那些以前没有预见到的状态组合？另一方面，低的漏洞率可能意味着现有的策略已经到头，你应该尝试不同的方法，例如，设计块和错误产生的新组合。

9.4　功能覆盖率的简单例子

为了测量功能覆盖率，首先编写验证计划和对应的用于仿真的可执行版本。在 SystemVerilog 测试平台对变量和表达式的数值进行采样。这些采样的地方就是我们熟知的覆盖点。在同一时间点上（比如当一个事务处理完成时）的多个覆盖点被一起放在一个覆盖组里。

例 9.2 的设计有 8 种不同的情形。测试程序随机产生 dst 变量，验证计划要求测试每一种情形。

【例 9.2】一个简单对象的功能覆盖率

```
program automatic test(busifc.TB ifc);

  class Transaction;
    rand bit [31:0] data;
    rand bit [ 2:0] dst;                     //8种 dst 端口（port）数据
```

```
    endclass

    Transaction tr;                               // 待采样的事务

    covergroup CovDst2;
      coverpoint tr.dst;                          // 测量覆盖率
    endgroup

    initial begin
      CovDst2 ck;
      ck = new();                                 // 实例化组
      repeat (32) begin                           // 运行几个周期
        @ifc.cb;                                  // 等待一个周期
        tr = new();
        `SV_RAND_CHECK(tr.randomize);             // 创建一个事务
        ifc.cb.dst <= tr.dst;                     // 并发送到接口上
        ifc.cb.data <= tr.data;
        ck.sample();                              // 收集覆盖率
      end
    end
  endprogram
```

　　例 9.2 创建了一个随机事务并把它驱动到接口上。这个测试程序使用 CovDst2 覆盖组对 dst 字段的数值进行采样。8 种可能的数值，32 次随机事务——你的测试平台把所有情形都测试过了吗？例 9.3 和例 9.4 是 VCS 给出的覆盖率报告的一部分。由于采用了随机化方法，不同仿真器的结果是不同的。

　　改进功能覆盖率最简易的办法是增加仿真的时间或者尝试新的随机种子。对于例 9.2，再增加一个事务（数据 #33）就恰好给出了数值为 0 的 dst 值，从而取得 100% 的覆盖率。如果开始仿真时使用不同的种子，可能会用更少的事务达到 100% 的覆盖率。在一个真实的设计中，不管你跑多长时间，不管怎么改变种子值，你可能会看到覆盖率达到最高点，大多数覆盖点越来越多，但永远不会命中一些顽固点。在这种情况下，必须尝试一种新的策略，因为测试平台无法产生合适的激励。覆盖率报告中最重要的部分是那些命中率为 0 的点。

【例 9.3】一个简单对象的覆盖率报告

```
Coverpoint Coverage report
CoverageGroup: CovDst2
  Coverpoint: tr.dst
Summary
  Coverage: 87.50
```

```
Goal: 100
Number of Expected auto-bins: 8
Number of User Defined Bins: 0
Number of Automatically Generated Bins: 7
Number of User Defined Transitions: 0


Automatically Generated Bins


Bin              # hits          at least
===============================
auto[1]          7               1
auto[2]          7               1
auto[3]          1               1
auto[4]          5               1
auto[5]          4               1
auto[6]          2               1
auto[7]          6               1

===============================
```

【例 9.4】一个简单对象的覆盖率报告，100% 覆盖

```
Coverpoint Coverage report
CoverageGroup: CovDst2
  Coverpoint: tr.dst
Summary
  Coverage: 100
  Goal: 100
  Number of Expected auto-bins: 8
  Number of User Defined Bins: 0
  Number of Automatically Generated Bins: 8
  Number of User Defined Transitions: 0


Automatically Generated Bins


Bin              # hits          at least
===============================
auto[0]          1               1
auto[1]          7               1
auto[2]          7               1
auto[3]          1               1
auto[4]          5               1
auto[5]          4               1
auto[6]          2               1
```

```
auto[7]              6                  1
================================
```

可以看到，测试平台产生了 1、2、3、4、5、6 和 7，但是没有产生 0。at_least 一栏标出的是一个仓（bin）被认为已经被覆盖所需要的最低命中（hit）次数。可参见 9.10.3 节里关于 at_least 选项的内容。

本书粗略地解释了覆盖率的计算方法。LRM 用了四页篇幅对覆盖率计算进行了非常详细的解释，里面有更多细节。有关准确的细节，请查阅 LRM。

9.5　覆盖组详解

覆盖组与类相似——一次定义后可以进行多次实例化。覆盖组含有覆盖点、选项、形式参数和可选触发（trigger）。一个覆盖组包含一个或多个数据点，全都在同一时间采集。

覆盖组应该带有准确的名字，用以表明要测量的对象，并且尽可能与验证计划关联。Parity_Errors_In_Hexaword_Cache_Fills 这样的名字看起来似乎很长，但是当你尝试阅读一个带有很多覆盖组的覆盖率报告时，就会觉得名字里包含的各方面细节都是有用的。你也可以使用带有额外描述信息的注释，就像 9.9.2 节里讲的那样。

覆盖组可以定义在类里，也可以定义在程序或模块层次。覆盖组可以采样任何可见的变量，比如程序或模块变量、接口信号或者设计中的任何信号（使用层次化引用方式）。在类里的覆盖组可以采样类里的变量，以及嵌入类里的数值。

不要在诸如总线交换这样的数据类里定义覆盖组，因为这样做会给收集覆盖率数据带来额外的开销。设想你试图追踪酒吧里所有顾客消费的啤酒数。你需要跟随每瓶啤酒从卸货码头到酒吧，再到每个人手里的整个过程吗？显然不用。相反地，你只要核对每位顾客消费的啤酒类型和数量就行了，就像 van der Schoot (2006) 所讲述的一样。

在 SystemVerilog 中，覆盖组应该定义在适当的抽象层次。这个层次可以在测试平台和设计的边界，在读写数据的总线交换单元中，在环境配置类里或者任何需要的地方。对任何事务的采样都必须等到数据被待测设计收到以后。如果你在事务中间注入一个错误，导致数据传输失败，那么就需要改变功能覆盖中对这种情况的处理方式。你需要使用不同的覆盖点，用以专门处理这种错误。

一个类可以包含多个覆盖组，这种方法让你拥有多个各自独立的组，每个组可以根据需要自行使能或禁止。此外，每个组可以有单独的触发，允许你从多个源头收集数据。

一个覆盖组被实例化后才可以用来收集数据。如果你忘记实例化覆盖组，在运行时不会打印出没有句柄的错误信息，但覆盖率报告里将没有这个覆盖组的任何踪迹。这个规则对于在类内或类外定义的覆盖组都适用。

覆盖组可以在程序、模块或类里定义。在所有情况下，覆盖组都要进行明确的实例化后才可以开始采样。如果覆盖组定义在类里，被称为嵌入式覆盖组。在这种情况下，在构建时不需要单独命名，只需使用最初的名字即可。嵌入式覆盖组必须在类的构造函数中构造，非嵌入式覆盖组可以随时构造。

例 9.5 与本章的第一个例子相似，唯一的不同就是本例在事务处理器类里嵌入了一个覆盖组，而这个覆盖组不需要单独的实例名。

【例 9.5】类里的功能覆盖率

```
class Transactor;
  Transaction tr;
  mailbox #(Transaction) mbx;
  covergroup CovDst5;
    coverpoint tr.dst;
  endgroup

  function new(input mailbox #(Transaction) mbx);
    CovDst5 = new();                          // 实例化覆盖组
    this.mbx = mbx;
  endfunction

  task run();
    forever begin
      mbx.get(tr);                            // 获取下一个事务
      @ifc.cb;
      ifc.cb.dst <= tr.dst;                   // 发送到待测设计中
      ifc.cb.data <= tr.data;
      CovDst5.sample();                       // 收集覆盖率
    end
  endtask

endclass
```

9.6 覆盖组的触发

功能覆盖率的两个主要部分是采样的数据和数据被采样的时刻。当这些新数据都准备好了以后（比如一个事务结束），测试平台便会触发覆盖组。这个过程可以通过直接使用 sample 函数来完成，就像例 9.5 所示，或者在 covergroup 的定义中采用覆盖率事件。覆盖率事件可以使用 @ 来实现在信号或事件上的阻塞。

如果你希望在程序性代码中显式地触发覆盖组，或者不存在可以标识采样时刻的信号或事件，又或者在一个覆盖组里有多个实例需要独立触发，可以使用 sample 方法。

如果你想借助已有的事件或信号来触发覆盖组，可以在 covergroup 声明中使用覆盖率事件。

9.6.1 使用回调函数进行采样

把功能覆盖集成到测试平台中，比较好的办法是使用 8.7 节的回调函数。这个办法可以帮你建立一个灵活的测试平台，不需要限定覆盖率的采集时间。你可以在验证计划中决定数据采集的位置和时间。如果你在应用环境中需要一个额外的回调"钩子"，你可以自然地添加进去，因为回调函数只有在仿真中碰到回调对象时才会动作。为每个覆盖组创建许多独立的回调函数的开销很小。如 8.7.4 节中所解释的，使用回调函数连接测试平台和覆盖对象要比使用信箱好。你可能需要多个信箱来收集测试程序中不同点的事务数据。一个信箱要求一个事务处理器来接收事务数据，而多个信箱会引起多线程间的不平衡。对此，可以使用被动的回调函数来替代主动的事务处理器。

例 8.26 ~ 例 8.28 展示了一个驱动器类，它有两个回调点，分别处于事务数据被发送的前后。例 8.26 展示了回调函数基类，而例 8.28 则含有一个测试，内带一个扩展的回调函数类，用来发送数据给记分板。你自己可以把回调基类 Driver_cbs 扩展成 Driver_cbs_coverage，以便为 post_tx 中的覆盖组调用 sample 任务。把覆盖率回调函数类的一个实例压入驱动器的回调函数队列中，覆盖率代码就会在适当的时间触发覆盖组。例 9.6 和例 9.7 定义并使用了回调函数 Driver_cbs_coverage。

【例 9.6】使用功能覆盖率回调函数的测试

```
program automatic test;
  Environment env;

  initial begin
    Driver_cbs_coverage dcc;

    env = new();
    env.gen_cfg();
    env.build();

    // 创建并登记覆盖率回调函数
    dcc = new();
    env.drv.cbs.push_back(dcc);              // 放进驱动器的队列中

    env.run();
    env.wrap_up();
  end

endprogram
```

【例 9.7】用于测量功能覆盖率的回调函数

```
class Driver_cbs_coverage extends Driver_cbs;
  covergroup CovDst7;
    ...
  endgroup

  virtual task post_tx(ref Transaction tr);
    CovDst7.sample();                        // 采样覆盖率数值
  endtask
endclass
```

UVM 建议通过监视 DUT 并通过类似于邮箱的机制，用分析端口将事务发送到覆盖率组件来收集覆盖率。

9.6.2　带有用户定义的采样参数列表的覆盖组

在例 9.5 中，覆盖组采样了事务对象中的一个变量，该事务对象在类内定义。如果覆盖组是在类外定义的，可以通过定义自己的参数列表，将变量传递给 sample 方法。这样就可以在测试平台的任何位置采样变量。

在例 9.8 中，覆盖组被扩展为同时覆盖低数据位。run 方法的最后语句传递目标地址，并且配置高速模式变量。

【例 9.8】定义 sample 方法的参数列表

```
covergroup CovDst8 with function sample(bit [2:0] dst, bit hs);
  coverpoint dst;
  coverpoint hs;                           // 高速模式
endgroup

class Transactor;
  CovDst8 condst;
  task run();
    forever begin
      mbx.get(tr);                         // 获取下一个事务
      ifc.cb.dst <= tr.dst;                // 发送到待测设计中
      ifc.cb.data <= tr.data;
      covdst.sample(tr.dst, high_speed);   // 收集覆盖率
    end
  endtask
endclass
```

9.6.3　使用事件触发的覆盖组

在例 9.9 中，覆盖组 CovDst9 在测试平台触发 trans_ready 事件时进行采样。

【例 9.9】带触发的覆盖组

```
event trans_ready;
covergroup CovDst9 @(trans_ready);
  coverpoint ifc.cb.dst;                        // 测量覆盖率
endgroup
```

与直接调用 sample 方法相比，使用事件触发的好处在于你能够借助已有的事件，比如例 9.11 所示的由断言触发的事件。

9.6.4　使用 SystemVerilog 断言进行触发

如果你已经有了一个检测诸如事件结束等有用事件的 SVA，那么就可以增加一个事件触发来唤醒覆盖组，如例 9.10 和例 9.11 所示。

【例 9.10】带 SystemVerilog 断言的模块

```
module mem(simple_bus sb);
  bit [7:0] data, addr;
  event write_event;

  cover property
    (@(posedge sb.clk) sb.write_ena == 1)
    -> write_event;
endmodule
```

【例 9.11】使用 SVA 触发覆盖组

```
program automatic test(simple_bus sb);

  covergroup Write_cg @($root.top.m1.write_event);
    coverpoint $root.top.m1.data;
    coverpoint $root.top.m1.addr;
  endgroup

  Write_cg wcg;

  initial begin
    wcg = new();
    sb.write_ena <= 1;                        // 在此处添加激励
    #10000ns $finish;
  end
endprogram
```

9.7 数据采样

覆盖率信息是如何收集的？当你在覆盖点上指定一个变量或表达式时，SystemVerilog 便会创建很多的"仓（bin）"，用来记录每个数值被捕捉到的次数。这些仓是衡量功能覆盖率的基本单位。如果你采样一个单比特变量，最多会创建两个仓。可以想见，每次覆盖组被触发，SystemVerilog 都会在一个或多个仓里留下标记。在每次仿真的末尾，所有带标记的仓会被汇聚到一个新创建的数据库中。之后使用分析工具读取这些数据库就可以生成覆盖率报告，包含设计各部分和总体覆盖率。

9.7.1 个体仓和总体覆盖率

为了计算一个覆盖点的覆盖率，首先必须确定所有可能数值的个数，这也被称为域。一个仓中可能有一个或多个值。覆盖率就是采样值的数目除以域中仓的数目。

一个 3 比特变量覆盖点的域是 0:7，正常情况下会除以 8 个仓。如果在仿真过程中有 7 个仓的值被采样，那么报告会给出这个点的覆盖率是 7/8 或是 87.5%。所有这些点组合在一起便构成了一个覆盖组的覆盖率，而所有覆盖组组合在一起就可以给出整个仿真数据库的覆盖率。

这是单个仿真的情形。你需要追踪覆盖率随时间的变化情况。找出变化趋势以便弄明白，应该在什么地方进行更多的仿真或是增加新的约束或测试。这样，你就能比较好地预见验证的完成时间。

9.7.2 自动创建仓

在例 9.3 中可以看到，SystemVerilog 会自动为覆盖点创建仓。它通过被采样的表达式的域来确定可能值的范围。对于一个位宽为 N 的表达式，有 2^N 个可能的值。对于 3 比特的 dst 变量，存在 8 个可能的值。9.7.8 节中将讲述如何确定一个枚举类型的范围。枚举类型的域就是署名值的个数。你也可以显式地定义仓，就像 9.7.5 节描述的那样。

9.7.3 限制自动创建仓的数目

覆盖组选项 auto_bin_max 指明了自动创建仓的最大数目，缺省值是 64。如果覆盖点变量或表达式的值域超过指定的最大值，SystemVerilog 会把值域范围平均分配给 auto_bin_max 个仓。例如，一个 16 比特变量有 65 536 个可能值，所以 64 个 bin 中的每一个都覆盖了 1024 个值。

但在实际操作中，这个方法可能会不太实用，因为你会发现在一大堆自动创建的仓里寻找覆盖不到的点简直就如大海捞针。应该把最大的数量限制降低到 8 或 16，或者采用更好的办法，即像 9.7.5 节中那样明确定义仓。

例 9.12 的代码沿用本章的第一个例子，并在其中加入一个覆盖点选项把 auto_bin_max 设置为两个仓。被采样的变量仍然是 dst，位宽为 3，值域是 8 个可能值。第一个仓保存的是值域范围的前半段 0 ~ 3，另一个仓则保存后半段 4 ~ 7。

【例 9.12】使用 auto_bin_max 并把仓数设置成 2

```
covergroup CovDst12;
  coverpoint tr.dst
    { option.auto_bin_max = 2; }     // 分成 2 个仓
endgroup
```

VCS 给出的覆盖率报告里显示了两个仓。这次仿真取得了 100% 的覆盖率，因为 8 个 dst 值被映射到两个 bin 里，每个 bin 都有采样值，如例 9.13 所示。

【例 9.13】auto_bin_max 设置成 2 的报告

```
Bin                 # hits        at least
=================================
auto[0:3]        15             1
auto[4:7]        17             1
=================================
```

例 9.12 只是把 auto_bin_max 作为一个覆盖点的选项来用，其实你也可以把它用作整个组的选项，如例 9.14 所示。

【例 9.14】在所有覆盖点使用 auto_bin_max

```
covergroup CovDst14;
  option.auto_bin_max = 2;            // 影响 dst 和 data
  coverpoint tr.dst;                  //autobin[0:3], autobin[4:7]
  coverpoint tr.data;                 //autobin[0:7], autobin[8:15]
endgroup
```

9.7.4　对表达式进行采样

你可以对表达式进行采样，但始终都要核对覆盖率报告以确保能够得到预期的值。你可能不得不采用 2.16 节所述的方法调整表达式计算出来的位宽。例如，对一个 3 比特头长度（0:7）加 4 比特负载长度（0:15）的加法表达式进行采样，只能得到 2^4 即 16 个仓，如果你的数据实际上可以达到 0 ~ 22 个字节的话，仓数可能不够。

例 9.15 里有一个覆盖组对事务的总长度进行采样。每个覆盖点都有标识，可以增加覆盖率报告的可读性。此外，带有额外常量哑元的表达式可以以 5 比特精度计算事务长度，从而把自动生成的最大仓数扩大到 32。

【例 9.15】在覆盖点里使用表达式

```
class Packet;
  rand bit [2:0] hdr_len;            // 范围：0:7
  rand bit [3:0] payload_len;        // 范围：0:15
  rand bit [3:0] kind;
endclass
```

```
Packet p;

covergroup CovLen15;
  len16: coverpoint (p.hdr_len + p.payload_len);
  len32: coverpoint (p.hdr_len + p.payload_len + 5'b0);
endgroup
```

经过长时间随机包的运行后，可以得到 len16 有 100% 的覆盖率，但这只对应 16 个仓（因为在 Verilog 里 3 位数值和 4 位数值的和是 4 位，所以覆盖点只有 16 个仓）。覆盖点 len32 有 72% 的覆盖率，对应有 32 个仓（把 5 位数值加到表达式得到的结果是 5 位）。这两个覆盖点得到的数据都不准确，因为域值的最大长度实际上是 0:22（(0+0):(7+15)）。由于最大长度不是 2 的幂，所以自动生成的仓并不适用。因此，需要一种能精确定义仓的方法。

9.7.5　使用用户自定义的 bin 发现漏洞

自动生成的仓适用于匿名数值，如计数值、地址值或 2 的幂值。而对于其他数值，应该明确对仓的命名，以增加准确度并有利于对覆盖率报告的分析。System Verilog 会自动为枚举类型的仓命名，但对于其他变量，你需要为感兴趣的仓命名。命名仓的最简单的方式是使用 []，如例 9.16 所示。

【例 9.16】为事务长度定义仓

```
covergroup CovLen16;
  len: coverpoint (p.hdr_len + p.payload_len + 5'b0)
    {bins len[] = {[0:23]}; }          // 有 Bug？见下面的文字
endgroup
```

在对很多随机事务进行采样后，这个覆盖组有 95.83% 的覆盖率。粗看例 9.17 中的覆盖率报告就可以发现问题——长度为 23（十六进制 17）的项没有出现。最长的头是 7，最长的负载是 15，所以总共是 22，而不是 23！如果在仓的声明中改用 0:22，覆盖率就会跳变成 100%。这里，在测试中使用自定义仓发现了漏洞。

【例 9.17】事务长度的覆盖率报告

```
Bin        # hits        at least
===============================

len_00     13            1
len_01     36            1
len_02     51            1
len_03     60            1
len_04     72            1
len_05     88            1
len_06     127           1
```

len_07	122	1
len_08	133	1
len_09	138	1
len_0a	115	1
len_0b	128	1
len_0c	125	1
len_0d	111	1
len_0e	115	1
len_0f	134	1
len_10	107	1
len_11	102	1
len_12	70	1
len_13	65	1
len_14	39	1
len_15	30	1
len_16	19	1
len_17	0	1

```
============================
```

9.7.6　命名覆盖点的仓

例 9.18 对一个 4 比特变量 kind 进行采样，有 16 种可能值。第一个仓被命名为 zero，对 kind 采样值为 0 的情况进行计数。接下来的 4 个值，1 ~ 3 和 5，被全部放到名为 lo 的单个仓里。最大的 8 个值，8 ~ 15，被保存到独立的仓里，分别是 hi_8、hi_9、hi_a、hi_b、hi_c、hi_d、hi_e 和 hi_f。注意在名字带 hi 的仓表达式里如何用 $ 来速记被采样变量的最大值。最后，misc 用来保存所有在前面没被选中的值，即 4、6 和 7。

【例 9.18】指定仓名
```
covergroup CovKind18;
  coverpoint p.kind {
    bins zero = {0};          //1 个仓代表 kind == 0
    bins lo   = {[1:3], 5};   //1 个仓代表 1:3 和 5 的值
    bins hi[] = {[8:$]};      //8 个独立的仓：8...15
    bins misc = default;      //1 个仓代表剩余的所有值
  }                           // 没有分号
endgroup
```

注意 coverpoint 是使用大括号 {}。这是因为对仓的命名是声明语句而非程序性语句，后者才用 begin...end。最后，大括号的末尾并没有带分号，这和 end 一样。

现在，在例 9.19 中可以很容易地发现，hi_8 没有被命中。

【例 9.19】显示仓名的报告

```
Bin          # hits         at least
=============================
hi_8         0              1
hi_9         5              1
hi_a         3              1
hi_b         4              1
hi_c         2              1
hi_d         2              1
hi_e         9              1
hi_f         4              1
lo           16             1
misc         15             1
zero         1              1
=============================
```

当你定义仓时，实际上是把用来计算覆盖率的数值限制在感兴趣的范围内。SystemVerilog 不再自动创建仓，而且它会忽略掉那些没有被事先定义的仓涵盖的数值。更重要的是，计算功能覆盖率时只会使用你创建的仓。只有当每个指定的仓都被命中时，你才能得到 100% 的覆盖率。

那些不在指定仓涵盖范围内的数值会被忽略掉。当被采样的数值，例如事务长度不是 2 的幂时，这条规则很有用。在你指定仓的时候，可以使用 default 仓标识语句来捕捉那些可能被遗忘的数值。注意：LRM 指出 default 仓不参与覆盖率计算。

在例 9.18 中，hi 的范围表达式右边使用了美元符号（$）来指定上界值。这是一个很有用的快捷方式，你可以让编译器自己计算范围的边界。也可以在范围表达式左边使用美元符号来指定下界值。在例 9.20 中，仓 neg 范围使用 $ 来表示最大的负值：32'h8000_0000，即 −2,147,483,648，同时，仓 pos 范围中的 $ 则表示最大的带符号正整数 32'h7FFF_FFFF，即 2,147,483,647。

【例 9.20】使用 $ 指定范围

```
int i;
covergroup range_cover;
  coverpoint i {
    bins neg  = {[$:-1]};          // 负值
    bins zero = {0};               // 零
    bins pos  = {[1:$]};           // 正值
  }
endgroup
```

9.7.7　条件覆盖率

你可以使用关键字 iff 给覆盖点添加条件。这种做法最常用于在复位期间关闭覆盖以忽略掉一些杂散的触发。例 9.21 收集了仅在 rst 为 0 时的 dst 值，这里的 rst 是高电平有效。

【例 9.21】条件覆盖——复位期间禁止

```
covergroup CovDst21;
    // 当 rst == 1 时不收集覆盖率数据
    coverpoint tr.dst iff (!bus_if.rst);
endgroup
```

同样地，你也可以使用 start 和 stop 函数控制覆盖组里各个独立的实例，如例 9.22 所示。

【例 9.22】使用 start 和 stop 函数

```
initial begin
  CovDst22 ck = new();                          // 实例化覆盖组

  // 复位期间停止收集覆盖率数据
  #1ns ck.stop();
  bus_if.rst <= 1;
  #100ns bus_if.rst <= 0;                        // 复位结束
  ck.start();
  ...
end
```

9.7.8　为枚举类型创建仓

对于枚举类型，SystemVerilog 会为每个可能值创建一个仓，如例 9.23 所示。

【例 9.23】枚举类型的功能覆盖率

```
typedef enum {INIT, DECODE, IDLE} fsmstate_e;
fsmstate_e pstate, nstate;                       // 声明自有类型变量
covergroup CovFsm23;
  coverpoint pstate;
endgroup
```

下面是 VCS 给出的覆盖率报告的一部分，例 9.24 显示了枚举类型的仓。

【例 9.24】枚举类型的覆盖率报告

```
Bin               # hits        at least
==============================
auto_DECODE       11            1
```

```
auto_IDLE        11              1
auto_INIT        10              1
=================================
```

如果你想把多个数值放到单个仓里，那就必须自己定义仓。所有在枚举数值之外的仓都会被忽略掉，除非你自己使用 default 标识符定义一个仓。auto_bin_max 在收集枚举类型的覆盖率时不起作用。

9.7.9 翻转覆盖率

你可以确定覆盖点状态转移的次数。这样，不仅可以知道有哪些感兴趣的值出现过，还可以知道这些值的变化过程。例如，你可以查询到 dst 有没有从 0 变为 1、2 或 3，如例 9.25 所示。

【例 9.25】确定覆盖点的翻转次数

```
covergroup CovDst25;
  coverpoint tr.dst {
    bins t1 = (0 => 1), (0 => 2), (0 => 3);
  }
endgroup
```

使用范围表达式可以快速确定多个转换过程。表达式 (1,2 => 3,4) 创建了 4 个翻转过程，分别是 (1 => 3)、(1 => 4)、(2 => 3) 和 (2 => 4)。

你还可以确定任何长度的翻转次数。注意，必须对转换过程中的每个状态都进行一次采样。所以 (0 => 1 => 2) 不同于 (0 => 1 => 1 => 2) 和 (0 => 1 => 1 => 1 => 2)。如果你需要像最后一个式子那样重复数值，可以使用缩略形式 (0 => 1[*3] => 2)。如果需要对数值 1 进行 3 次、4 次或 5 次重复，那么使用 1[*3:5]。

9.7.10 在状态和翻转中使用通配符

你可以使用关键字 wildcard 创建多个状态或翻转。在表达式中，任何 X、Z 或 ? 都会被当成 0 或 1 的通配符。例 9.26 创建了一个带有两个仓的覆盖点，一个仓代表偶数值，另一个仓代表奇数值。

【例 9.26】用在覆盖点仓中的通配符

```
bit [2:0] dst;
covergroup CovDst26;
  coverpoint tr.dst {
    wildcard bins even = {3'b??0};
    wildcard bins odd = {3'b??1};
  }
endgroup
```

9.7.11　忽略数值

在某些覆盖点上，你可能始终得不到全部可能值。例如，一个 3 比特变量可能只用来存放 6 个值，0 ～ 5。如果使用自动创建的仓，得到的覆盖率始终不会超过 75%。对于这个问题有两种解决办法。你可以明确定义仓来涵盖所有期望值，就如 9.6.5 节所讲的那样。你也可以让 SystemVerilog 自动创建仓，然后用 ignore_bins 排除那些不能用来计算功能覆盖率的数值，如例 9.27 所示。

【例 9.27】使用 ignore_bins 的覆盖点

```
covergroup CovDst27;
  coverpoint tr.dst {
    ignore_bins hi = {6,7};          // 忽略最后两个仓
  }
endgroup
```

3 比特变量 dst 最初的范围是 0:7。ignore_bins 排除最后两个仓，从而把范围缩小到 0:5。所以这个覆盖组的总体覆盖率是采样到的仓数除以总仓数，这里总仓数是 6。

如果你明确定义仓，或者使用 auto_bin_max 选项，然后部分忽略它们，则被忽略的仓不会用于计算覆盖率。在例 9.28 中，最开始使用 auto_bin_max 创建 4 个仓：0:1、2:3、4:5 和 6:7。但接下来最后一个仓被 ignore_bins 忽略掉了，所以最终只有 3 个仓被创建。这个覆盖点的覆盖率只有 4 种可能值，分别是 0、33%、66% 和 100%。

【例 9.28】使用 auto_bin_max 和 ignore_bins 的覆盖点

```
covergroup CovDst28;
  coverpoint tr.dst {
    option.auto_bin_max = 4;         //0:1, 2:3, 4:5, 6:7
    ignore_bins hi = {6,7};          // 忽略最后两个值
  }
endgroup
```

9.7.12　不合法的仓

有些采样值不仅应该被忽略，而且如果出现了还应该报错。这种情况最好在测试平台中使用代码进行监测，也可以使用 illegal_bins 对仓进行标识，如例 9.29 所示。使用 illegal_bins 可以捕捉那些被错误检查程序遗漏的状态，同时也可以对你创建仓的准确性进行双重检查：如果在覆盖组中发现了不合法的数值，那就是你的测试程序或者 bin 定义出了问题。

【例 9.29】使用 illegal_bins 的覆盖点

```
covergroup CovDst29;
  coverpoint tr.dst {
    illegal_bins hi = {6,7};          // 如果出现便报错
```

```
    }
  endgroup
```

9.7.13 状态机的覆盖率

你应该已经注意到，如果在状态机上使用覆盖组，那么就可以用仓来列出特定的状态和它们的翻转轨迹。但这并不意味着你使用 SystemVerilog 的功能覆盖率就能得到状态机的覆盖率。你必须手工提取状态和翻转轨迹。即使你第一次做对了，以后随着设计代码的改变还是可能会出错。相反地，使用代码覆盖率工具自动提取状态寄存器、状态以及翻转轨迹，可以使你免于出错。

然而，自动工具会忠实地提取出代码里的信息，包括错误以及所有内容。在有些情况下，你可能还是希望通过手动方式使用功能覆盖率来监控小部分关键的状态机。

9.8 交叉覆盖率

覆盖点记录的是单个变量或表达式的观测值。你可能不仅希望知道总线事务是什么，还想知道事务过程中出现过什么错误，以及数据的来源端和目的端。这种情况下，你需要使用交叉覆盖率，它可以同时测量两个或两个以上覆盖点的值。注意，当你想测量两个变量的交叉覆盖率，其中一个有 N 种取值，而另一个有 M 种取值时，SystemVerilog 需要 $N \times M$ 个交叉仓来存储所有组合。

9.8.1 基本的交叉覆盖率的例子

前面的例子已经测量了事务种类和目标端口数量的覆盖率，如果把两个组合起来会怎么样？你是否尝试过把每种事务在每个端口都进行一遍？SystemVerilog 中的 cross 结构可以记录一个组里两个或两个以上覆盖点的组合值。cross 语句只允许带覆盖点或者简单的变量名。如果你想使用表达式、层次化的名字或者对象中的变量，例如 handle.variable，必须首先对 coverpoint 里的表达式使用标号，然后把这个标号用在 cross 语句里。

例 9.30 在 tr.kind 和 tr.dst 上创建了覆盖点。这两个点交叉显示出各种组合。SystemVerilog 共创建了 128（8 × 16）个仓。注意：即使是一个简单的交叉也可能造成大量的仓。

【例 9.30】基本的交叉覆盖率

```
class Transaction;
  rand bit [3:0] kind;
  rand bit [2:0] dst;
endclass

Transaction tr;
```

```
covergroup CovDst30;
  kind: coverpoint tr.kind;              // 创建覆盖点 kind
  dst: coverpoint tr.dst;                // 创建覆盖点 dst
  cross kind, dst;                       // 把 kind 和 dst 交叉
endgroup
```

一个随机测试平台创建了 56 个事务并给出覆盖率报告，如例 9.31 所示。注意，即使 kind 和 dst 的所有可能值都生成了，但只出现了 1/3 的交叉组合。这是一个非常典型的结果。还要注意的是，覆盖组的总覆盖率是交叉覆盖率加上 kind 和 dst 的覆盖率。

【例 9.31】基本交叉覆盖率的总结报告

```
Cumulative report for Transaction::CovDst30
Summary:
  Coverage: 78.91
  Goal: 100
Coverpoint                      Coverage     Goal    Weight
===========================================================
kind                            100.00       100     1
dst                             100.00       100     1
===========================================================
Cross                           Coverage     Goal    Weight
===========================================================
Transaction::CovDst30           78.91        100     1


Cross Coverage report
CoverageGroup: Transaction::CovDst30
  Cross: Transaction::CovDst30
Summary
  Coverage: 36.72
  Goal: 100
  Coverpoints Crossed: kind dst
  Number of Expected Cross Bins: 128
  Number of User Defined Cross Bins: 0
  Number of Automatically Generated Cross Bins: 47

  Automatically Generated Cross Bins
  kind          dst                 # hits        at least
  =======================================================
  auto[0]       auto[0]             1             1
  auto[0]       auto[1]             2             1
  auto[0]       auto[2]             1             1
```

```
auto[0]           auto[5]                 1               1
...
```

9.8.2 对交叉覆盖仓进行标号

如果你想让交叉覆盖仓的名称更具可读性，可以对各个覆盖点的仓进行单独标号，如例 9.32 所示，System Verilog 在创建交叉仓时就会使用这些名称。

【例 9.32】指定交叉覆盖仓的名称

```
covergroup CovDstKind32;
  dst: coverpoint tr.dst
    {bins dst[] = {[0:$]};
    }
  kind: coverpoint tr.kind
    {bins zero = {0};              // 1 个仓代表 kind == 0
     bins lo = {[1:3]};            // 1 个仓代表 1:3 的值
     bins hi[] = {[8:$]};          // 8 个独立的仓
     bins misc = default;         // 1 个仓代表剩余的所有值
    }
  cross kind, dst;
endgroup
```

如果定义了包含多个数值的仓，那么覆盖率的统计结果将会有所变化。在例 9.33 的报告里，仓数从 128 降到 80。这是因为 kind 里有 10 个仓：zero、lo、hi_8、hi_9、hi_a、hi_b、hi_c、hi_d、hi_e、hi_f。记住 misc bin（其值为 default）不会添加到总覆盖率中。覆盖率的百分比从 87.5% 跃升到例 9.33 的 90.91%，因为只要 lo 仓里有一个值出现，比如 2，那这个仓就会被认为是覆盖过的，即使其他数值没有出现也一样，比如 0 或 3。

【例 9.33】使用带标号仓的交叉覆盖率报告

```
Summary
  Coverage: 90.91
  Number of Coverpoints Crossed: 2
  Coverpoints Crossed: kind dst
  Number of Expected Cross Bins: 88
  Number of Automatically Generated Cross Bins: 80
  Automatically Generated Cross Bins
  dst            kind          # hits              at least
  =========================================================
  dst_0          hi_8          3                   1
  dst_0          hi_a          1                   1
  dst_0          hi_b          4                   1
```

311

dst_0	hi_c	4	1
dst_0	hi_d	4	1
dst_0	hi_e	1	1
dst_0	lo	7	1
dst_0	zero	1	1
dst_1	hi_8	3	1

...

9.8.3　排除部分交叉覆盖仓

使用 ignore_bins 可以减少仓的数目。在交叉覆盖中，你可以使用 binsof 和 intersect 分别指定覆盖点和数值集，这样可以使单个 ignore_bins 结构清除很多个体仓，如例 9.34 所示。

【例 9.34】在交叉覆盖中排除部分 bin

```
covergroup CovDst34;
    dst: coverpoint tr.dst
        {bins dst[] = {[0:$]};
        }
    kind: coverpoint tr.kind {
        bins zero = {0};              // 1个仓代表 kind == 0
        bins lo = {[1:3]};            // 1 个仓代表 1:3 的值
        bins hi[] = {[8:$]};          // 8个独立的仓
        bins misc = default;          // 1个仓代表剩余的所有值
    }
    cross kind, dst {
        ignore_bins hi = binsof(dst) intersect {7};
        ignore_bins md = binsof(dst) intersect {0} &&
                         binsof(kind) intersect {[9:11]};
        ignore_bins lo = binsof(kind.lo);
    }
endgroup
```

例 9.34 中的第一个 ignore_bins 只排除了所有代表 dst 为 7 和任意 kind 值组合的仓。因为 kind 是一个 4 比特数值，这个语句排除了 12 个仓，misc 的值 4 ~ 7 是 default，并不参与计算。第二个 ignore_bins 更具有选择性，忽略掉的是 dst 为 0 和 kind 为 9、10 或 11 的组合，总共 3 个仓。

在 ignore_bins 中可以使用已经在各个覆盖点中定义的仓。ignore_bins lo 就使用仓名排除掉 kind.lo，也就是 1、2 或 3。这个仓名必须是在编译之前就已经定义好的，比如 zero 和 lo。像 hi_8、hi_9、hi_a、……hi_f，以及自动生成的仓在编译之前都是没有名字的，它们的名字是在编译或生成报告时才被创建的。

注意 binsof 使用的是小括号 ()，而 intersect 指定的是一个范围，所以使用大括号 {}。

9.8.4 从总体覆盖率的度量中排除部分覆盖点

一个覆盖组的总体覆盖率是基于所有简单覆盖点和交叉覆盖率的。如果你只希望对一个 coverpoint 上的变量或表达式进行采样，而这个 coverpoint 将会被用到 cross 语句中，那么你应该把它的权重设置成 0，这样它就不会对总体覆盖率造成影响，如例 9.35 所示。

【例 9.35】指明交叉覆盖率的权重

```
covergroup CovDst35;
  kind: coverpoint tr.kind
    {bins zero = {0};
     bins lo = {[1:3]};
     bins hi[] = {[8:$]};
     type_option.weight = 5;              // 在总体中所占的分量
  }
  dst: coverpoint tr.dst
    {bins dst[] = {[0:$]};
     type_option.weight = 0;              // 在总体中不占任何分量
  }
  cross kind, dst
    { type_option.weight = 10;}           // 给予交叉更高的权重
endgroup
```

有两种类型的选项：针对覆盖组实例的选项以及整个覆盖组类型的选项。针对实例的选项类似于局部变量，使用 option 关键字，例如例 9.12 中的 option.auto_bin_max = 2。另一个办法是使用 type_option 关键字，并与覆盖组绑定，类似类中的静态变量。在例 9.35 中，type_option.weight 适用于覆盖组的所有实例。LRM 详细解释了这种差异，本书给出了最常见的选项及其用法。

9.8.5 从多个值域中合并数据

交叉覆盖的一个问题是，你可能需要从不同的时间域采样数据。例如，你可能想知道处理器在填充高速缓存的过程中是否收到过中断。由于中断硬件独立于高速缓存硬件之外而且可能使用不同的时钟，这使得你很难确定应该何时触发覆盖组。另一方面，由于以前的设计在这种特别的情况下出现过漏洞，所以你想确认是否已经测试过这种情形。

解决的办法是创建一个独立于高速缓存或中断硬件之外的时间域。拷贝信号到临时变量中，然后在一个新的覆盖组里对它们进行采样，这个新的覆盖组便可用于计算交叉覆盖率。

9.8.6　交叉覆盖的替代方式

随着交叉覆盖的定义越来越精细，你可能需要花费可观的时间来指定哪些仓应该使用或者被忽略。假设你有两个随机比特变量，a 和 b，它们带有三种状态，{a == 0, b == 0}、{a == 1, b == 0} 和 {b == 1}。

例 9.36 示范了如何给覆盖点上的仓命名，然后用这些仓来收集交叉覆盖率的数值。

【例 9.36】使用仓名的交叉覆盖率

```
class Sample;
  rand bit a, b;
endclass

Sample sam;

covergroup CrossBinNames;
  a: coverpoint sam.a
    {bins a0 = {0};
     bins a1 = {1};
     option.weight = 0;}                  // 不用计算该点的覆盖率
  b: coverpoint sam.b
    {bins b0 = {0};
     bins b1 = {1};
     option.weight = 0;}                  // 不用计算该点的覆盖率
  ab: cross a, b
    {bins a0b0 = binsof(a.a0) && binsof(b.b0);
     bins a1b0 = binsof(a.a1) && binsof(b.b0);
     bins b1 = binsof(b.b1);}
endgroup
```

例 9.37 收集同样的交叉覆盖率数据，但它使用 binsof 来指定交叉覆盖率的数值。

【例 9.37】使用 binsof 的交叉覆盖率

```
covergroup CrossBinsofIntersect;
  a: coverpoint sam.a
    { option.weight = 0; }               // 不用计算该点的覆盖率
  b: coverpoint sam.b
    { option.weight = 0; }               // 不用计算该点的覆盖率
  ab: cross a, b
    { bins a0b0 = binsof(a) intersect {0} &&
                  binsof(b) intersect {0};
      bins a1b0 = binsof(a) intersect {1} &&
                  binsof(b) intersect {0};
```

```
        bins b1 = binsof(b) intersect {1}; }
endgroup
```

同样地，可以创建一个覆盖点来采样变量的串联值，这样你就只需要使用复杂度较低的覆盖点语法来定义仓了。

如果你的覆盖点都有事先定义好的仓并且你希望使用它们来创建交叉覆盖仓，可以使用例 9.36 的风格。如果你需要创建交叉覆盖仓，但覆盖点没有事先定义好的仓，那么就应该使用例 9.37 的形式。如果你想要最简洁的格式，则使用例 9.38 的形式。

【例 9.38】使用串联值来替代交叉覆盖

```
covergroup CrossManual;
  ab: coverpoint {sam.a, sam.b}
    {bins a0b0 = {2'b00};
     bins a1b0 = {2'b10};
     wildcard bins b1 = {2'b?1};
    }
endgroup
```

9.9 通用的覆盖组

当你开始编写覆盖组时，会发现部分覆盖组彼此间十分相似。SystemVerilog 允许你创建一个通用的覆盖组，这样你在对它进行实例化时就可以指定一些独特的细节。

9.9.1 通过数值传递覆盖组参数

例 9.39 示范了一个覆盖组，它用简单参数把范围分成两半，只把中点的值传递给覆盖组的 new 函数。

【例 9.39】使用简单参数的覆盖组

```
class Transaction;
  bit [2:0] dst;                        // 值: 0:7
endclass
Transaction tr;

covergroup CovDst39 (int mid);
  coverpoint tr.dst
    {bins lo = {[0:mid-1]};
     bins hi = {[mid:$]};
    }
endgroup

CovDst39 cp;
```

```
initial
  cp = new(5);                              // lo = 0:4, hi = 5:7
  ...
```

9.9.2 通过引用传递覆盖组参数

如果你不仅想在调用构造函数时使用数值，还希望覆盖组在整个仿真过程中可以对数值进行采样，那么可以通过引用的方式来指定需要进行采样的变量，如例 9.40 所示。

【例 9.40】通过引用传递覆盖组参数

```
bit [2:0] dst_a, dst_b;

covergroup CovDst40 (ref bit [2:0] dst, input int mid);
  coverpoint dst {
    bins lo = {[0:mid-1]};
    bins hi = {[mid:$]};
  }
endgroup

CovDst40 cpa, cpb;
initial
  begin
    cpa = new(dst_a, 4);          // dst_a, lo = 0:3, hi = 4:7
    cpb = new(dst_b, 2);          // dst_b, lo = 0:1, hi = 2:7
  end
```

与任务和函数相似，覆盖组的参数在方向上遵循就近缺省的原则。在例 9.40 中，如果你遗漏了 input 方向，则参数 mid 的方向就是 ref。这样例子中的代码将无法编译，因为你不能把常量（4 或 2）传递给 ref 参数。

9.10 覆盖选项

你可以使用 SystemVerilog 提供的选项为覆盖组指定额外的信息。选项分两种类型：一种是实例选项，用于特定的覆盖组实例；一种是类型选项，用于所有覆盖组实例，类似于类中的静态数据。选项可以放在覆盖组中并对组里的所有覆盖点有效，也可以放在单个覆盖点以便实现更加精细的控制。前面已经介绍过 auto_bin_max 和 weight 选项，下面还有其他一些选项。

9.10.1 单个实例的覆盖率

如果你的测试平台对一个覆盖组进行了多次实例化，那么缺省情况下 SystemVerilog 会把所有实例的覆盖率数据汇集到一起。然而，如果你有几个发生器，每个发生器产生的事务数据流都不同，你需要查看单独的报告。例如，一个发生器创建的是长数据而另一个发生器创建的是短数据。例 9.41 中的覆盖组可以在每个发生器中进行独立的实例化。它能跟踪每个实例的覆盖率，并且每个覆盖组实例都有一个带层次化路径的注释字符串。

【例 9.41】指定单个实例（per-instance）的覆盖率

```
covergroup CoverLength(ref bit [2:0] len);
  coverpoint len;
  option.per_instance = 1;
endgroup
```

选项 per_instance 只能放在覆盖组里，不能用于覆盖点或交叉点。

9.10.2 覆盖组的注释

可以在覆盖率报告中增加注释以使报告更易于分析。注释应尽量简单，例如使用验证计划中的小节号或标签，这样报告解析器就可以根据它从海量数据中提取相关信息。如果你有一个只实例化一次的覆盖组，那么可以使用例 9.42 所示的 type 选项。

【例 9.42】为一个覆盖组指定注释

```
covergroup CovDst42;
  type_option.comment = "Section 3.2.14 Dst Port numbers";
  coverpoint tr.dst;
endgroup
```

如果你有多个实例，那么可以为每个实例加入单独的注释，前提是你同时也使用了 per_instance 选项，如例 9.43 所示。

【例 9.43】为单个覆盖组实例指定注释

```
covergroup CovDst43(int lo,hi, string comment);
  option.comment = comment;
  option.per_instance = 1;
  coverpoint tr.dst
  {bins range = {[lo:hi]};
  }
endgroup
...
CovDst43 cp_lo = new(0,3, "Low dst numbers");
CovDst43 cp_hi = new(4,7, "High dst numbers");
```

9.10.3 覆盖阈值

你的设计可能没有足够的可见度以至于不能收集到稳健的覆盖率信息。假设你正在验证一个 DMA 状态机是否能够应对总线错误。你无法访问当前的状态，但知道一个传输需要的周期范围。如果你在该周期范围内重复报错，可能就可以覆盖所有状态。如果你相信一个仓被命中 8 次以后，其所对应的所有组合就都能被测试到，那么可以把 option.at_least 设置为 8 或更高。

option.at_least 如果定义在覆盖组，那么它会作用于所有覆盖点。如果定义在一个点上，那它就只对该点有效。

然而，如例 9.2 所示，即使经过了 32 次尝试，随机变量 kind 仍然没有命中所有可能值。有时候无法直接测量覆盖率，就像测试平台无法探测 DUT 的内部细节那样，只有在这种情况下才能使用 at_least。

9.10.4 打印空仓

缺省情况下，覆盖率报告只会给出带有采样值的仓。你的工作是检查所有列在验证计划上的情况是否都被覆盖了，所以实际上你对那些没有采样值的仓会更感兴趣。使用 cross_num_print_missing 选项可以让仿真和报告工具给出所有仓，尤其是那些没有被命中的仓。把它的值设置得大一些，如例 9.44 所示，但不要超出你愿意阅读的范围。

【例 9.44】报告所有仓，包括空仓

```
covergroup CovDst44;
  kind: coverpoint tr.kind;
  dst: coverpoint tr.dst
  cross kind, dst;
  option.cross_num_print_missing = 1_000;
endgroup
```

9.10.5 覆盖率目标

一个覆盖组或覆盖点的目标是达到该组或该点被认为已经完全覆盖的水平。缺省情况是 100% 的覆盖率。如果你把目标设置为低于 100%，如例 9.45 所示，这样的要求会比完全覆盖低，可能并不是你真正想要的。这个选项只影响覆盖率报告。

【例 9.45】指定覆盖率目标

```
covergroup CovDst45;
  coverpoint tr.dst;
  option.goal = 90;                    // 只需要部分覆盖即可满足
endgroup
```

9.11 覆盖率数据的分析

一般情况下，尽量假定你需要更多的种子和更少的约束。毕竟，运行更多的测试比构造新约束要容易些。如果你不小心，新约束很容易限制你的搜索空间。

如果你的覆盖点只有一个采样值甚至没有，那么你的约束可能根本就没有定位在预期的区域。你需要增加约束把运算器"拉"到新的区域中。在例 9.16 中，事务长度的分布不均匀。例 9.46 显示了完整的类。这种情况就像你投掷两个骰子，然后看总点数的分布。

【例 9.46】包长度的原始类

```
class Packet;
  rand bit [2:0] hdr_len;
  rand bit [3:0] payload_len;
  rand bit [4:0] len;
  constraint length {len == hdr_len + payload_len; }
endclass
```

这个类的问题在于，len 值的分布并不均匀。检查覆盖率报告可以看到最小值和最大值几乎没有命中。图 9.5 是报告中数值绘制的图表。

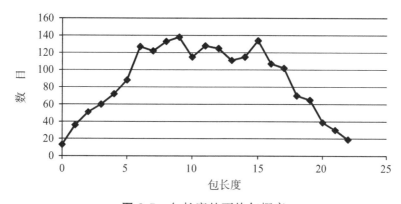

图 9.5　包长度的不均匀概率

如果你希望让总长度均匀分布，可以使用 solve...before 约束，如例 9.47 所示，绘制的结果如图 9.6 所示。

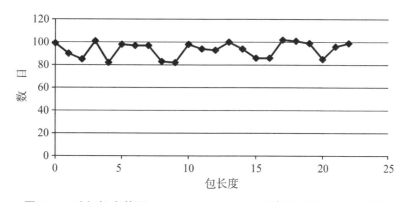

图 9.6　对包长度使用 solve...before 约束后出现的均匀概率

【例 9.47】对包长度使用 solve...before 约束

```
constraint length
  {lcn == hdr_len + payload_len;
  solve len before hdr_len, payload_len; }
```

solve...before 约束通常的替代选择是 dist 约束。但是，这并不起作用，因为 len 同时受到两个长度之和的约束。

9.12　在仿真过程中进行覆盖率统计

仿真进行的过程中，你可以查询功能覆盖率。允许你检查是否已经达到覆盖目标，并且可能对随机测试施加控制。

在全局层面上，使用 $get_coverage 可以得到所有覆盖组的总覆盖率。$get_coverage 返回一个介于 0 到 100 的实数。该系统任务可以查询所有覆盖组。

你可以使用 get_coverage() 和 get_inst_coverage() 函数来缩小测量范围。其中第一个函数可以带覆盖组名和实例，用于给出一个覆盖组所有实例的覆盖率，其用法如 CoverGroup::get_coverage() 或 cgInst.get_coverage()。第二个函数返回一个特定覆盖组实例的覆盖率，用法如 cgInst.get_inst_coverage()。如果你希望得到单个实例的覆盖率，那么需要指定 option.per_instance = 1。

这些函数最实际的用处是在一个长测试中监测覆盖率。如果覆盖率在给定数量的事务或周期之后并无提高，这个测试就应该停止。重启新的种子或测试有望提高覆盖率。

如果测试可以基于功能覆盖率采取一些深入的行动，那是一件非常好的事情，但是这种测试很难编写。测试加上随机种子可能会获得新的功能，但可能需要运行很多次才能达到目标。如果一个测试没能达到 100% 的覆盖率，该怎么办？继续运行更多的周期？还需要多少周期？是否需要改变正在产生的激励？如何才能把输入的变化同功能覆盖率的水平联系起来？改变随机种子比较可靠，但每次仿真应该只改变一次。否则，如果测试激励依赖于多个随机种子，你如何重现设计漏洞？

如果你想创建自己的覆盖率数据库，可以查询功能覆盖率的统计数据。验证团队可以建立自己的 SQL 数据库，用来收集从仿真中得到的覆盖率数据。数据库使得他们对数据有更大的控制权，但在创建测试之外还需要很多工作。

有些形式的验证工具能够提取设计状态并创建输入激励去测试所有可能的状态。注意不要尝试在测试平台重复这种行为。

9.13　小　结

当你从编写定向测试、手工输入每个激励比特转换到受约束的随机测试方法时，可能会担心测试不再受你的控制。通过测量覆盖率尤其是功能覆盖率，你能够知道什么特性被测试过，从而重新获得对测试的控制。

使用功能覆盖率需要一个详尽的验证计划，并且需要花费很多时间来创建覆盖组、分析结果并修改测试以便得到合适的激励。这些工作量看起来似乎很大，但实际上比编写等效的定向测试所花费的精力要少。另外，在收集覆盖率数据上花费时间有助于你在验证设计时更好地追踪验证的进展。

9.14 练 习

1. 对于下面的类，写一个覆盖组来收集测试计划要求的覆盖率，"所有 ALU 操作码都必须经过测试。"假设操作码在 clk 信号的上升沿有效。

```
typedef enum {ADD, SUB, MULT, DIV} opcode_e;

class Transaction;
  rand opcode_e opcode;
  rand byte operand1;
  rand byte operand2;
endclass

Transaction tr;
```

2. 在练习 1 的基础上，增加测试计划的要求："操作数 1 应采用最大负值（–128）、零和最大正值（127）"。为每个值定义一个覆盖仓，并定义一个默认仓。标记覆盖点为 operand1_cp。

3. 在练习 2 的基础上，满足以下测试计划的要求：

（1）"操作码是 ADD 或 SUB"（提示：这是第一个覆盖仓）。

（2）"操作码是 ADD 后跟随了 SUB"（提示：这是第二个覆盖仓）。

标记覆盖点为 opcode_cp。

4. 在练习 3 的基础上，增加测试计划的要求："操作码不能是 DIV"（提示：使用 illegal_bin 报告错误）。

5. 在练习 4 的基础上，收集测试计划要求的覆盖率："当操作数 1 为最大负值或最大正值时，操作码是 ADD 或 SUB。"，将交叉覆盖率的权重设为 5。

6. 假设覆盖组名为 Covcode，覆盖组的实例化名称为 ck，修改练习 4 以满足：

（1）显示由实例化名称引用的覆盖点 operand1_cp 的覆盖率。

（2）显示由覆盖组名称引用的覆盖点 opcode_cp 的覆盖率。

第 10 章　高级接口

在第 4 章中学习了如何使用接口连接设计和测试平台。这些物理接口代表了真实的信号，类似于 Verilog-1995 中与端口相连的连线（wire）。测试平台通过端口（port）把这些接口静态地连接在一起。但是对于很多设计来讲，测试平台需要动态地连接到设计。

例如在网络交换机中，DUT 的每一个输入通道都有一个接口，所以一个 Driver 类可能会连接到很多接口。你大概不希望为每个通道都编写一个 Driver 类——相反你可能希望编写一个通用的 Driver 类，将它例化 N 次，然后分别连接到 N 个物理端口。在 SystemVerilog 中，虚拟接口（virtual interface）是一个物理接口的句柄（handle），你可以通过使用虚拟接口来做到这一点。虚拟接口也称为参考接口（ref interface）。

你可能需要编写一个对不同设计配置都可用的测试平台。例如，一个芯片可能有多种配置；芯片的管脚可能在一种配置中驱动 USB 总线，在另一种配置中驱动 I2C 串行总线。如果在测试平台中使用虚拟接口，就可以在运行测试平台时再决定使用哪个驱动器了。

SystemVerilog 的接口不仅包含信号，你还可以在接口中加入可执行代码。这些代码可以是读写接口的子程序，在接口内部运行的 initial 块和 always 块，以及用来检查信号状态的断言。但是，不能把测试平台的代码放置在接口中。搭建测试平台时，程序块被快速地创建，在 Reactive 区域调度执行，对此，SystemVerilog 语言参考手册（LRM）中给出了相关描述。

10.1　ATM 路由器的虚拟接口

虚拟接口最常见的用法是允许测试平台中的对象使用一个通用的句柄，而非实际对象名来指向一个通过复制得到的接口中的数据项。虚拟接口是唯一可以桥接动态对象和静态模块、接口的一种机制。

10.1.1　只含有物理接口的测试平台

第 4 章描述了如何建立一个接口，并通过该接口将 4×4 的 ATM 路由器连接到测试平台。例 10.1 和例 10.2 分别示范了用于接收和发送方向的 ATM 接口。

【例 10.1】带有时钟块的 Rx 接口

```
// 带有 modport 和时钟块的 Rx 接口
interface Rx_if (input logic clk);
  logic [7:0] data;
  logic soc, en, clav, rclk;
```

```
   clocking cb @(posedge clk);
     output data, soc, clav; // 方向是相对于测试平台的
     input en;
   endclocking : cb

   modport TB (clocking cb);

   modport DUT (output en, rclk,
                input data, soc, clav);
endinterface : Rx_if
```

【例 10.2】带有时钟块的 Tx 接口

```
// 带有 modport 和时钟块的 Tx 接口
interface Tx_if (input logic clk);
   logic [7:0] data;
   logic soc, en, clav, tclk;

   clocking cb @(posedge clk);
     input data, soc, en;
     output clav;
   endclocking : cb

   modport TB (clocking cb);

   modport DUT (output data, soc, en, tclk,
                input clav);
endinterface : Tx_if
```

这些接口可以在程序块中使用，如例 10.3 所示。这段代码采用硬编码（hard coded）的接口名，例如 Rx0 和 Tx0。注意在这些例子中，顶层模块不会向测试平台传递时钟；相反，测试与接口中的时钟块同步，从而允许在更高的抽象层次上工作。

【例 10.3】使用物理接口的测试平台

```
program automatic test(Rx_if.TB Rx0, Rx1, Rx2, Rx3,
                       Tx_if.TB Tx0, Tx1, Tx2, Tx3,
                       output logic rst);
   bit [7:0] bytes[`ATM_SIZE];

   initial begin
     // 复位设备
     rst <= 1;
```

```
    Rx0.cb.data <= `0;
    ...
    receive_cell0;
    ...
  end

  task receive_cell0();
    @(Tx0.cb);
    Tx0.cb.clav <= 1;                         // 给出开始接收的信号
    wait (Tx0.cb.soc == 1);                   // 等待信元的开始

    for (int i = 0; i<`ATM_SIZE; i++) begin
      wait (Tx0.cb.en == 0);                  //  等待使能
      @(Tx0.cb);

      bytes[i] = Tx0.cb.data;
      @(Tx0.cb);
      Tx0.cb.clav <= 0;                       // 释放流控信号
    end
  endtask

endprogram
```

图 10.1 给出了测试平台使用虚拟接口与设计通信的例子。

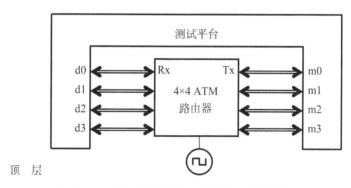

图 10.1 路由器和使用虚拟接口的测试平台

必须将顶层模块的一组接口与例 10.6 中的测试平台连接。例 10.4 中的模块例化了一组接口（接口数组），并将这组接口传递给测试平台。因为 DUT 有 4 个 Rx 和 4 个 Tx 接口，所以需要将每一个接口数组元素分别传递给 DUT 实例。

【例 10.4】含有接口数组的顶层模块

```
module top;
  logic clk, rst;
```

```
    Rx_if Rx[4] (clk);
    Tx_if Tx[4] (clk);


    test          t1 (Rx, Tx, rst);          // 见例 10.6 的测试平台
    atm_router a1 (Rx[0], Rx[1], Rx[2], Rx[3],
                   Tx[0], Tx[1], Tx[2], Tx[3],
                   clk, rst);


    initial begin
      clk = 0;
      forever #20 clk = !clk;
      end
endmodule : top
```

10.1.2 使用虚拟接口的测试平台

OOP 技术的一大特点是可以创建一个类，在类中使用句柄去指向对象，而非使用硬编码(hard coded)的对象名。这样一来，你就可以创建一个 Driver 类和一个 Monitor 类，并通过句柄来操作数据，然后在运行时将数据操作传入该句柄。

例 10.5 中的程序块仍然将 4 个 Rx 接口和 4 个 Tx 接口当作端口来传递，就像在例 10.3 中一样，但不同的是它创建了一组虚拟接口，vRx 和 vTx。这些接口可以直接传递到驱动器类和监视代码类的构造函数中去。

【例 10.5】使用虚拟接口的测试平台

```
program automatic test(Rx_if.TB Rx0, Rx1, Rx2, Rx3,
                       Tx_if.TB Tx0, Tx1, Tx2, Tx3,
                       output logic rst);
  Driver drv[4];
  Monitor mon[4];
  Scoreboard scb[4];


  virtual Rx_if.TB vRx[4] = '{Rx0, Rx1, Rx2, Rx3};
  virtual Tx_if.TB vTx[4] = '{Tx0, Tx1, Tx2, Tx3};


  initial begin
    foreach (scb[i]) begin
      scb[i] = new(i);
      drv[i] = new(scb[i].exp_mbx, i, vRx[i]);
      mon[i] = new(scb[i].rcv_mbx, i, vTx[i]);
    end
```

```
    ...
    end
endprogram
```

你也可以不使用虚拟接口数组变量，直接在端口列表使用接口数组。这些接口数组被传递给构造函数，如例 10.6 所示。

【例 10.6】使用虚拟接口的测试平台

```
program automatic test(Rx_if.TB Rx[4], Tx_if.TB Tx[4],
                       output logic rst);
...
  initial begin
    foreach (scb[i]) begin
      scb[i] = new(i);
      drv[i] = new(scb[i].exp_mbx, i, Rx[i]);
      mon[i] = new(scb[i].rcv_mbx, i, Tx[i]);
    end
    ...
  end
endprogram
```

例 10.7 中的 monitor::receive_cell 任务和例 10.3 中的 receive_cell0 任务很相似，不同的是例 10.7 使用名为 Tx 的虚拟接口替代名为 Tx0 的物理接口。

【例 10.7】使用虚拟接口的监视器类

```
typedef virtual Tx_if vTx_t;

class Monitor;
  int     stream_id;
  mailbox rcv_mbx;
  vTx_t   Tx;

  function new (input mailbox rcv_mbx,
               input int     stream_id,
               input vTx_t   Tx);
    this.rcv_mbx = rcv_mbx;
    this.stream_id = stream_id;
    this.Tx = Tx;
  endfunction  // new

  task run();
    ATM_Cell ac;
```

```
    fork begin

        // 初始化输出信号
        Tx.cb.clav <= 0; // 还没准备好接收
        @Tx.cb;

        $display("@%0d: Monitor::run [%0d] starting",
                $time, stream_id);
        forever begin
          receive_cell(ac);
        end
      end
    join_none
  endtask : run

  task receive_cell(input ATM_Cell ac);
    bit [7:0] bytes[];

    bytes = new[ATM_CELL_SIZE];
    ac = new();                              // 初始化信元

    @Tx.cb;
    Tx.cb.clav <= 1;                         // 置位，准备接收
    while (Tx.cb.soc !== 1'b1)               // 等待信元的开始
      @Tx.cb;

    foreach (bytes[i]) begin
      while (Tx.cb.en != 0)                  // 等待使能信号
        @Tx.cb;

      bytes[i] = Tx.cb.data;
      @Tx.cb;
      Tx.cb.clav <= 0;                       // 释放流控信号
    end

    ac.byte_unpack(bytes);
    $display("@%0d: Monitor::run (%0d) received cell vci = %h",
            $time, stream_id, ac.vci);

    // 将信元送至记分牌
    rcv_mbx.put(ac);
```

```
endtask : receive_cell

endclass : Monitor
```

　　　创建测试平台时的一个常见错误是省略虚拟接口声明中的 modport 名称。例 10.5 中的程序在端口列表中声明了 `Tx_if.TB Tx0`，因此它只能将 `Tx0` 分配给使用 `TB` modport 声明的虚拟接口。具体参见例 10.7 中虚拟接口 `Tx` 的声明部分。

10.1.3　将测试平台连接到端口列表中的接口

本书给出了连接到 DUT 的测试程序，其中 DUT 在其端口列表中带有接口。这种风格是为 Verilog 用户所熟悉的，因为他们一贯使用端口中的信号来连接模块。例 10.8 的顶层模块也称为测试用具（test harness），它使用端口列表中的接口连接 DUT 和测试程序。

【例 10.8】使用端口列表中接口的测试用具

```
module top;
  bus_ifc bus();                 // 例化接口
  test t1(bus);                  // 通过端口列表传递给测试程序
  dut d1(bus);                   // 通过端口列表传递给 DUT
  ...
endmodule
```

例 10.9 示范了端口列表中含有接口的程序块。

【例 10.9】端口列表含有接口的测试程序

```
program automatic test(bus_ifc bus);
  initial $display(bus.data); // 使用接口信号
endprogram
```

如果在设计中增加一个新的接口会引起什么变化呢？例 10.10 中的测试用具声明了一个新总线并将它放置于端口列表中。

【例 10.10】端口列表中含有第二个接口的顶层模块

```
module top;
  bus_ifc bus();                 // 例化接口
  new_ifc newb();                // 再例化一个接口
  test t1(bus, newb);            // 使用两个接口的测试程序
  dut d1(bus, newb);             // 使用两个接口的 DUT
  ...
endmodule
```

现在你就需要修改例 10.9 中的测试程序，并在端口列表中包含另一个接口，如例 10.11 中的测试程序所示。

【例 10.11】端口中含有两个接口的测试程序

```
program automatic test(bus_ifc bus, new_ifc newb);
   initial $display(bus.data); // 使用接口信号
endprogram
```

在设计中增加一个新的接口意味着需要编辑已有的全部测试程序，这样新增的接口才能插入到测试用具中。怎样才能避免这种额外的工作量呢？可以通过避免使用端口连接来实现！

10.1.4　使用 XMR（跨模块引用）连接接口和测试程序

如果你的测试程序需要连接到测试用具中的物理接口上，那么可以使用程序块中的虚拟接口和跨模块引用（XMR，Cross Module Reference），如例 10.12 所示。你必须使用虚拟接口，才能在顶层模块中将物理接口赋值给它。

【例 10.12】使用虚拟接口和 XMR 的测试程序

```
program automatic test();
  virtual bus_ifc bus = top.bus;            // 跨模块引用
  initial $display(bus.data);               // 使用接口信号
endprogram
```

连接该程序段的测试用具如例 10.13 所示。

【例 10.13】端口列表中不含接口的测试用具

```
module top;
  bus_ifc bus();                            // 例化接口
  test t1();                                // 测试程序不使用端口列表
  dut d1(bus);                              //DUT 仍旧使用端口列表
  ...
endmodule
```

这种方法是 VMM 等验证方法学所推荐的，它可以增强测试代码的可重用性。如例 10.14 所示，在设计中增加一个新的接口，虽然测试用具改变了，但是已有的测试程序却无须改变。

【例 10.14】使用第二个接口的测试用具

```
module top;
  bus_ifc bus();                            // 例化接口
  new_ifc newb();                           // 例化另一个接口
  test t1();                                // 实例保持不变
  dut d1(bus, newb);
```

```
    ...
endmodule
```

例 10.14 中的测试用具既可以用于并不知道增加了新接口的例 10.12，也可以用于已经知道新增接口的例 10.15。

【例 10.15】使用两个虚拟接口和两个 XMR 的测试程序

```
program automatic test();
  virtual bus_ifc bus = top.bus;
  virtual new_ifc newb = top.newb

  initial begin
    $display(bus.data);              // 使用已有接口
    $display(newb.addr);             // 增加一个接口
  end
endprogram
```

 验证方法学上的一些规则会使得测试程序和测试用具比传统使用端口的连接更复杂一些，但是这样做却意味着即使设计有所变化，也无须修改现有的测试程序的代码。本书中的例子在端口列表中使用简单风格的接口，但是如果你觉得测试程序的可重用性更加重要，那就有必要改变编码风格。

10.2 连接到多个不同的设计配置

验证一个设计时，常见的挑战来自于该设计可能存在数个配置。你可以为每个配置单独编写一个测试平台，但是如果考虑到所有可能性，那么各种组合的规模也许大得难以想象。而使用虚拟接口却使你可以动态地连接到各种可能的接口。

10.2.1 网格（Mesh）设计案例

例 10.16 构造了一个可复制的简单器件，一个 8 位计数器。它和网格配置中含有多个网络芯片或处理器实例的 DUT 非常相似。这个设计的关键是在顶层网单中建立一个接口和计数器的数组。这样测试平台就可以将这个虚拟接口数组连接到实际的物理接口上。

例 10.16 是计数器接口 X_if 的代码。如果代码用 $monitor 打印信号值，当任何信号改变时，它们都会显示出来。取而代之的是，always 块等待时钟块改变，然后用 $strobe 打印时隙结束时的信号值。这样可以在更高的抽象层次上工作，看到的是一个周期一个周期的值，而不是单个事件。

【例 10.16】8 位计数器的接口

```
interface X_if (input logic clk);
  logic [7:0] din, dout;
```

```
  logic reset_l, load;

  clocking cb @(posedge clk);
    output din, load;
    input dout;
  endclocking

  always @cb
  $strobe("@%0t:%m: out = %0d, in = %0d, ld = %0d, r = %0d",
          $time, dout, din, load, reset_l);

  modport DUT (input clk, din, reset_l, load,
                output dout);

  modport TB (clocking cb, output reset_l);
endinterface
```

这个简单的计数器如例 10.17 所示。

【例 10.17】使用 X_if 接口的计数器模型

```
// 带有装载和低电平复位输入的 8 位计数器
module counter(X_if.DUT xi);
  logic [7:0] count;
  assign xi.dout = count;

  always @(posedge xi.clk or negedge xi.reset_l)
    begin
      if (!xi.reset_l)        count <= '0;
      else if (xi.load)       count <= xi.din;
      else                    count <= count + 1;
    end
endmodule
```

例 10.18 中的顶层模块使用 generate 语句来例化 NUM_XI 接口和计数器，但只使用了一个测试平台。

【例 10.18】使用虚拟接口数组的测试平台

```
module top;
  parameter NUM_XI = 2;        // 设计实例的个数

  // 时钟生成器
  bit clk;
  initial begin
```

```
    clk <= `0;
    forever #20 clk = ~clk;
  end


  // 例化 NUM_XI 个接口
  X_if xi [NUM_XI] (clk);


  // 例化测试平台，传递接口的数量
  test #(.NUM_XI(NUM_XI)) tb();


  // 产生 NUM_XI 个 counter 实例
  generate
  for (genvar i = 0; i < NUM_XI; i++)
    begin : count_blk
      counter c (xi[i]);
    end
  endgenerate


endmodule : top
```

在例 10.19 中，测试平台最关键的部分是对局部虚拟接口数组 vxi 赋值的语句，
vxi 指向顶层模块中的物理接口数组 top.xi（相比于第 8 章中推荐的方法，该例采用了
一些便捷的方式。为了简化例 10.18，把 environment 类合并到测试程序中，而生成器、
代理和驱动层则合并进了驱动器类）。

【例 10.19】使用虚拟接口的计数器测试平台

```
program automatic test #(NUM_XI = 2);

  virtual X_if.TB vxi[NUM_XI];                    // 虚拟接口数组
  Driver driver[];

  initial begin
    // 将局部虚拟接口连到顶层
    vxi = top.xi;

    // 创建 N 个驱动器对象
    driver = new[NUM_XI];
    foreach (driver[i])
      driver[i] = new(vxi[i], i);

    foreach (driver[i]) begin
      automatic int j = i
```

```
    fork
      begin
        driver[j].reset();
        driver[j].load_op();
      end
    join_none
  end

  repeat (10) @(vxi[0].cb);
end
```

```
endprogram
```

测试平台假定至少存在一个计数器，也就是至少有一个 X 接口。如果设计可以没有计数器，那就必须把接口数组定义成动态数组，因为定宽数组的大小不能为零。顶层模块把接口的实际数量作为参数传递。

当然在这个简单的例子中，你可以直接把接口传递给 Driver 类的构造函数，而无须另外创建一个独立的变量。

在例 10.20 中，Driver 类使用一个虚拟接口来驱动和采样计数器的信号。

【例 10.20】使用虚拟接口的 Driver 类

```
class Driver;
  virtual X_if.TB xi;
  int id;

  function new(input virtual X_if.TB xi, input int id);
    this.xi = xi;
    this.id = id;
  endfunction

  task reset();
    $display("@%0t: Driver[%0d]: Start reset", $time, id);
    // 设备复位
    xi.reset_l <= 1;
    xi.cb.load <= 0;
    xi.cb.din <= '0;
    @(xi.cb) xi.reset_l <= 0;
    @(xi.cb) xi.reset_l <= 1;
    $display("@%0t: Driver[%0d]: End reset", $time, id);
  endtask : reset
```

```
task load_op();
  $display("@%0t: Driver[%0d]: Start load", $time, id);
  ##1 xi.cb.load <= 1;
  xi.cb.din <= id + 10;

  ##1 xi.cb.load <= 0;
  repeat (5) @(xi.cb);
  $display("@%0t: Driver[%0d]: End load", $time, id);
  endtask : load_op

endclass : Driver
```

10.2.2　对虚拟接口使用 typedef

"virtual X_if.TB" 可以用 typedef 代替，这样可以保证你总是使用正确的 modport 并减少代码输入量，如例 10.21 ~ 例 10.23 中的接口、测试平台和驱动器所示。

【例 10.21】使用 typedef 的接口

```
interface X_if (input logic clk);
  // …
endinterface
typedef virtual X_if.TB vx_if;
```

【例 10.22】对虚拟接口使用 typedef 的测试平台

```
program automatic test #(NUM_XI = 2);
  vx_if vxi[NUM_XI];   // 虚拟接口数组
  Driver driver[];
  //...
endprogram
```

【例 10.23】在驱动器类使用 typedef 的虚拟接口

```
class Driver;
  vx_if xi;
  int id;

  function new(input vx_if xi, input int id);
    this.xi = xi;
    this.id = id;
  endfunction
  //...
endclass : Driver
```

10.2.3　使用端口传递虚拟接口数组

前面的例子使用的是跨模块引用（XMR）来传递虚拟接口数组。虚拟接口数组传递的另一种方法是使用端口。因为在顶层模块中的数组是静态的，只需要引用一次，因此使用 XMR 风格比使用端口更加有意义，因为端口通常是用来传递不断变化的数值的。

例 10.24 使用一个全局参数来定义 X 接口的个数。下面是顶层模块的片段。

【例 10.24】使用虚拟接口数组的测试平台

```
parameter NUM_XI = 2;  // 实例个数

module top;
  // 例化 N 个接口
  X_if xi [NUM_XI] (clk);
  ...
  // 例化测试平台
  test tb(xi);

endmodule : top
```

例 10.25 中的测试平台使用虚拟接口。它创建了一个虚拟接口数组，这样就可以将其传递给驱动器类的构造函数，或者通过端口直接传递给构造函数。

【例 10.25】使用端口传递虚拟接口的测试平台

```
program automatic test(X_if xi [NUM_XI]);

  vx_if vxi[NUM_XI];
  Driver driver[];

  initial begin
    // 构建阶段
    // 将局部虚拟接口连到顶层
    vxi = xi;                    // 把接口数组赋值给本地虚拟接口数组
    driver = new[NUM_XI];

    foreach (vxi[i])   // 构建 NUM_XI 个驱动器
      driver[i] = new(vxi[i], i);

    // 复位阶段
    foreach (vxi[i])
      fork
        begin
          driver[i].reset();
```

```
            driver[i].load_op();
         end
      join
    //...
    end
endprogram
```

10.3 参数化接口和虚拟接口

10.2 节的例子是一个 8 位计数器和相关的总线。如果想改变计数器的宽度呢？Verilog-1995 允许使用参数化模块，SystemVerilog 通过参数化接口和虚拟接口扩展了这一概念。

首先，用参数更新例 10.17 中的计数器。只需要更改前几行。例 10.26 将接口的数量也作为参数传入。

【例 10.26】使用 X_if 接口的参数化计数器模型

```
// 带有装载和低电平复位输入的 N 位计数器。
module counter #(BIT_WIDTH = 8) (X_if.DUT xi);
  logic [BIT_WIDTH-1:0] count;
...
```

例 10.27 为例 10.26 中的接口增加了位宽参数。

【例 10.27】8 位计数器的参数化接口

```
interface X_if #(BIT_WIDTH = 8) (input logic clk);
  logic [BIT_WIDTH-1:0] din, dout;
...
```

例 10.28 展示了如何把参数传递给测试平台。

【例 10.28】使用虚拟接口数组的参数化顶层模块

```
module top;
  parameter NUM_XI = 2;        // 实例的个数
  parameter BIT_WIDTH = 4;     // 计数器和总线的位宽

  // 时钟发生器
  bit clk;
  initial begin
    clk <= '0;
    forever #20 clk = ~clk;
  end

  // 例化 N 个接口
```

```
    X_if #(.BIT_WIDTH(BIT_WIDTH)) xi[NUM_XI] (clk);

    // 带有接口数量和位宽参数的测试平台
    test #(.NUM_XI(NUM_XI), .BIT_WIDTH(BIT_WIDTH)) tb();

    // 产生 N 个计数器实例
    generate
    for (genvar i = 0; i < NUM_XI; i++)
      begin : count_blk
        counter #(.BIT_WIDTH(BIT_WIDTH)) c (xi[i]);
      end
    endgenerate


endmodule : top
```

最后是测试平台模块和 Driver 类，如例 10.29 和例 10.30 所示。它们具有必须参数化的虚拟接口。语法有点复杂，尤其是当有 modport 的时候。首先是根据例 10.19 更新的测试平台，注意参数是如何在类型名和 modport 之间传递的。

【例 10.29】带有虚拟接口的参数化计数器测试平台

```
program automatic test #(NUM_XI = 2, BIT_WIDTH = 8);
  virtual X_if #(.BIT_WIDTH(BIT_WIDTH)).TB vxi[NUM_XI];
...
```

【例 10.30】带有虚拟接口的 Driver 类

```
class Driver;
  virtual X_if #(.BIT_WIDTH(BIT_WIDTH)) xi;
  //...
endclass
```

10.4　接口中的过程代码

如同类中同时包含变量和子程序，接口也可以包含子程序、断言、initial 和 always 块等代码。接口包含两个块之间进行通信的信号和功能，所以总线的接口块可以包含信号和执行读写等指令的子程序。这些子程序的内部细节对外部是隐藏的，允许你稍后再编写实际的代码。对这些子程序的访问是通过 modport 语句来实现的，这一点和信号一样。任务或者函数可以引入到 modport 中，它们对任何使用这个 modport 的块都是可见的。

这些子程序既可以被设计使用，也可以被测试平台使用。这种实现方式保证了两者使用相同的协议，消除了某些常见的测试平台漏洞。但是，并不是所有综合工具都可以处理接口中的子程序代码。

你可以在接口中使用断言来验证协议。断言可以用来检查非法的组合，例如违反协议和未知取值等。它们可以打印状态信息并且立即停止仿真，这样你就能够容易地调试设计中的问题。当事务正确的时候也可以产生断言，这种断言可以触发功能覆盖率代码收集覆盖信息。

10.4.1　并行协议接口

创建系统的时候，你可能还不知道该选择并行协议还是串行协议。例 10.31 中的接口含有两个任务，initiatorSend 和 targetRcv，这两个任务使用接口信号在两个块之间发送事务。接口通过两个 8 位总线并行地发送地址和数据。

【例 10.31】含有并行协议任务的接口

```
interface simple_if(input logic clk);
  logic [7:0] addr;
  logic [7:0] data;
  bus_cmd_e cmd;
  modport TARGET
    (input addr, cmd, data,
    import task targetRcv (output bus_cmd_e c,
                           logic [7:0] a, d));
  modport INITIATOR
    (output addr, cmd, data,
    import task initiatorSend(input bus_cmd_e c,
                             logic [7:0] a, d)
    );

  // 并行发送
  task initiatorSend(input bus_cmd_e c,
                     logic [7:0] a, d);
    @(posedge clk);
    cmd <= c;
    addr <= a;
    data <= d;
  endtask

  // 并行接收
  task targetRcv(output bus_cmd_e c, logic [7:0] a, d);
    @(posedge clk);
    a = addr;             // 使用非阻塞赋值立即获取总线数值
    d = data;             // 以免造成冲突
    c = cmd;
```

```
  endtask
endinterface: simple_if
```

10.4.2 串行协议接口

例 10.32 中的接口实现了地址和数据的串行收发。它和例 10.31 具有相同的接口和子程序，所以你可以任意替换这两种接口，不用对设计和测试平台的代码做任何修改。

【例 10.32】含有串行协议任务的接口

```
interface simple_if(input logic clk);
  logic addr;
  logic data;
  logic start = 0;
  bus_cmd_e cmd;

  modport TARGET(input addr, cmd, data,
                 import task targetRcv (output bus_cmd_e c,
                                        logic [7:0] a, d));
  modport INITIATOR(output addr, cmd, data,
                    import task initiatorSend(input bus_cmd_e c,
                                              logic [7:0] a, d));

  // 串行发送
  task initiatorSend(input bus_cmd_e c,logic [7:0] a, d);
    @(posedge clk);
    start <= 1;
    cmd <= c;
    foreach (a[i]) begin
      addr <= a[i];
      data <= d[i];
      @(posedge clk);
      start <= 0;
    end
    cmd <= IDLE;
  endtask

  // 串行接收
  task targetRcv(output bus_cmd_e c, logic [7:0] a, d);
    @(posedge start);
    c = cmd;
    foreach (a[i]) begin
      @(posedge clk);
```

```
        a[i] = addr;
        d[i] = data;
      end
    endtask

  endinterface: simple_if
```

10.4.3 接口代码的局限性

接口中的任务对 RTL 来讲是可以接受的，因为它们的功能是严格定义的。但是这些任务对任何验证 IP 来讲都不是一个高明的选择。因为接口和它们的代码不能被扩展或重载，也不能根据配置动态地例化。接口不能含有私有数据成员。任何用于验证的代码都需要最大的灵活性和可配置性，所以应该把它们定义在程序块运行的类中。

10.5 小 结

SystemVerilog 中的接口是一种功能强大的技术，它整合了连接、时序和块之间的通信功能。在本章中你看到了怎样创建一个测试平台，并将它连接到包含多个接口的不同的设计配置上。使用虚拟接口，你的信号层代码可以在运行时连接到多个物理接口上。接口可以包含驱动信号的子程序和检查协议的断言，但是注意，测试程序应该放在程序块而不是接口中。

接口在很多方面和含有指针、封装和抽象的类很相似。这使得你可以通过创建接口在比传统 Verilog 的端口和连线更高的层次上对系统进行建模，但是一定要记得将测试平台放到程序块中去。

10.6 练 习

1. 根据注释的要求完成以下代码。

```
class Driver;
  ...
  // 声明 DUT 的虚拟接口
  function new(input inst_mbox #(Instruction) agt2drv,
              /* 完成参数列表 */ );
    this.agt2drv = agt2drv;
    // 将虚拟接口参数保存到类一级的变量
  endfunction
endclass


class ENvironment;
  Driver drv;
```

```
      .....
      drv = new(agt2drv, /* 完成参数列表 */)
      .....
   endclass
```

2. 在练习 1 的基础上，根据注释的要求完成以下代码。

```
program automatic test(risc_spm_if risc_bus);
   import my_package::*;
   ENvironment env;
   initial begin
      // 创建由 env 句柄指向的对象
   end
endprogram
```

3. 使用跨模块引用(XMR)修改下面的程序声明。假设顶层模块包含名为 top 的接口。

```
program automatic test(risc_spm_if risc_bus);
   ...
endprogram
```

使用跨模块引用（XMR）修改下面例化 test 的程序。

```
`include "risc_spm_if.sv"
module top;
   ....
   test t1(risc_bus);
   ....
endmodule
```

4. 在练习 3 的基础上，建立 NUM_RISC_BUS 环境和 NUM_RISC_BUS 接口。

5. 在练习 3 的基础上，在虚拟接口里使用 typedef。

6. 使用参数 ADDRESS_WIDTH 修改下面的程序，默认情况下，寻址空间支持 256 个字。

```
interface risc_spm_if (input bit clk);

   bit rst;
   bit      [7:0] data_out;

   logic    [7:0] address;
   logic    [7:0] data_in;
   logic          write;
   modport DUT (input clk, data_out,
              output address, data_in, write);

endinterface
```

第11章 完整的 SystemVerilog 测试平台

本章将你学到的各种 SystemVerilog 概念用于验证一个设计。测试平台产生受约束的随机激励，并收集功能覆盖数据。本章的测试平台是按第 8 章的规则建立的结构化测试平台，可以在不改变底层模块的情况下增加新的功能。

待测设计是 Sutherland（2006）书中的 ATM 交换机，这个例子来源于 Janick Bergeron 的验证协会。Sutherland 用 SystemVerilog 修改了原始的 Verilog 代码，使其可以配置成从 4×4 到 16×16 的 ATM 交换机。最初的测试平台使用 $urandom 产生 ATM 信元，修改其中的 ID 域后发送给待测设计，然后检查相应的结果。

包含测试平台和 ATM 交换机的完整的例子可以从 http://chris.spear.net/systemverilog 下载。本章只给出测试平台。

11.1 设计单元

待测设计和测试平台之间的连接关系如图 11.1 所示，和第 4 章描述的相同。

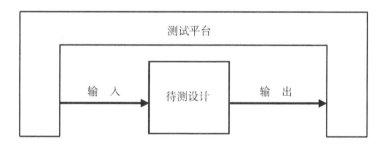

图 11.1 测试平台—设计环境

顶层设计称为 squat，如图 11.2 所示。它有 N 个发送 UNI 格式信元的 Utopia Rx

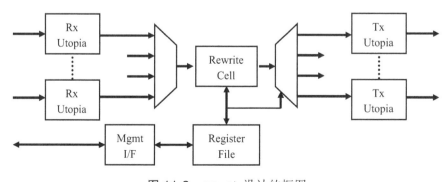

图 11.2 squat 设计的框图

接口。在 DUT 内部，信元先保存下来，转换成 NNI 格式，然后转发到 Tx 接口。根据输入信元的 VPI 域，通过对查找表的寻址完成转发。查找表通过管理接口编程。

例 11.1 中的顶层模块定义了 Rx 和 Tx 端口的接口数组。

【例 11.1】顶层模块

```
`timescale 1ns/1ns
`define TxPorts 4                        // 发送端口的个数
`define RxPorts 4                        // 接收端口的个数

module top;
  parameter int NumRx = `RxPorts;
  parameter int NumTx = `TxPorts;

  logic rst, clk;
  // 系统时钟和复位
  initial begin
    rst = 0; clk = 0;
    #5ns rst = 1;
    #5ns clk = 1;
    #5ns rst = 0; clk = 0;
  forever
    #5ns clk = ~clk;
  end

  Utopia Rx[0:NumRx - 1] ();        //NumRx 个 Level 1 Utopia Rx 接口
  Utopia Tx[0:NumTx - 1] ();        //NumTx 个 Level 1 Utopia Tx 接口
  cpu_ifc mif();                    //Utopia 管理接口
  squat #(NumRx, NumTx) squat(Rx, Tx, mif, rst, clk);    //DUT
  test #(NumRx, NumTx) t1(Rx, Tx, mif, rst);             //Test
endmodule : top
```

例 11.2 中的测试平台程序通过端口表传递接口和信号。关于跨模块引用的讨论见 10.1.4 节。真正的测试平台代码在 Environment 类中，例 11.2 的程序不包括 Environment 部分。为了在更高的抽象层次上工作，测试平台只使用接口中的时钟块与 DUT 同步，而不是低级别时钟。

【例 11.2】测试平台的程序

```
program automatic test
  #(parameter int NumRx = 4, parameter int NumTx = 4)
  (Utopia.TB_Rx Rx[0:NumRx - 1],
  Utopia.TB_Tx Tx[0:NumTx - 1],
  cpu_ifc.Test mif,
```

```
    input logic rst);

`include "environment.sv"
    Environment env;

    initial begin
        env = new(Rx, Tx, NumRx, NumTx, mif);
        env.gen_cfg();
        env.build();
        env.run();
        env.wrap_up();
    end
endprogram // test
```

测试平台通过管理接口，也称为 CPU 接口来装载控制信息，如例 11.3 所示。在本章的例子里，CPU 接口仅仅用来装载将 VPI 映射到转发模板的查找表。

【例 11.3】CPU 管理接口

```
interface cpu_ifc;
    logic        BusMode, Sel, Rd_DS, Wr_RW, Rdy_Dtack;
    logic [11:0] Addr;
    CellCfgType DataIn, DataOut;              // 在例 11.11 中定义

modport Peripheral
        (input BusMode, Addr, Sel, DataIn, Rd_DS, Wr_RW,
         output DataOut, Rdy_Dtack);

modport Test
        (output BusMode, Addr, Sel, DataIn, Rd_DS, Wr_RW,
         input DataOut, Rdy_Dtack);

endinterface : cpu_ifc

typedef virtual cpu_ifc.Test vCPU_T;
```

测试平台使用例 11.4 的 Utopia 接口与待测设计 squat 进行通信，发送和接收 ATM 信元。接口具有控制发送和接收路径的时钟块，连接待测设计和测试平台的 modports。

【例 11.4】Utopia 接口

```
interface Utopia #(IfWidth = 8);

    logic [IfWidth - 1:0] data;
    bit clk_in, clk_out;
```

```systemverilog
    bit soc, en, clav, valid, ready, reset, selected;

    ATMCellType ATMcell;          // ATM 信元结构的联合

    modport TopReceive (
       input data, soc, clav,
       output clk_in, reset, ready, clk_out, en, ATMcell, valid );

    modport TopTransmit (
       input clav,
       inout selected,
       output clk_in, clk_out, ATMcell, data, soc, en, valid,
              reset, ready );

    modport CoreReceive (
       input clk_in, data, soc, clav, ready, reset,
       output clk_out, en, ATMcell, valid );

    modport CoreTransmit (
       input clk_in, clav, ATMcell, valid, reset,
       output clk_out, data, soc, en, ready );

    clocking cbr @(negedge clk_out);
       input clk_in, clk_out, ATMcell, valid, reset, en, ready;
       output data, soc, clav;
    endclocking : cbr
    modport TB_Rx (clocking cbr);

    clocking cbt @(negedge clk_out);
       input      clk_out, clk_in, ATMcell, soc, en, valid,
                  reset, data, ready;
       output     clav;
    endclocking : cbt
    modport TB_Tx (clocking cbt);

endinterface

typedef virtual Utopia vUtopia;
typedef virtual Utopia.TB_Rx vUtopiaRx;
typedef virtual Utopia.TB_Tx vUtopiaTx;
```

11.2　测试平台的模块

Environment 类是测试平台的核心，如 8.2.1 节所示。在这个类里包含了分层测试平台的各个模块，例如发生器、驱动器、监测器和记分牌。它还控制了测试的 4 个步骤：产生随机配置、建立测试平台环境、运行并等待测试结束以及关闭系统和产生报告的收尾阶段。例 11.5 展示了 ATM 的 Environment 类，它使用了例 11.3 中定义的 vCPU_T 虚拟接口。

【例 11.5】Environment 类的首部

```
class Environment;
  UNI_generator gen[];
  mailbox gen2drv[];
  event    drv2gen[];
  Driver drv[];
  Monitor mon[];
  Config cfg;
  Scoreboard scb;
  Coverage cov;
  virtual Utopia.TB_Rx Rx[];
  virtual Utopia.TB_Tx Tx[];
  int numRx, numTx;
  vCPU_T mif;
  CPU_driver cpu;

  extern function new(input vUtopiaRx Rx[],
                      input vUtopiaTx Tx[],
                      input int numRx, numTx,
                      input vCPU_T mif);
  extern virtual function void gen_cfg();
  extern virtual function void build();
  extern virtual task run();
  extern virtual function void wrap_up();

endclass : Environment
```

在例 11.6 中，Environment 类的构造函数通过 $test$plusargs() 系统任务寻找 VCS 的仿真参数 +ntb_random_seed，这个参数设置了仿真过程的随机数种子。系统任务 $value$plusargs() 可以提取仿真参数的值。不同的仿真器有不同的方法来设置随机数种子。一定要在日志文件里保存种子，这样一旦仿真发生错误，可以用相同的值重新仿真。

【例 11.6】Environment 类的方法

```
//----------------------------------------------------------
// 构造 environment 实例
function Environment::new(input vUtopiaRx Rx[],
                         input vUtopiaTx Tx[],
                         input int numRx, numTx,
                         input vCPU_T mif);
  this.Rx = new[Rx.size()];
  foreach (Rx[i]) this.Rx[i] = Rx[i];
  this.Tx = new[Tx.size()];
  foreach (Tx[i]) this.Tx[i] = Tx[i];
  this.numRx = numRx;
  this.numTx = numTx;
  this.mif = mif;
  cfg = new(NumRx,NumTx);

  if ($test$plusargs("ntb_random_seed")) begin
    int seed;
    $value$plusargs("ntb_random_seed = %d", seed);
    $display("Simulation run with random seed = %0d", seed);
  end
  else
    $display("Simulation run with default random seed");
endfunction : new


//----------------------------------------------------------
// 随机化配置描述符
function void Environment::gen_cfg();
  `SV_RAND_CHECK(cfg.randomize());
  cfg.display();
endfunction : gen_cfg


//----------------------------------------------------------
// 为本次测试建立 environment 对象
// 注意需要为每个通道建立对象，即使通道不使用也要建立对象
// 这样可以避免空句柄错误
function void Environment::build();
  cpu = new(mif, cfg);
  gen = new[numRx];
  drv = new[numRx];
  gen2drv = new[numRx];
```

348

```
    drv2gen = new[numRx];
    scb = new(cfg);
    cov = new();


    // 建立发生器
    foreach(gen[i]) begin
      gen2drv[i] = new();
      gen[i] = new(gen2drv[i], drv2gen[i],
                   cfg.cells_per_chan[i], i);
      drv[i] = new(gen2drv[i], drv2gen[i], Rx[i], i);
    end


    // 建立监测器
    mon = new[numTx];
    foreach (mon[i])
      mon[i] = new(Tx[i], i);


    // 通过回调函数连接记分牌到驱动器和监视器
    begin
      Scb_Driver_cbs sdc = new(scb);
      Scb_Monitor_cbs smc = new(scb);
      foreach (drv[i]) drv[i].cbsq.push_back(sdc);
      foreach (mon[i]) mon[i].cbsq.push_back(smc);
    end


    // 通过回调函数连接覆盖率程序到监视器
    begin
      Cov_Monitor_cbs smc = new(cov);
    foreach (mon[i])
      mon[i].cbsq.push_back(smc);
    end
endfunction : build


//------------------------------------------------------------
// 启动事务：发生器、驱动器、监视器
// 不会启动没有使用的通道
task Environment::run();
  int num_gen_running;

  //CPU 接口必须最先初始化
  cpu.run();
```

```
    num_gen_running = numRx;

    // 为每个 RX 接收通道启动发生器和驱动器
    foreach(gen[i]) begin
      int j = i;  // 在派生的线程里，自动变量保持了索引值
      fork
        begin
        if (cfg.in_use_Rx[j])
          gen[j].run();          // 等待发生器结束
        num_gen_running--;       // 减少驱动器的个数
      end
      if (cfg.in_use_Rx[j]) drv[j].run();
    join_none
  end

    // 为每个 Tx 输出通道启动监视器
    foreach(mon[i]) begin
      int j = i; // 在派生的线程里，自动变量保持了索引值
      fork
        mon[j].run();
      join_none
    end

    // 等待所有发生器结束或超时
    fork : timeout_block
      wait (num_gen_running == 0);
      begin
        repeat (1_000_000) @(Rx[0].cbr);
        $display("@%0t: %m ERROR: Generator timeout ", $time);
        cfg.nErrors++;
      end
    join_any
    disable timeout_block;

    // 等待数据送到监视器和记分牌
    repeat (1_000) @(Rx[0].cbr);
endtask : run


//----------------------------------------------------------
// 运行结束后的清除 / 报告工作
```

```
function void Environment::wrap_up();
    $display("@%0t: End of sim, %0d errors, %0d warnings",
             $time, cfg.nErrors, cfg.nWarnings);
    scb.wrap_up();
endfunction : wrap_up
```

例 11.6 中的 Environment::build 方法通过回调类（Scb_Driver_cbs）连接了记分牌、驱动器和监测器，如例 11.7 所示。Scb_Driver_cbs 类将期望值发送到记分牌。驱动器回调基类（Driver_cbs）如例 11.20 所示。

【例 11.7】回调类连接了驱动器和记分牌

```
class Scb_Driver_cbs extends Driver_cbs;
    Scoreboard scb;

    function new(input Scoreboard scb);
        this.scb = scb;
    endfunction : new

    // 把收到的信元发送到记分牌
    virtual task post_tx(input Driver drv,
        input UNI_cell c);
        scb.save_expected(c);
    endtask : post_tx
endclass : Scb_Driver_cbs
```

例 11.8 中的回调类 Scb_Monitor_cbs 将监测器连接到记分牌。监测器的回调基类 Monitor_cbs 如例 11.21 所示。

【例 11.8】回调类连接了监测器和记分牌

```
class Scb_Monitor_cbs extends Monitor_cbs;
    Scoreboard scb;

    function new(input Scoreboard scb);
        this.scb = scb;
    endfunction : new

    // 把收到的信元发送到记分牌
    virtual task post_rx(input Monitor mon,
                         input NNI_cell c);
        scb.check_actual(c, mon.PortID);
    endtask : post_rx
endclass : Scb_Monitor_cbs
```

environment 通过 Cov_Monitor_cbs 回调类连接监测器和覆盖率类，如例 11.9 所示。

【例 11.9】回调类连接了监测器和覆盖率类

```
class Cov_Monitor_cbs extends Monitor_cbs;
  Coverage cov;

  function new(input Coverage cov);
    this.cov = cov;
  endfunction : new

  // 把收到的信元发送到覆盖率类
  virtual task post_rx(input Monitor mon,
                       input NNI_cell c);
    CellCfgType CellCfg = top.squat.lut.read(c.VPI);
    cov.sample(mon.PortID, CellCfg.FWD);
  endtask : post_rx
endclass : Cov_Monitor_cbs
```

随机配置类的首部如例 11.10 所示，其中，nCells 是通过系统的信元总个数的随机数。约束 c_nCells_valid 保证信元个数的有效性（大于 0），约束 c_nCells_reasonable 限制参与测试的信元个数小于 1000。如果希望进行更长时间的测试，可以覆盖或禁止这个约束。

动态 bit 类型数组 in_use_Rx 设置了 ATM 交换机的有效输入端口，在例 11.6 中的 run 方法里使用了该数组，确保只使用有效的通道。

数组 cells_per_chan 把信元随机分配到有效通道里。约束 zero_unused_channels 把无效通道里的信元数设置为 0。为帮助求解，在分配信元（cells_per_chan）之前先求解有效通道（in_use_Rx）。否则只有当一个通道分配到的信元个数为 0 时，该通道才会无效，而这种概率非常小。

【例 11.10】环境配置类

```
class Config;
  int nErrors, nWarnings;              // 错误和警告的个数
  bit [31:0] numRx, numTx;             // 把参数复制一份

  rand bit [31:0] nCells;              // 信元的总数
  constraint c_nCells_valid
    {nCells > 0; }
  constraint c_nCells_reasonable
    {nCells < 1000; }
```

```
  rand bit in_use_Rx[];                    // 允许使用的输入 / 输出通道
  constraint c_in_use_valid
    {in_use_Rx.sum > 0; }                  // 至少需要一个 RX 通道


  rand bit [31:0] cells_per_chan[];
  constraint c_sum_ncells_sum             // 把信元分配到各个通道
    {cells_per_chan.sum() == nCells;}     // 各通道信元的总数等于 nCells


// 把未使用的通道的信元个数设为 0
constraint zero_unused_channels
    {foreach (cells_per_chan[i])
      {
      //in_use 均匀分布时，先求解 in_use_Rx[]
      solve in_use_Rx[i] before cells_per_chan[i];
      if (in_use_Rx[i])
        cells_per_chan[i] inside {[1:nCells]};
      else cells_per_chan[i] == 0;
      }
    }


  extern function new(input bit [31:0] numRx, numTx);
  extern virtual function void display(input string prefix = "");
endclass : Config
```

信元重构和转发的配置类型如例 11.11 所示。

【例 11.11】信元配置类型

```
typedef struct packed {
  bit [`TxPorts-1:0] FWD;
  bit [11:0] VPI;
} CellCfgType;
```

配置类的方法如例 11.12 所示。

【例 11.12】配置类的方法

```
function Config::new(input bit [31:0] numRx, numTx);
  this.numRx = numRx;
  in_use_Rx = new[numRx];
  this.numTx = numTx;
  cells_per_chan = new[numRx];
endfunction : new


function void Config::display(input string prefix);
```

```
$write("%sConfig: numRx = %0d, numTx = %0d, nCells = %0d (",
        prefix, numRx, numTx, nCells);
foreach (cells_per_chan[i])
  $write("%0d ", cells_per_chan[i]);
$write("), enabled RX: ", prefix);
foreach (in_use_Rx[i]) if (in_use_Rx[i]) $write("%0d ", i);
$display;
endfunction : display
```

ATM 交换机接收 UNI 格式的信元，发送 NNI 格式的信元。这些信元经过基于 OOP 的测试平台和结构化的设计，所以采用 typedef 定义。两种格式的主要不同之处是 UNI 格式的 GFC、VPI 域在 NNI 格式里合并到了 VPI 域。例 11.13 至例 11.15 的定义来自 Sutherland（2006）。

【例 11.13】UNI 信元格式

```
typedef struct packed {
  bit          [ 3:0]  GFC;
  bit          [ 7:0]  VPI;
  bit          [15:0]  VCI;
  bit                  CLP;
  bit          [ 2:0]  PT;
  bit          [ 7:0]  HEC;
  bit [0:47]   [ 7:0]  Payload;
} uniType;
```

【例 11.14】NNI 信元格式

```
typedef struct packed {
  bit          [11:0]  VPI;
  bit          [15:0]  VCI;
  bit                  CLP;
  bit          [ 2:0]  PT;
  bit          [ 7:0]  HEC;
  bit [0:47]   [ 7:0]  Payload;
} nniType;
```

UNI 和 NNI 信元合并到同一个存储器，形成统一的类型，如例 11.15 所示。

【例 11.15】ATM 信元类型

```
typedef union packed {
  uniType  uni;
  nniType  nni;
  bit [0:52]  [7:0]  Mem;
} ATMCellType;
```

测试平台产生受约束的随机 ATM 信元，如例 11.16 所示，UNI_cell 类扩展自例 8.24 定义的 BaseTr 类。

【例 11.16】UNI_cell 定义

```
class UNI_cell extends BaseTr;
  // 物理域
  rand    bit                    [ 3:0]  GFC;
  rand    bit                    [ 7:0]  VPI;
  rand    bit                    [15:0]  VCI;
  rand    bit                            CLP;
  rand    bit                    [ 2:0]  PT;
          bit                    [ 7:0]  HEC;
  rand    bit    [0:47]          [ 7:0]  Payload;

  // 数据域
  static bit [7:0] syndrome[0:255];
  static bit syndrome_not_generated = 1;

  extern function new();
  extern function void post_randomize();
  extern virtual function bit compare(input BaseTr to);
  extern virtual function void display(input string prefix = "");
  extern virtual function BaseTr copy(input BaseTr to = null);
  extern virtual function void pack(output ATMCellType to);
  extern virtual function void unpack(input ATMCellType from);
  extern function NNI_cell to_NNI();
  extern function void generate_syndrome();
  extern function bit [7:0] hec (bit [31:0] hdr);
endclass : UNI_cell
```

例 11.17 是 UNI 信元的方法。

【例 11.17】UNI_cell 信元的方法

```
function UNI_cell::new();
  if (syndrome_not_generated)
    generate_syndrome();
endfunction : new

// 在所有其他数据都确定后计算 HEC
function void UNI_cell::post_randomize();
  HEC = hec({GFC, VPI, VCI, CLP, PT});
endfunction : post_randomize
```

```
// 和其他信元比较
// 可以进一步改进，返回不匹配的域
function bit UNI_cell::compare(input BaseTr to);
  UNI_cell c;
  $cast(c, to);
  if (this.GFC != c.GFC)          return 0;
  if (this.VPI != c.VPI)          return 0;
  if (this.VCI != c.VCI)          return 0;
  if (this.CLP != c.CLP)          return 0;
  if (this.PT != c.PT)            return 0;
  if (this.HEC != c.HEC)          return 0;
  if (this.Payload != c.Payload) return 0;
  return 1;
endfunction : compare


// 输出信元各个域的详细内容
function void UNI_cell::display(input string prefix);
  ATMCellType p;

  $display("%sUNI id:%0d GFC = %x, VPI = %x, VCI = %x, CLP = %b, PT = %x,
          HEC = %x, Payload[0] = %x",
          prefix, id, GFC, VPI, VCI, CLP, PT, HEC, Payload[0]);
  this.pack(p);
  $write("%s", prefix);
  foreach (p.Mem[i]) $write("%x ", p.Mem[i]);
  $display;
endfunction : display


// 复制对象
function BaseTr UNI_cell::copy(input BaseTr to);
  if (to == null) copy = new();
  else            $cast(copy, to);
  copy.GFC = this.GFC;
  copy.VPI = this.VPI;
  copy.VCI = this.VCI;
  copy.CLP = this.CLP;
  copy.PT  = this.PT;
  copy.HEC = this.HEC;
  return copy;
endfunction : copy
```

```
// 把对象打包到一个字节数组
function void UNI_cell::pack(output ATMCellType to);
  to.uni.GFC = this.GFC;
  to.uni.VPI = this.VPI;
  to.uni.VCI = this.VCI;
  to.uni.CLP = this.CLP;
  to.uni.PT  = this.PT;
  to.uni.HEC = this.HEC;
  to.uni.Payload = this.Payload;
endfunction : pack
```

```
// 把字节数组的内容展开到 this 对象
function void UNI_cell::unpack(input ATMCellType from);
  this.GFC = from.uni.GFC;
  this.VPI = from.uni.VPI;
  this.VCI = from.uni.VCI;
  this.CLP = from.uni.CLP;
  this.PT = from.uni.PT;
  this.HEC = from.uni.HEC;
  this.Payload = from.uni.Payload;
endfunction : unpack
```

```
// 根据 UNI 信元产生 NNI 信元，在计分板使用
function NNI_cell UNI_cell::to_NNI();
  NNI_cell copy;
  copy = new();
  copy.VPI = this.VPI;                 // NNI 信元的 VPI 更宽
  copy.VCI = this.VCI;
  copy.CLP = this.CLP;
  copy.PT = this.PT;
  copy.HEC = this.HEC;
  copy.Payload = this.Payload;
  return copy;
endfunction : to_NNI
```

```
// 产生用于计算 HEC 的 syndrome 数组
function void UNI_cell::generate_syndrome();
  bit [7:0] sndrm;
  for (int i = 0; i < 256; i = i + 1 ) begin
    sndrm = i;
```

357

```
    repeat (8) begin
      if (sndrm[7] === 1'b1)
        sndrm = (sndrm << 1) ^ 8'h07;
      else
        sndrm = sndrm << 1;
    end
    syndrome[i] = sndrm;
  end
  syndrome_not_generated = 0;
endfunction : generate_syndrome


// 计算对象的 HEC
function bit [7:0] UNI_cell::hec (bit [31:0] hdr);
  hec = 8'h00;
  repeat (4) begin
    hec = syndrome[hec ^ hdr[31:24]];
    hdr = hdr << 8;
  end
  hec = hec ^ 8'h55;
endfunction : hec
```

NNI_cell 类几乎和 UNI_cell 类一样，但 NNI_cell 没有 GFC 域，也没有转换成 UNI_cell 的方法。

例 11.18 是 UNI 信元的随机发生器，来自 8.2 节。发生器产生一个 UNI 类型的 blueprint 随机信元，然后把它的副本发送给 driver。

【例 11.18】UNI_generator 类

```
class UNI_generator;
  UNI_cell blueprint;                 // blueprint 信元
  mailbox  gen2drv;                   // driver 的 Mailbox
  event    drv2gen;                   // driver 完成时的事件
  int      nCells;                    // 要产生的信元个数
  int      PortID;                    // 产生哪个 Rx 端口的信元?

  function new(input mailbox gen2drv,
              input event drv2gen,
              input int nCells, PortID);
    this.gen2drv = gen2drv;
    this.drv2gen = drv2gen;
    this.nCells = nCells;
    this.PortID = PortID;
    blueprint = new();
```

```
    endfunction : new

    task run();
      UNI_cell c;
      repeat (nCells) begin
        `SV_RAND_CHECK(blueprint.randomize());
        $cast(c, blueprint.copy());
        c.display($sformatf("@%0t: Gen%0d: ", $time, PortID));
        gen2drv.put(c);
        @drv2gen;                   // 等待 driver 完成
      end
    endtask : run

  endclass : UNI_generator
```

例 11.19 的 Driver 类把 UNI 信元发送到 ATM 交换机。Driver 类使用例 11.20 中的回调任务。注意这两者之间的循环关系：Driver 类有一个 Driver_cbs 对象的队列，Driver_cbs 的 pre_tx() 和 post_tx() 方法的参数是 Driver 对象。当编译这两个类时，需要在 Driver_cbs 类定义前使用 "typedef class Driver"，或在 Driver 类定义前使用 "typedef class Driver_cbs"。

【例 11.19】Driver 类

```
typedef class Driver_cbs;

class Driver;

  mailbox gen2drv;              // 用于存储发生器发送的信元
  event    drv2gen;             // 通知发生器已经处理完毕
  vUtopiaRx Rx;                 // 发送信元的虚拟 IFC
  Driver_cbs cbsq[$];           // 回调对象的队列
  int PortID;

  extern function new(input mailbox gen2drv,
                      input event drv2gen,
                      input vUtopiaRx Rx,
                      input int PortID);
  extern task run();
  extern task send (input UNI_cell c);

endclass : Driver
```

```
//new(): 构造 driver 对象
function Driver::new(input mailbox gen2drv,
                     input event drv2gen,
                     input vUtopiaRx Rx,
                     input int PortID);
  this.gen2drv = gen2drv;
  this.drv2gen = drv2gen;
  this.Rx = Rx;
  this.PortID = PortID;
endfunction : new


//run(): 运行 driver
// 获取发生器的事务，发送给 DUT
task Driver::run();
  UNI_cell c;
  bit drop = 0;

  // 初始化端口
  Rx.cbr.data <= 0;
  Rx.cbr.soc <= 0;
  Rx.cbr.clav <= 0;

  forever begin
    // 从 mailbox 队列中读取一个信元
    gen2drv.peek(c);
    begin: Tx
      // 发送前的回调
      foreach (cbsq[i]) begin
        cbsq[i].pre_tx(this, c, drop);
        if (drop) disable Tx; // 不发送这个信元
      end

      c.display($sformatf("@%0t: Drv%0d: ", $time, PortID));
      send(c);

      // 发送后的回调
      foreach (cbsq[i])
        cbsq[i].post_tx(this, c);
    end : Tx

    gen2drv.get(c); // 从 mailbox 中删除该信元
```

```
      ->drv2gen; // 通知发生器该信元处理完毕
    end
endtask : run

//send(): 把信元发送给 DUT
task Driver::send(input UNI_cell c);
  ATMCellType Pkt;

  c.pack(Pkt);
  $write("Sending cell: ");
  foreach (Pkt.Mem[i])
  $write("%x ", Pkt.Mem[i]); $display;

  // 遍历整个信元
  @(Rx.cbr);
  Rx.cbr.clav <= 1;
  for (int i = 0; i <= 52; i++) begin
    // 如果没有使能，循环等待
    while (Rx.cbr.en === 1'b1) @(Rx.cbr);

    // 置位信元开始信号、使能信号，发送字节 0(i == 0)
    Rx.cbr.soc <= (i == 0);
    Rx.cbr.data <= Pkt.Mem[i];
    @(Rx.cbr);
  end
  Rx.cbr.soc <= 'z;
  Rx.cbr.data <= 8'bx;
  Rx.cbr.clav <= 0;
endtask
```

例 11.20 的 Driver 回调类有两个回调任务，分别在信元发送前和发送后调用。Driver_cbs 类有一个默认情况下使用的空任务。测试集可以通过扩展 Driver_cbs 类来增加新的功能，不需要修改 Driver 类。

【例 11.20】Driver 回调类

```
typedef class Driver;

class Driver_cbs;
  virtual task pre_tx(input Driver drv,
                      input UNI_cell c,
                      inout bit drop);
  endtask : pre_tx
```

```
    virtual task post_tx(input Driver drv,
                         input UNI_cell c);
    endtask : post_tx
endclass : Driver_cbs
```

例 11.21 的监视器（Monitor）类只有一个简单的回调任务，在接收到一个信元时调用该任务。

【例 11.21】Monitor 回调类

```
typedef class Monitor;

class Monitor_cbs;
    virtual task post_rx(input Monitor mon,
                         input NNI_cell c);
    endtask : post_rx
endclass : Monitor_cbs
```

例 11.22 的 Monitor 类和 Driver 类相似，使用 typedef 解决编译器对 Monitor_cbs 类的依赖。

【例 11.22】Monitor 类

```
typedef class Monitor_cbs;

class Monitor;

    vUtopiaTx Tx;                 // 连接 DUT 输出的虚拟接口
    Monitor_cbs cbsq[$];          // 回调对象的队列
    bit [1:0] PortID;

    extern function new(input vUtopiaTx Tx, input int PortID);
    extern task run();
    extern task receive (output NNI_cell c);
endclass : Monitor

//new(): 构造对象
function Monitor::new(input vUtopiaTx Tx, input int PortID);
    this.Tx = Tx;
    this.PortID = PortID;
endfunction : new

//run(): 运行 monitor
task Monitor::run();
```

```
    NNI_cell c;

    forever begin
      receive(c);
      foreach (cbsq[i])
        cbsq[i].post_rx(this, c);              // 接收信元后的回调
    end
endtask : run


//receive(): 从 DUT 读取信元，打包成 NNI 格式的信元
task Monitor::receive(output NNI_cell cell);
  ATMCellType Pkt;

  Tx.cbt.clav <= 1;
  while (Tx.cbt.soc !== 1'b1 && Tx.cbt.en !== 1'b0)
    @(Tx.cbt);
  for (int i = 0; i <= 52; i++) begin
    // 如果没有使能，循环等待
    while (Tx.cbt.en !== 1'b0) @(Tx.cbt);

    Pkt.Mem[i] = Tx.cbt.data;
    @(Tx.cbt);
  end

  Tx.cbt.clav <= 0;

  c = new();
  c.unpack(Pkt);
  c.display($sformatf("@%0t: Mon%0d: ", $time, PortID));
endtask : receive
```

例 11.23 中 的 记 分 牌（scoreboard）通 过 save_expected 函数从 Driver 获得期望的信元，信元实际上由监视器（monitor）类的 check_actual 函数接收。save_expected() 函 数 由 例 11.7 中 的 回 调 任 务 Scb_Driver_cbs::post_tx() 调 用，check_actual() 函数由例 11.8 中的 Scb_Monitor_cbs::post_rx() 函数调用。

【例 11.23】记分牌（Scoreboard）类

```
class Expect_cells;
  NNI_cell q[$];
  int iexpect, iactual;
endclass : Expect_cells
```

```
class Scoreboard;
  Config cfg;
  Expect_cells expect_cells[];
  NNI_cell cellq[$];
  int iexpect, iactual;

  extern function new(Config cfg);
  extern virtual function void wrap_up();
  extern function void save_expected(UNI_cell ucell);
  extern function void check_actual(input NNI_cell c,
                                    input int portn);
  extern function void display(string prefix = "");
endclass : Scoreboard

function Scoreboard::new(input Config cfg);
  this.cfg = cfg;
  expect_cells = new[NumTx];
  foreach (expect_cells[i])
    expect_cells[i] = new();
endfunction : Scoreboard

function void Scoreboard::save_expected(input UNI_cell ucell);
  NNI_cell ncell = ucell.to_NNI;
  CellCfgType CellCfg = top.squat.lut.read(ncell.VPI);

  $display("@%0t: Scb save: VPI = %0x, Forward = %b",
           $time, ncell.VPI, CellCfg.FWD);
  ncell.display($sformatf("@%0t: Scb save: ", $time));

  // 寻找信元将要转发到的 Tx 端口
  for (int i = 0; i < NumTx; i++)
    if (CellCfg.FWD[i]) begin
      expect_cells[i].q.push_back(ncell); // 把信元保存到 q
      expect_cells[i].iexpect++;
      iexpect++;
    end
endfunction : save_expected

function void Scoreboard::check_actual(input NNI_cell c,
                                       input int portn);
  NNI_cell match;
```

```
    int match_idx;

    c.display($sformatf("@%0t: Scb check: ", $time));

    if (expect_cells[portn].q.size() == 0) begin
      $display("@%0t: ERROR: %m cell not found, SCB TX%0d empty",
               $time, portn);
      c.display("Not Found: ");
      cfg.nErrors++;
      return;
    end

    expect_cells[portn].iactual++;
    iactual++;

    foreach (expect_cells[portn].q[i]) begin
      if (expect_cells[portn].q[i].compare(c)) begin
        $display("@%0t: Match found for cell", $time);
        expect_cells[portn].q.delete(i);
        return;
      end
    end

    $display("@%0t: ERROR: %m cell not found", $time);
    c.display("Not Found: ");
    cfg.nErrors++;
endfunction : check_actual

// 输出仿真结束的报告
function void Scoreboard::wrap_up();
  $display("@%0t: %m %0d expected cells, %0d actual cells rcvd",
           $time, iexpect, iactual);

  // 寻找剩余的信元
  foreach (expect_cells[i]) begin
    if (expect_cells[i].q.size()) begin
      $display("@%0t: %m cells in SCB Tx[%0d] at end of test",
               $time, i);
      this.display("Unclaimed: ");
      cfg.nErrors++;
    end
```

```
    end
  endfunction : wrap_up


  // 输出记分牌的内容, 主要用于调试
  function void Scoreboard::display(input string prefix);
    $display("@%0t: %m so far %0d expected cells, %0d actual
            rcvd", $time, iexpect, iactual);
    foreach (expect_cells[i]) begin
      $display("Tx[%0d]: exp = %0d, act = %0d",
                i, expect_cells[i].iexpect, expect_cells[i].iactual);
    foreach (expect_cells[i].q[j])
      expect_cells[i].q[j].display(
        $sformatf("%sScoreboard: Tx%0d: ", prefix, i));
    end
  endfunction : display
```

例 11.24 的功能覆盖类用来收集功能覆盖率数据。由于覆盖率只针对一个类里的数据, 因此在 Coverage 类里定义并例化了 covergroup。数据由 Coverage 类的 sample() 函数读取, 然后调用 couvergroup 的 sample() 函数来记录。

【例 11.24】功能覆盖类

```
class Coverage;
  bit [1:0] src;
  bit [NumTx - 1:0] fwd;

  covergroup CG_Forward;
    coverpoint src
      {bins src[] = {[0:3]};
      option.weight = 0;}
    coverpoint fwd
      {bins fwd[] = {[1:15]}; // 忽略 fwd == 0
      option.weight = 0;}
    cross src, fwd;
  endgroup : CG_Forward

  function new();
    CG_Forward = new; // 例化 covergroup
  endfunction : new


  // 采样输入数据
  function void sample(input bit [1:0] src,
                       input bit [NumTx - 1:0] fwd);
```

366

```
    $display("@%0t: Coverage: src = %d. FWD = %b", $time, src, fwd);
    this.src = src;
    this.fwd = fwd;
    CG_Forward.sample();
  endfunction : sample
endclass : Coverage
```

例 11.25 的 CPU_driver 类包含了驱动 CPU 接口的方法。

【例 11.25】CPU_driver 类

```
class CPU_driver;
  vCPU_T mif;
  CellCfgType lookup [255:0]; // 复制一份查找表
  Config cfg;
  bit [NumTx - 1:0] fwd;

  extern function new(vCPU_T mif, Config cfg);
  extern task Initialize_Host ();
  extern task HostWrite (int a, CellCfgType d); // 配置
  extern task HostRead (int a, output CellCfgType d);
  extern task run();
endclass : CPU_driver

function CPU_driver::new(input vCPU_T mif, Config cfg);
  this.mif = mif;
  this.cfg = cfg;
endfunction : new

task CPU_driver::Initialize_Host ();
  mif.BusMode <= 1;
  mif.Addr <= 0;
  mif.DataIn <= 0;
  mif.Sel <= 1;
  mif.Rd_DS <= 1;
  mif.Wr_RW <= 1;
endtask : Initialize_Host

task CPU_driver::HostWrite (int a, CellCfgType d); //配置
  #10 mif.Addr <= a; mif.DataIn <= d; mif.Sel <= 0;
  #10 mif.Wr_RW <= 0;
  while (mif.Rdy_Dtack !== 0) #10;
  #10 mif.Wr_RW <= 1; mif.Sel <= 1;
```

```systemverilog
    while (mif.Rdy_Dtack == 0) #10;
  endtask : HostWrite

  task CPU_driver::HostRead (input int a, output CellCfgType d);
    #10 mif.Addr <= a; mif.Sel <= 0;
    #10 mif.Rd_DS <= 0;
    while (mif.Rdy_Dtack !== 0) #10;
    #10 d = mif.DataOut; mif.Rd_DS <= 1; mif.Sel <= 1;
    while (mif.Rdy_Dtack == 0) #10;
  endtask : HostRead

  task CPU_driver::run();
    CellCfgType CellFwd;
    Initialize_Host();

    // 通过主机接口配置
    repeat (10) @(negedge clk);
    $write("Memory: Loading ... ");
    for (int i = 0; i <= 255; i++) begin
      CellFwd.FWD = $urandom();
`ifdef FWDALL
    CellFwd.FWD = '1
`endif
    CellFwd.VPI = i;
    HostWrite(i, CellFwd);
    lookup[i] = CellFwd;
  end

  // 验证存储器
  $write("Verifying ...");
  for (int i = 0; i <= 255; i++) begin
      HostRead(i, CellFwd);
      if (lookup[i] != CellFwd) begin
        $display("FATAL, Mem Loc 0x%x contains 0x%x, expected 0x%x",
                 i, CellFwd, lookup[i]);
        $finish;
      end
    end
    $display("Verified");

  endtask : run
```

11.3 修改测试

例 11.2 中最简单的测试只使用了很少的约束。在验证期间，根据要测试的功能需要建立很多测试集。每个测试集使用不同的种子运行。

11.3.1 第一个测试——只使用一个信元

你运行的第一个测试可能只有一个信元，如例 11.26 所示。可以在随机化前通过扩展 Config 类来增加新的约束和对象。如果第一个测试成功了，可以先增加到两个信元，然后修改信元数量的约束，以运行更长的序列。

【例 11.26】只有一个信元的测试

```
program automatic test
  #(parameter int NumRx = 4, parameter int NumTx = 4)
  (Utopia.TB_Rx Rx[0:NumRx - 1],
  Utopia.TB_Tx Tx[0:NumTx - 1],
  cpu_ifc.Test mif,
  input logic rst, clk);

`include "environment.sv"
  Environment env;

class Config_1_cell extends Config;
  constraint one_cells {nCells == 1; }

    function new(input int NumRx,NumTx);
      super.new(NumRx,NumTx);
    endfunction : new
  endclass : Config_1_cells

  initial begin
    env = new(Rx, Tx, NumRx, NumTx, mif);

    begin // 仅仿真 1 个信元
      Config_1_cells c1 = new(NumRx,NumTx);
      env.cfg = c1;
    end

    env.gen_cfg(); // 配置成只有 1 个信元
    env.build();
    env.run();
    env.wrap_up();
```

```
    end
endprogram // test
```

11.3.2　随机丢弃信元

下一个测试通过随机丢弃一些信元人为地产生错误，如例 11.27 所示。你需要建立一个用来设置丢弃标志的新的 driver 回调类，然后在测试中增加这个新功能。

【例 11.27】通过 driver 回调测试信元的丢失

```
program automatic test
  #(parameter int NumRx = 4, parameter int NumTx = 4)
  (Utopia.TB_Rx Rx[0:NumRx - 1],
  Utopia.TB_Tx Tx[0:NumTx - 1],
  cpu_ifc.Test mif,
  input logic rst, clk);

`include "environment.sv"
  Environment env;

  class Driver_cbs_drop extends Driver_cbs;
    virtual task pre_tx(input ATM_cell cell, ref bit drop);
      // 在每 100 个事务中随机地丢弃 1 个
      drop = ($urandom_range(0,99) == 0);
    endtask
  endclass

  initial begin
    env = new(Rx, Tx, NumRx, NumTx, mif);
    env.gen_cfg();
    env.build();

    begin // 故障注入
      Driver_cbs_drop dcd = new();
      env.drv.cbs.push_back(dcd); // 放入 driver 的队列
    end

    env.run();
    env.wrap_up();
  end

endprogram // test
```

11.4　小　　结

本章展示了如何根据本书的指导构造一个分层的测试平台。通过回调和多个环境，只需要修改一个文件就能建立新的测试，增加新的功能。

本章的测试平台至少在基本的覆盖组方面可以实现 ATM 交换机 100% 功能覆盖，读者可以通过这个例子仔细研究 SystemVerilog 的测试平台。

11.5　练　　习

1. 在例 11.2 中，为什么 test 程序的端口列表中没有 clk？

2. 在例 11.6 中，numRx 能替换为 Rx.size() 吗？为什么？

3. 对于下面例 11.6 的代码片段，解释每条语句都产生了什么？

```
function void Environment::build();
  cpu = new(mif, cfg);
  gen = new[numRx];
  drv = new[numRx];
  gen2drv = new[numRx];
  drv2gen = new[numRx];
  scb = new(cfg);
  cov = new();
  foreach(gen[i]) begin
    gen2drv[i] = new();
    gen[i] = new(gen2drv[i], drv2gen[i],
                 cfg.cells_per_chan[i], i);
    drv[i] = new(gen2drv[i], drv2gen[i], Rx[i], i);
  end
  …
endfunction : build
```

4. 在例 11.9 中，句柄 cov 指向哪个覆盖对象？

5. 在例 11.17 中，函数 UNI_cell::copy 假设对象 UNI_cell 的句柄指向 UNI_cell 类的对象，如下图所示。为下面的函数调用绘制句柄 dst 指向的对象。

（1）copy();

（2）copy(handle);

6. 在例 11.18 中，为什么需要使用 $cast()？

7. 在例 11.19 和例 11.20 中，为什么需要声明 typedef？

8. 在例 11.19 中，为什么先使用 peek()，然后再使用 get()？

9. 在例 11.23 中，是否每次调用函数 check_actual 时，都会显示错误消息 "…未找到信元…"？为什么？

10. 为什么 Environment 类、Scoreboard 类和 CPU_driver 类都定义了一个 Config 类的句柄？是否创建了 3 个 Config 类的对象？

第 12 章 SystemVerilog 与 C/C++ 语言的交互

Verilog 使用编程语言接口（PLI，Programming Language Interface）和 C 语言程序交互。PLI 先后经历了三代变化：TF（Task/Function，任务 / 函数）、ACC（Access，访问子程序）和 VPI（Verification Procedure Interface，验证过程接口），使用 PLI 可以生成延迟计算器，连接和同步多个仿真器，并增加诸如波形显示等调试工具。但是，PLI 最大的优点同时也是它最大的缺点。即使你只想通过 PLI 连接一个简单的 C 程序，也要写大量的代码，理解很多概念，这些概念包括多个仿真阶段的同步，调用段（call frames），实例指针（instance pointer），等等。此外，PLI 给仿真带来了额外的负担，因为为了保护 Verilog 的数据结构，仿真器必须不断地在 Verilog 和 C 语言域之间复制数据。

SystemVerilog 引入了直接编程接口（DPI，Direct Programming Interface），它能更加简单地连接 C、C++ 或者其他非 Verilog 编程语言。一旦你声明或者使用 import 语句"导入"了一个 C 子程序，就可以像调用 SystemVerilog 中的子程序一样来调用它。此外 C 语言代码也可以调用 SystemVerilog 中的子程序。使用 DPI 可以很方便地连接 C 语言代码，这些 C 语言代码可以读取激励，包含一个参考模型，或仅仅扩展 SystemVerilog 的功能。目前 SystemVerilog 的接口只支持 C 语言。C++ 代码还需要先封装成 C 语言代码的样子。

如果你手头有一个不会消耗很多运行时间的 SystemC 模型，并且希望将它连接到 SystemVerilog 中去，就可以使用 DPI。对于 SystemC 模型中那些费时的方法，最好使用常用的仿真器里内置的工具来调用。

本章前半部分将以数据为中心，介绍如何在 SystemVerilog 和 C 语言之间传递不同的数据类型。后半部分将以控制为中心，介绍如何在 SystemVerilog 和 C 语言之间传递控制信号。实际的 C 语言代码很简单，有阶乘函数、斐波那契级数和计数器，它们很容易理解，你可以快速替换成自己的代码。

12.1 传递简单的数值

本章最初的几个例子将介绍如何在 SystemVerilog 和 C 语言之间传递整数类型，以及如何在 SystemVerilog 和 C 语言里定义子程序及其参数。最后的几个小节将介绍如何传递数组和结构。

12.1.1 传递整数和实数类型

SystemVerilog 和 C 语言之间可以传递的最基本的数据类型就是 int。它是一个两状态、32 位的数据类型。例 12.1 示范了 SystemVerilog 代码如何调用例 12.2 中 C 语言的阶乘子程序。

【例 12.1】SystemVerilog 代码调用 C 语言阶乘子程序（factorial）

```
import "DPI-C" function int factorial(input int i);

program automatic test;
  initial begin
    for (int i = 1; i <= 10; i++)
      $display("%0d != %0d", i, factorial(i));
  end
endprogram
```

import 语句声明 SystemVerilog 子程序 factorial 使用其他语言实现，例如 C 语言。修饰符 "DPI-C" 表明这是一个 DPI 子程序，该语句的剩余部分描述了子程序的参数。

例 12.1 使用 SystemVerilog 中的 int 类型将一个 32 位有符号整数值直接传递给 C 语言的 int 类型。SystemVerilog 的 int 类型始终是 32 位的，而 C 语言中 int 类型的宽度则取决于不同的操作系统。例 12.2 中的 C 函数接收一个整数作为输入，所以 DPI 通过参数传递了一个数值。

【例 12.2】C 语言的阶乘函数

```
int factorial(int i) {
  if (i <= 1)   return 1;
  else              return i * factorial(i - 1);
}
```

12.1.2　导入（import）声明

import 声明定义了 C 任务和函数的原型，但使用的是 SystemVerilog 的数据类型。带有返回值的 C 函数会被映射成一个 SystemVerilog 函数。void 类型的 C 函数则被映射成一个 SystemVerilog 任务或者 void 函数。如果 C 函数名和 SystemVerilog 中的命名冲突，可以在导入时赋予新的函数名。在例 12.3 中，因为 expect 是 SystemVerilog 中的一个保留字，所以把 C 函数 expect 映射到 SystemVerilog 中的 fexpect。这时 expect 变成一个全局有效的符号，用来连接 C 语言代码，而 fexpect 是 SystemVerilog 中局部有效的符号。在例子的第二部分，C 函数 stat 在 SystemVerilog 中的新名字是 file_exists。SystemVerilog 不支持子程序的重载，例如，不能在 expect 函数中先导入一次 real 参数的函数，然后再导入一次 int 参数的同名函数。

【例 12.3】改变导入函数的名字

```
program automatic test;
```

```
// C 函数与关键词同名，需要修改函数名
import "DPI-C" \expect = function int fexpect();
...
  if (actual != fexpect()) $display("ERROR");
...

// 把 C 函数名 "stat" 改为 "file_exists"
import "DPI-C" stat = function int file_exists
  (input string fname, output int buff[1000]);
initial begin
  int buff[1000];
  $display("file_exists(\"none.such\") = %0d",
  file_exists("none.such", buff));
end
endprogram
```

在 SystemVerilog 中，凡是允许声明子程序的地方都可以导入子程序，例如 program，module，interface，package 或者编译单元空间 $unit。被导入的子程序只在被声明的空间中有效。如果你需要在代码的多个地方调用同一个导入函数，可以将 import 声明放在一个 package 中，并在需要的地方导入 package。这样对 import 声明的任何修改都集中在该 package 中。

12.1.3　参数的方向

导入的 C 子程序可以有多个参数或者没有参数。缺省情况下，参数的方向是 input（即数据从 SystemVerilog 流向 C 函数），但是参数的方向也可以定义为 output 和 inout。参数方向 ref 则不被支持。函数可以返回一个简单的值，如整数或实数，如果你声明其为 viod，则函数没有返回值。例 12.4 展示了如何指定参数的方向。

【例 12.4】参数的方向

```
import "DPI-C" function int addmul (input int a, b,
                                    output int sum);
import "DPI-C" function void stop_model();
```

为了减少 C 语言代码出错的可能性，可以将任何输入参数定义为 const，如例 12.5 所示。这样一旦出现对输入变量的写操作，C 编译器就会报错。

【例 12.5】参数为常数的阶乘子程序

```
int factorial(const int i) {
  if (i <= 1) return 1;
  else        return i * factorial(i - 1);
}
```

12.1.4　参数的类型

通过 DPI 传递的每个变量都有两个匹配的定义，一个是 SystemVerilog 的，一个是 C 语言的。你需要确保使用的是兼容的数据类型。SystemVerilog 仿真器不能比较数据类型，因为它无法读取 C 语言代码（VCS 仿真器会为导入的子程序生成 C 头文件 vc_hdrs.h，Questa 仿真器产生的是 incl.h。你可以使用这个文件作为类型匹配的参考）。

表 12.1 给出了 SyetemVerilog 和 C 语言子程序输入输出之间的数据类型映射关系。C 结构类型在头文件 svdpi.h 中定义。数组映射将在 12.4 节和 12.5 节中介绍，结构类型将在 12.6 节中介绍。

表 12.1　SystemVerilog 和 C 语言之间的数据类型映射

SystemVerilog	C（输入）	C（输出）
byte	char	char*
shortint	short int	short int*
int	int	int*
longint	long long int	long int*
shortreal	float	float*
real	double	double*
string	const char*	char**
string[N]	const char**	char**
bit	svBit or unsigned char	svBit* or unsigned char*
logic, reg	svLogic or unsigned char	svLogic* or unsigned char*
bit[N:0]	const svBitVecVal*	svBitVecVal*
reg[N:0] logic[N:0]	const svLogicVecVal*	svLogicVecVal*
unsized array[]	const svOpenArrayHandle	svOpenArrayHandle
chandle	const void*	void*

值得注意的是有些映射并不精确。例如，SystemVerilog 中的 bit 类型映射到 C 语言中的 svBit，而 svBit 在头文件 svdpi.h 中最后映射为 unsigned char 类型。但这样一来你就可能会在变量的高位写入非法的数据值。

SystemVerilog 语言参考手册（LRM）将导入函数的返回值限定为 "小类型（small values）"，包括 void, byte, shortint, int, longint, real, shortreal, chandel 和 string，以及数据类型 bit 和 logic 的比特值。函数不能返回 bit[6:0] 这样的向量，因为这要求函数返回一个指向 svBitVecVal 结构的指针。

12.1.5　导入数学库函数

例 12.6 示范了如何直接调用 C 语言数学函数库中的多个函数，而不需要使用 C 封装（wrapper），这样就减少了需要编写的代码量。例子中 Verilog 的 real 类型映射为 C 语言的 double 类型。

【例 12.6】导入 C 语言数学函数

```
import "DPI-C" function real fabs(input real r);
...
initial $display("fabs(0) = %f", fabs(-1.0));
```

12.2 连接简单的 C 子程序

你的 C 语言代码可能包含一个仿真模型，例如一个处理器，这个仿真模型和 Verilog 模型一起被例化。你的 C 语言代码也可能是一个和 Verilog 事务级或者周期级的模型相对等的参考模型。本章的许多例子将以一个 C/C++ 描述的 7 位计数器为例。虽然该计数器非常简单，但是它具有一个复杂模型的所有组成部分，包括输入、输出、保存调用的内部数据的存储空间，以及对多次例化的支持。计数器是 7 位的，以便测试硬件类型和 C 类型不一致的情况。

12.2.1 使用静态变量的计数器

例 12.7 给出一个 7 位计数器的 C 语言代码，它使用一个静态变量来保存计数器的计数值。通常程序员在考虑仿真之前会采用这种风格编写模型的代码。

【例 12.7】使用一个静态变量的计数器函数

```
#include <svdpi.h>

void counter7(svBitVecVal *o,
              const svBitVecVal *i,
              const svBit reset,
              const svBit load) {
  static unsigned char count = 0;          // 静态的计数变量

  if (reset)      count = 0;               // 复位
  else if (load)  count = *i;              // 加载数值
  else            count++;                 // 计数
  count &= 0x7f;                           // 最高位清 0

  *o = count;
}
```

reset 和 load 信号是双状态的比特信号，所以它们以 svBit 类型进行传递，而 svBit 最后则简化为 unsigned char 类型。代码可以以任何一种方式声明，但使用 SystemVerilog DPI 类型会更保险。输入 i 是双状态 7 比特位宽的变量，它作为 svBitVecVal 类型来传递。注意它以 const 指针的形式进行传递，这表明指针指向的数值可以改变，但是指针本身的值不能改变，例如不能将指针指向另一个地址。同样，

reset 和 load 输入信号也被标记为 const。在例 12.7 中，7 位计数值保存在一个字符类型变量中，所以需要屏蔽其最高位。

头文件 svdpi.h 包含 SystemVerilog DPI 结构和方法的定义。本章接下来的所有例子中，除非讨论时特别需要，否则都将省去 #include 声明语句。

例 12.8 给出一个导入并调用 C 语言 7 位计数器函数的 SystemVerilog 程序。

【例 12.8】使用静态存储的 7 位计数器测试平台

```
import "DPI-C" function void counter7(output bit [6:0] out,
                                       input bit [6:0] in,
                                       input bit reset, load);

program automatic counter;
  bit [6:0]    out, in;
  bit          reset, load;

  initial begin
    $monitor("SV: out = %3d, in = %3d, reset = %0d, load = %0d\n",
             out, in, reset, load);
    reset = 0;                                          // 缺省值
    load = 0;
    in = 126;
    counter7(out, in, reset, load);                     // 使用缺省值

    #10 reset = 1;
    counter7(out, in, reset, load);                     // 复位

    #10 reset = 0;
    load = 1;
    counter7(out, in, reset, load);                     // 装载 in = 126

    #10 load = 0;
    counter7(out, in, reset, load);                     // 计数

  end
endprogram
```

12.2.2　chandle 数据类型

chandle 数据类型允许你在 SystemVerilog 代码中存储一个 C/C++ 指针。一个 chandle 变量的宽度足够在编译的机器上保存一个指针变量，例如 32 位或者 64 位。在例 12.7 中，如果设计中仅存在一个实例，那么计数器就能很好地工作。可以将例 12.8 中的 counter7 调用封装在一个模块中，并在一个设计中实例化多个副本。然而由于计数

器值存储在 C 程序的静态变量中，因此所有实例共享一个计数值。如果你需要多次例化一个调用 C 程序的模块，那么 C 程序不能把变量保存在静态变量中。更好的办法是分配存储空间，并在给函数传递输入输出信号值的同时传递指向存储空间的句柄。例 12.9 给出一个将计数值保存在结构 c7 中的 7 位计数器。这对一个简单计数器来讲可能是没有必要的，但是如果你要为一个大的器件创建模型，这个例子可以作为参考。

【例 12.9】使用实例存储的计数器程序

```c
#include <svdpi.h>
#include <malloc.h>
#include <veriuser.h>

typedef struct {                                      // 保存计数值的结构
  unsigned char cnt;
} c7;

// 创建一个计数器结构
void* counter7_new() {
  c7* c = (c7*) malloc(sizeof(c7));                   // 将分配好的存储区地址给 c7
  c -> cnt = 0;
  return c;
}

// 计数器运行一个周期
void counter7(c7 *inst,
              svBitVecVal* count,
              const svBitVecVal* i,
              const svBit reset,
              const svBit load) {

  if (reset)      inst -> cnt = 0;                    // 复位
  else if (load) inst -> cnt = *i;                    // 加载数值
  else            inst -> cnt++;                      // 计数
  inst -> cnt &= 0x7f;                                // 最高位置 0

  *count = inst -> cnt;                               // 赋值给输出变量
  io_printf("C: count = %d, i = %d, reset = %d, load = %d\n",
            *count, *i, reset, load);
}
```

子程序 counter7_new 构建计数器实例。该子程序返回一个 chandle 类型的指针，该指针必须传递给调用 counter7 的代码。计数器的值存储在 c7 类型的结构中。函数 counter7_new 调用 malloc 来分配结构，并将结果转换为本地指针 c。

C 程序用 PLI 任务 io_printf 打印调试消息。这个子程序在同时调试 C 语言和 SystemVerilog 代码的时候非常有用，因为它和 $display 函数一样写入同一个输出，包括仿真器的日志文件。该子程序在 veriuser.h 中定义。

例 12.10 所示的计数器测试平台与使用静态变量的计数器测试平台相比有几点不同。首先，计数器在使用前需要创建。其次，计数器在时钟边沿调用，而非在加载激励时调用。为简单起见，可以在时钟上升沿调用计数器，在时钟下降沿加载激励，避免信号竞争。

【例 12.10】使用独立实例存储空间的 7 位计数器的测试平台

```
import "DPI-C" function chandle counter7_new();
import "DPI-C" function void counter7
      (input chandle inst,
      output   bit [6:0]   out,
      input    bit [6:0]   in,
      input    bit         reset, load);

// 测试计数器的两个实例
program automatic test;

  bit [6:0]    o1, o2, i1, i2;
  bit          reset, load, clk;
  chandle      inst1, inst2;                    // 指向 C 的存储空间

  initial begin
    inst1 = counter7_new();
    inst2 = counter7_new();
    fork
      forever #10 clk = ~clk;
      forever @(posedge clk) begin
        counter7(inst1, o1, i1, reset, load);
        counter7(inst2, o2, i2, reset, load);
      end
    join_none

    reset = 0;                                  // 初始化信号
    load = 0;
    i1 = 120;
    i2 = 10;

    @(negedge clk) load = 1;                    // 装载数据
    @(negedge clk) load = 0;                    // 计数
    @(negedge clk) $finish;
```

```
      end
  endprogram
```

12.2.3　值的压缩（packed）

字符串"DPI-C"[*]表明在使用压缩值的表示方式。这种方式将 System Verilog 变量保存在含有一个或者多个元素的 C 数组中。一个双状态变量用 svBitVecVal 类型来保存，而双状态数组则用多个 svBitVecVal 类型的元素来保存。

出于性能上的考虑，System Verilog 仿真器可能不会在调用了一个 DPI 函数之后屏蔽变量未使用的高位，所以 System Verilog 变量的值可能会产生错误。在 C 语言中需要确保这些变量的正确使用。

如果需要在位（bits）和字（words）之间进行转换，那么可以使用宏 SV_PACKED_DATANELEMS。例如，将 40 位转换成两个 32 位长的字，可以使用 SV_PACKED_DATANELEMS(40)，如图 12.1 所示。

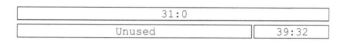

图 12.1　40 比特双状态变量的存储

12.2.4　四状态数值

System Verilog 中所有四状态比特变量在仿真器中使用两个比特进行存储，通常称为 aval 和 bval，见表 12.2。

表 12.2　四状态比特编码

四状态值	bval	aval
0	0	0
1	0	1
Z	1	0
X	1	1

单比特的四状态变量，例如 logic f，用一个无符号的字保存，aval 保存在最低位，bval 保存在紧邻的高位。所以数值 1'b0 在 C 语言中看到的是 0x0，1'b1 是 0x1，1'bz 是 0x2，1'bx 是 0x3。

四状态向量，比如 logic [31:0] lword 使用一对 32 比特的 svLogicVecVal 变量保存，每对变量包含所有 aval 位和 bval 位，如图 12.2 所示。32 位变量 lword 保存在单个的 svLogicVecVal 变量中。宽度超过 32 位的变量存储在多个 svLogicVecVal 变量中，第一个变量包含低 32 位数值，第二个变量包含紧接着的 32 位数值，这样直到最高位。一个 40 位 logic 变量的低 32 位保存在一个 svLogicVecVal 变量中，剩余的

---

[*] LRM 的早期版本中使用"DPI"，但是这个用法已经废弃，不应该再使用。

高 8 位保存在第二个变量中（见图 12.2）。第二个变量中未使用的高 24 位的数值不确定，应该根据需要对它们进行屏蔽或者把它们扩展为符号位。svLogicVecVal 类型等同于 s_vpi_vecval 类型，后者在 VPI 中用来表示诸如 logic 等的四状态数据类型。

aval 31:0	
bval 31:0	
Unused	aval 39:32
Unused	bval 39:32

图 12.2　40 比特四状态变量的存储

 要特别注意不带比特下标或者只带单比特下标的参数声明。参数 a 如果声明为 input logic a，那么它会被当成一个 unsigned char 类型存储。而参数 input logic [0:0] b 则会被保存在 svLogicVecVal 变量中，即使它只含有一个比特。

例 12.11 给出一个导入四状态计数器的声明，和例 12.10 的唯一区别是原来的 bit 类型改为 logic 类型。

【例 12.11】检查 Z 值和 X 值的计数器测试平台

```
import "DPI-C" function chandle counter7_new();
import "DPI-C" function void counter7
      (input   chandle inst,
      output   logic [6:0] out,
      input    logic [6:0] in,
      input    logic reset, load);
```

例 12.9 中的计数器假定所有输入为双状态。例 12.12 扩展了这段代码，对 reset，load 和 i 信号，检查其值为 X 和 Z 的情形。实际的计数值仍然是双状态数值。

【例 12.12】检查 X 值和 Z 值的计数器程序

```
// 将例 12.9 中的 counter7 替换为四状态变量
void counter7(c7 *inst,
            svLogicVecVal* count,
            const svLogicVecVal* i,
            const svLogic reset,
            const svLogic load) {

  if (reset & 0x2) { // 仅检查标量的 bval 位
    io_printf("Error: Z or X detected on reset\n\n");
    return;
  }
  if (load & 0x2) { // 仅检查标量的 bval 位
    io_printf("Error: Z or X detected on load\n\n");
```

```
      return;
  }
  if (i -> bval) {  // 仅检查 7 比特向量的 bval 位
    io_printf("Error: Z or X detected on i\n\n");
    return;
  }

  if (reset)          inst->cnt = 0;          // 复位
  else if (load)      inst->cnt = i->aval;    // 加载数值
  else                inst->cnt++;            // 计数
  inst -> cnt &= 0x7f;                        // 最高位清 0

  count->aval = inst->cnt;                    // 赋值给输出变量
  count->bval = 0;
}
```

如果导入的函数出现异常，你想强行彻底中止当前的仿真，那么可以调用 VPI 函数 vpi_control(vpiFinish,0)。该方法和常数都在头文件 vpi_user.h 中定义。vpiFinish 表示仿真器在导入函数返回后执行 $finish 系统任务。

12.2.5　从双状态数值转换到四状态数值

如果你的 DPI 应用程序使用的是双状态类型，但你想让它转变成四状态类型，可以参考以下方法。

在 SystemVerilog 方面，需要在导入声明中把双状态类型改为四状态类型，比如修改 bit 和 int 类型为 logic 和 integer 类型。同时需要确保调用函数时使用的是四状态类型的变量。

在 C 程序方面，需要将参数类型定义中的 svBitVecVal 替换成 svLogicVecVal。任何对这些参数的引用都需要使用 .aval 前缀以便正确地访问数据。当从四状态变量中读取数据时，需要检查 bval 位是否存在 X 或者 Z 值。写入四状态变量时，除非需要写入 Z 或者 X 值，否则需要清除 bval 位中的值。

12.3　调用 C++ 程序

在 SystemVerilog 中可以使用 DPI 调用 C 或者 C++ 子程序。模型的抽象层次不同，调用 C++ 代码的方法也有所不同。

12.3.1　C++ 中的计数器

例 12.13 是一个使用双状态输入的 7 位计数器的 C++ 类。它可以和例 12.10 中的 SystemVerilog 测试平台以及例 12.14 中的 C++ 封装代码（wrapper code）一起使用。

【例 12.13】计数器类

```
class Counter7 {
public:
  Counter7();
  void counter7_signal(svBitVecVal* count,
                       const svBitVecVal* i,
                       const svBit reset,
                       const svBit load);
private:
  unsigned char cnt;
};


Counter7::Counter7() {
  cnt = 0;                                    // 计数器初始化
}


void Counter7::counter7_signal(svBitVecVal* count,
                               const svBitVecVal* i,
                               const svBit reset,
                               const svBit load) {
  if (reset)        cnt = 0;         // 复位
  else if (load)    cnt = *i;        // 加载数值
  else              cnt++;           // 计数
  cnt &= 0x7F;                       // 最高位清 0
  *count = cnt;
}
```

12.3.2 静态方法

DPI 只能调用在链接时已经存在的 C 或者 C++ 函数。这样一来，SystemVerilog 代码就不能调用对象中的 C++ 子程序，因为被调用的对象在链接器（linker）运行时还不存在。

如果需要调用 C++ 类里的方法，怎么办？解决方法是创建一个有固定地址的函数，它可以与 C++ 动态对象和方法通信，如例 12.14 所示。第一个子程序 counter7_new 为计数器创建一个对象，并且返回该对象的句柄。第二个静态子程序 counetr7 使用对象句柄调用 C++ 方法执行计数器。

【例 12.14】静态方法和链接

```
extern "C" void* counter7_new()
{
  return new Counter7;
```

```
}

// 调用一个计数器实例，传递信号值
extern "C" void counter7(void* inst,
                         svBitVecVal* count,
                         const svBitVecVal* i,
                         const svBit reset,
                         const svBit load)
{
  Counter7 * c7 = (Counter7 *) inst;
  c7 -> counter7_signal(count, i, reset, load);
}
```

代码 extern "C" 告诉 C++ 编译器，送入链接器的外部信息应当使用 C 语言的调用风格，并且不能执行名字调整（name mangling）。你可以在 SystemVerilog 调用的每个子程序前加上它，或者也可以将一系列方法放入 extern "C" {......} 中。

从测试平台的角度来看，C++ 计数器看起来就像每一个实例都独立保存计数值的计数器，如例 12.9 所示，所以可以使用如例 12.10 所示的同一个测试平台。

12.3.3 和事务级（Transaction Level）C++ 模型通信

前面给出的 C/C++ 代码都是和 SystemVerilog 在信号级通信的较低级别的模型。这样做效率比较低，例如计数器在每一个时钟沿都会被调用，即使数据或者输入控制信号没有任何变化。当需要创建复杂设备的模型时，例如处理器和网络设备，使用事务级通信会使仿真的速度加快。

例 12.15 中的 C++ 计数器模型含有事务级接口，使用方法而非信号和时钟来进行通信。

【例 12.15】使用方法通信的 C++ 计数器

```
class Counter7 {
public:
  Counter7();
  void count();
  void load(const svBitVecVal* i);
  void reset();
  int get();
private:
  unsigned char cnt;
};

Counter7::Counter7() {                        // 计数器初始化
  cnt = 0;
```

```
    }

    void Counter7::count() {                          // 计数器递增
      cnt = cnt + 1;
      cnt &= 0x7F;                                    // 最高位清 0
    }

    void Counter7::load(const svBitVecVal* i) {
      cnt = *i;
      cnt &= 0x7F;                                    // 最高位清 0
    }

    void Counter7::reset() {
      cnt = 0;
    }

    // 从 svBitVecVal 指针中获取计数器值
    int Counter7::get() {
      return cnt;
    }
```

C++ 的 reset、load 和 count 等动态方法都被封装到静态方法中，这些静态方法使用从 SystemVerilog 传递来的对象句柄，如例 12.16 所示。

【例 12.16】C++ 事务级计数器的静态封装（wrapper）

```
#ifdef __cplusplus
extern "C" {
#endif

void* counter7_new() {
  return new Counter7;
}

void counter7_count(void* inst){
  Counter7 * c7 = (Counter7 *) inst;
  c7 -> count();
}

void counter7_load(void* inst, const svBitVecVal* i) {
  Counter7 * c7 = (Counter7 *) inst;
  c7 -> load(i);
}
```

```
void counter7_reset(void* inst) {
  Counter7 * c7 = (Counter7 *) inst;
  c7 -> reset();
}


int counter7_get(void* inst) {
  Counter7 * c7 = (Counter7 *) inst;
  return c7 -> get();
}


#ifdef __cplusplus
}
#endif
```

测试平台直接调用事务级计数器的 OOP 接口。例 12.17 中含有 SystemVerilog 导入语句和封装 C++ 对象的类，允许你将 C++ 句柄隐藏在类中。

【例 12.17】使用方法的 C++ 模型测试平台

```
import "DPI-C" function chandle counter7_new();
import "DPI-C" function void counter7_count(input chandle inst);
import "DPI-C" function void counter7_load(input chandle inst,
                                           input bit [6:0] i);
import "DPI-C" function void counter7_reset(input chandle inst);
import "DPI-C" function int counter7_get(input chandle inst);

// 用 SystemVerilog 类静态封装 C 静态函数以隐藏 C++ 实例的句柄
class Counter7;
  chandle inst;

  function new();
    inst = counter7_new();
  endfunction

  function void count();
    counter7_count(inst);
  endfunction

  function void load(input bit [6:0] val);
    counter7_load(inst, val);
  endfunction

  function void reset();
```

```
      counter7_reset(inst);
   endfunction

   function bit [6:0] get();
      return counter7_get(inst);
   endfunction
endclass : Counter7

program automatic test;
   Counter7 c1;

   initial begin
     c1 = new;

     c1.reset();
     $display("SV: Post reset: counter1 = %0d", c1.get());

     c1.load(126);
     if (c1.get() == 126)
       $display("Successful load");
     else
       $display("Error: load, expect 126, got %0d", c1.get());

     c1.count();        // count = 127
     if (c1.get() == 127)
       $display("Successful count");
     else
       $display("Error: load, expect 127, got %0d", c1.get());

     c1.count();        // count = 0
     if (c1.get() == 0)
       $display("Successful rollover");
     else
       $display("Error: rollover, exp 127, got %0d", c1.get());
   end

endprogram
```

注意 get() 函数返回的是一个 int（32 位有符号数）而不是 bit[6:0]，因为后者需要返回一个指向 svBitVecVal 类型的指针，如表 12.1 所示。导入函数不能返回指针，只能返回简单数据（small value）如 void、byte、shortint、int、longint、real、shortreal、chandle、string，以及 bit 和 logic 类型的比特值。

12.4 共享简单数组

到现在为止你已经了解了如何在 System Verilog 和 C 语言中传递标量和向量。一个典型的 C 模型可能会读入一个数组，执行一些计算，然后返回另一个数组作为执行结果。

12.4.1 一维数组（双状态）

例 12.18 是一个计算斐波那契级数前 20 个数值的子程序。它被例 12.19 中的 System Verilog 代码调用。

【例 12.18】计算斐波那契级数的 C 子程序

```
void fib(svBitVecVal data[20]) {
  int i;
  data[0] = 1;
  data[1] = 1;
  for (i = 2; i < 20; i++)
    data[i] = data[i-1] + data[i-2];
}
```

注意在 C 程序中，也可以将参数声明为指针 *data 或数组 data[20]。在本例中，它们是可互换的 。

【例 12.19】斐波那契子程序的测试平台

```
import "DPI-C" function void fib (output bit [31:0] data[20]);

program automatic test;
  bit [31:0] data[20];

  initial begin
    fib(data);
    foreach (data[i]) $display(i,,data[i]);
  end
endprogram
```

注意斐波那契数组是在 System Verilog 中进行分配和存储的，虽然它们是在 C 程序中计算出来的。没有任何办法可以在 System Verilog 中引用 C 程序分配的数组。

12.4.2 一维数组（四状态）

例 12.20 给出了四状态数组的斐波那契级数 C 子程序，例 12.21 是测试平台。

【例 12.20】计算四状态输入数组的斐波那契级数的 C 子程序

```
void fib(svLogicVecVal data[20]) {
  int i;
  data[0].aval = 1;                // 赋值给 aval 和 bval
```

```
    data[0].bval = 0;
    data[1].aval = 1;
    data[1].bval = 0;
    for (i = 2; i < 20; i++) {
      data[i].aval = data[i-1].aval + data[i-2].aval;
      data[i].bval = 0;                    // 别忘了将 bval 归零
    }
}
```

【例 12.21】四状态数组的斐波那契级数 C 子程序的测试平台

```
import "DPI-C" function void fib(output logic [31:0] data[20]);

program automatic test;
  logic [31:0] data[20];

  initial begin
    fib(data);
    foreach (data[i]) $display(i,,data[i]);
  end
endprogram
```

12.2.5 节描述如何将双状态的应用转换成四状态。

12.5　开放数组（open array）

当需要在 SystemVerilog 和 C 程序之间共享数组时，你有两个选择。为了得到最快的仿真速度，可以采取反向工程的方式分析数组在 SystemVerilog 的存储方式，在 C 程序中根据数组的内存映射方式进行操作。这种方法很容易出错，也意味着一旦任何一个数组的大小有变化，都必须重新编写和调试 C 语言代码。更稳妥的方法是使用"开放数组（open array）"和对应的 SystemVerilog 子程序来操作，这使得你能够编写出可以操作任何大小数组的通用 C 语言代码。

12.5.1　基本的开放数组

例 12.22 和例 12.23 演示了如何在 SystemVerilog 和 C 程序之间使用开放数组来传递一个简单的数组。在 SystemVerilog 的 import 语句中使用空白的方括号 [] 表明要传递的是一个开放数组。

【例 12.22】调用带有开放数组的 C 子程序的测试平台

```
import "DPI-C" function void fib_oa(output bit [31:0] data[]);

program automatic test;
  localparam SIZE = 20;
```

```
  bit [31:0] data[SIZE], r;

  initial begin
    fib_oa(data, SIZE);
    foreach (data[i])
      $display(i,,data[i]);
  end
endprogram
```

C 程序代码可以使用 svOpenArrayHandle 类型的句柄来引用开放数组，该句柄指向一个含有字范围等开放数组信息的结构，如例 12.23 所示。你可以调用 svGetArrayPtr 等方法获取实际的数组元素。注意 svSize() 是查询开放数组的方法，如 12.5.2 节所示。

【例 12.23】使用基本开放数组的 C 程序代码

```
void fib_oa(const svOpenArrayHandle data_oa) {
  int i, *data;
  data = (int *) svGetArrayPtr(data_oa);
  data[0] = 1;
  data[1] = 1;
  for (i = 2; i <= svSize(data_oa, 1); i++)
    data[i] = data[i-1] + data[i-2];
}
```

12.5.2 开放数组的方法

在 svdpi.h 中定义了很多可以访问开放数组内容和范围（range）的 DPI 方法。这些方法仅对定义为 svOpenArrayHandle 的开放数组句柄起作用，不适用于 svBitVecVal 或者 svLogicVecVal 类型的指针。表 12.3 中的方法可以得到有关开放数组大小的信息。

在表 12.3 中，变量 h 是 svOpenArrayHandle 类型，而 d 是 int 类型。维度从 d = 1 开始。

表 12.3 开放数组查询函数

函　数	描　述
int svLeft(h, d)	维数 d 的左边界
int svRight(h, d)	维数 d 的右边界
int svLow(h, d)	维数 d 的下界
int svHigh(h, d)	维数 d 的上界
int svIncrement(h, d)	如果左边界大于等于右边界则返回 1，否则返回 -1
int svSize(h, d)	维数 d 的元素总数目：svHigh-svLow+1
int svDimensions(h)	开放数组的维数
int svSizeOfArray(h)	以字节计量的数组大小

表 12.4 中的函数返回整个数组或者单个元素在 C 程序中存储的位置。

表 12.4 开放数组的定位函数

函　数	返回指针类型
void *svGetArrayPtr(h)	整个数组的存储位置
void *svGetArrElemPtr(h, i1, ...)	数组中的一个元素
void *svGetArrElemPtr1(h, i1)	一维数组中的一个元素
void *svGetArrElemPtr2(h, i1, i2)	二维数组中的一个元素
void *svGetArrElemPtr3(h, i1, i2, i3)	三维数组中的一个元素

12.5.3 传递大小未定义的开放数组

例 12.24 调用一个参数为二维数组的函数。C 程序使用 svLow 和 svHigh 方法确定数组的范围，所以在该例中，没有使用通常的 0 到 size-1 的下标表示方法。

【例 12.24】调用参数为多维开放数组的 C 程序测试平台

```
import "DPI-C" function void mydisplay(inout int h[][]);

program automatic test;
  int a[6:1][8:3];                    // 注意此处字范围由高到低
  initial begin
    foreach (a[i,j]) a[i][j] = i+j;
    mydisplay(a);
    foreach (a[i,j])
      $display("V: a[%0d][%0d] = %0d", i, j, a[i][j]);
  end
endprogram
```

例 12.24 调用例 12.25 中的 C 子程序，该 C 子程序使用开放数组的方法读取数组。子程序 svLow(handle,dimesion) 返回指定维数的最小索引值。所以对范围为 [6:1] 的数组来说，svLow(h,1) 返回 1。类似地，svHigh(h,1) 返回 6。svLow 和 svHigh 应当在 C 程序 for 循环中使用。

svLeft 和 svRight 方法返回数组声明中左边索引值和右边索引值，对 [6:1] 来说，即为 6 和 1。在例 12.25 的中间部分，svGetArrElemPtr2 方法返回一个指向二维数组某个元素的指针。

【例 12.25】参数为多维开放数组的 C 程序

```
void mydisplay(const svOpenArrayHandle h) {
  int i, j;
  int lo1 = svLow(h, 1);
  int hi1 = svHigh(h, 1);
  int lo2 = svLow(h, 2);
```

```
    int hi2 = svHigh(h, 2);
    for (i = lo1; i <= hi1; i++) {
        for (j = lo2; j <= hi2; j++) {
        int *a = (int*) svGetArrElemPtr2(h, i, j);
        io_printf("C: a[%d][%d] = %d\n", i, j, *a);
        *a = i * j;
        }
    }
}
```

12.5.4 DPI 中压缩（packed）的开放数组

在 DPI 中，一个开放数组被视为拥有一个压缩的维度和一个或多个非压缩的维度。你可以传递多维的压缩数组，只要该压缩数组的元素大小和形式参数的元素大小相同即可。例如，如果在 import 语句中定义了形式参数 bit[63:0] b64[]，就可以将实际参数 bit[1:0][1:3][6:-1] bpack[9:1] 传递进去。例 12.26 是使用压缩开放数组的 SystemVerilog 代码。

【例 12.26】压缩开放数组的测试平台

```
import "DPI-C" function void view_pack(input bit [63:0] b64[]);

program automatic test;
  bit [1:0][0:3][6:-1] bpack[9:1];

  initial begin
    foreach(bpack[i]) bpack[i] = i;
    bpack[2] = 64'h12345678_90abcdef;

    $display("SV: bpack[2] = %h", bpack[2]);                   // 64 位
    $display("SV: bpack[2][0] = %h", bpack[2][0]);             // 32 位
    $display("SV: bpack[2][0][0] = %h", bpack[2][0][0]);       // 8 位

    view_pack(bpack);
  end
endprogram : test
```

注意，例 12.27 中的 C 程序按照 %llx 的格式输出一个 64 位数值，然后将结果从 svGetArrayElemPtr1 类型强制转换成 long long int 类型。

【例 12.27】使用压缩开放数组的 C 程序

```
void view_pack(const svOpenArrayHandle h) {
  int i;
```

```
for (i = svLow(h,1); i < svHigh(h,1); i++)
  io_printf("C: b64[%d] = %llx\n",
            i, *(long long int *)svGetArrElemPtr1(h, i));
}
```

12.6　共享复合类型

读到现在，你可能在思考如何在 SystemVerilog 和 C 程序之间传递对象。就类属性的内存映射方式来讲，这两种语言并不完全一致，所以不能直接共享对象。为了达到共享的目的，必须两种语言中边创建相似的结构，并且用压缩和解压缩的方法对这两种格式进行转换。一旦这些都具备了，就可以共享复合类型了。

12.6.1　在 SystemVerilog 和 C 程序之间传递结构

下面是一个共享表示像素的简单结构变量的例子，该结构由三个字节组成，被压缩成一个字。例 12.28 给出了 C 程序的定义。注意，C 程序将 char 视为有符号变量，这可能会带来不可预测的结果，所以对 char 类型加上 unsigned 限制。这些字节的顺序与 SystemVerilog 相比刚好相反，这段代码运行在小尾序的 Intel X86 处理器上，即低权重字节存储在低位地址上。Sun SPARC 处理器是大尾序的，所以其字节存储顺序与 SystemVerilog 相同：r，g，b。

【例 12.28】共享结构的 C 程序

```
typedef struct {
  unsigned char b, g, r;                    // x86 小尾序
  //unsigned char r, g, b;                  // SPARC 格式
} *p_rgb;

void invert(p_rgb rgb) {
  rgb -> r = ~rgb -> r;                      // 色彩值取反
  rgb -> g = ~rgb -> g;
  rgb -> b = ~rgb -> b;
  io_printf("C: Invert rgb = %02x,%02x,%02x\n",
            rgb -> r, rgb -> g, rgb -> b);
}
```

例 12.29 中的 SystemVerilog 测试平台用压缩结构来保存一个简单的像素，使用类来封装对像素的操作。由于结构 RGB_T 是压缩的，所以 SystemVerilog 会以连续的方式保存其字节。如果没有加上 packed 修饰符，每一个 8 位值都会被保存成一个单字。

【例 12.29】共享结构的测试平台

```
typedef struct packed { bit [ 7:0] r, g, b; } RGB_T;
```

```
import "DPI-C" function void invert(inout RGB_T pstruct);

program automatic test;

class RGB;
  rand bit [ 7:0] r, g, b;
  function void display(input string prefix = "");
    $display("%sRGB = %x,%x,%x", prefix, r, g, b);
  endfunction : display

  // 将类成员压缩到一个结构中
  function RGB_T pack();
    pack.r = r; pack.g = g; pack.b = b;
  endfunction : pack

  // 将结构解压后赋值给类成员
  function void unpack(RGB_T pstruct);
    r = pstruct.r; g = pstruct.g; b = pstruct.b;
  endfunction : unpack
endclass : RGB

  initial begin
    RGB pixel;
    RGB_T pstruct;

    pixel = new;
    repeat (5) begin
      `SV_RAND_CHECK(pixel.randomize());        // 创建随机像素
      pixel.display("\nSV: before ");           // 打印像素值
      pstruct = pixel.pack();                   // 转换为结构
      invert(pstruct);                          // 调用 C 函数将位取反
      pixel.unpack(pstruct);                    // 把结构解压后赋值给类
      pixel.display("SV: after ");              // 打印
    end
  end
endprogram
```

12.6.2 在 SystemVerilog 和 C 程序之间传递字符串

使用 DPI 可以将字符串从 C 程序回传给 SystemVerilog。你可能需要为结构的符号值（symbolic value）传递一个字符串，或者为调试 C 程序而去获取一个能够表征代码内部状态的字符串。

从 C 程序中传递一个字符串给 SystemVerilog 的最简单的办法就是返回一个指向静态字符串的指针，如例 12.30 所示。该字符串在 C 语言中必须定义为 `static`，而非一个局部字符串变量。非静态变量保存在栈中，在函数返回时释放给操作系统。

【例 12.30】从 C 程序中返回一个字符串

```
char *print(p_rgb rgb) {
  static char s[12];
  sprintf(s, "%02x,%02x,%02x", rgb->r, rgb->g, rgb->b);
  return s;
}
```

使用静态变量的风险在于多个函数并发调用时会引起内存共享问题。举例来说，使用 SystemVerilog 的 `$display` 函数打印多个像素时，可能会多次调用上例中的 `print` 方法。除非 SystemVerilog 编译器复制了输出字符串，否则排在后面的 `print()` 调用可能会覆盖前面调用的结果，执行结果完全取决于 SystemVerilog 编译器如何安排这些调用。注意，对导入函数的调用无法被 SystemVerilog 调度器中断。例 12.31 将字符串保存在一个堆（heap）中以支持并发调用。

【例 12.31】从一个 C 程序堆中返回一个字符串

```
#define PRINT_SIZE 12
#define MAX_CALLS 16
#define HEAP_SIZE PRINT_SIZE * MAX_CALLS

char *print(p_rgb rgb) {
  static char print_heap[HEAP_SIZE + PRINT_SIZE];
  char *s;
  static int heap_idx = 0;
  int nchars;

  s = &print_heap[heap_idx];
  nchars = sprintf(s, "%02x,%02x,%02x",
                    rgb->r, rgb->g, rgb->b);
  heap_idx += nchars + 1;                        // 不要忘了 null 值!
  if (heap_idx > HEAP_SIZE)
    heap_idx = 0;
  return s;
}
```

12.7　纯导入方法和关联导入方法

导入方法分为纯（pure）导入、关联（context）导入和通用（generic）导入。

一个纯函数将严格根据其输入来计算输出，与外部环境不产生任何交互。具体来说就是一个纯函数不会访问任何全局或者静态变量，不会进行文件操作，不会和函数体以外的事务如操作系统、进程、共享内存和套接字等有交互。如果没有使用纯函数的输出，那么 SystemVerilog 编译器会优化掉对该函数的调用，对于输入参数相同的两次调用，编译器会将第二次调用直接用第一次的输出结果替换。例 12.5 中的阶乘函数和例 12.6 中的 sin 函数都是纯函数，因为它们的计算结果仅依赖于输入。例 12.32 展示了如何导入纯函数。

【例 12.32】导入一个纯函数

```
import "DPI-C" pure function int factorial(input int i);
import "DPI-C" pure function real sin(input real in);
```

导入函数可能需要知道它被调用的环境的上下文信息，以决定调用 PLI TF、ACC 还是 VPI 方法，或者导出的 SystemVerilog 任务。对这些导入方法需要使用 context 限定词，如例 12.33 所示。

【例 12.33】导入关联任务

```
import "DPI-C" context task call_sv(bit [31:0] data);
```

如果导入的函数使用全局变量，那它就不再是纯方法了，但是它可能没有调用任何 PLI，所以其实也不需要承受 context 函数所带来的额外开销。Sutherland（2004）将这样的函数定义为"generic（通用的）"，SystemVerilog 语言参考手册对此并没有定义专门的名字。缺省情况下导入函数是通用类型，这也是本章中的很多例子使用的类型。

调用关联导入函数时需要记录调用的上下文环境，这会给仿真器带来额外的开支。所以除非确实需要，否则不要将函数定义为关联方法。另一方面，如果一个通用导入函数调用了一个导出任务或者一个访问 SystemVerilog 数据对象的 PLI 函数，会导致仿真器崩溃。

一个关联感知（context-aware）的 PLI 函数指的是这个函数知道自己在何处被调用，并且能够依据调用地址访问与该位置相关联的信息。

12.8　在 C 程序中与 SystemVerilog 通信

前面的例子示范了如何在 SystemVerilog 模型中调用 C 语言代码。DPI 也允许在 C 语言代码中调用 SystemVerilog 的函数。被调用的 SystemVerilog 函数可以是一个保存 C 函数操作结果的简单任务，或者是一个表征部分硬件模型的耗时（time-consuming）任务。

12.8.1　一个简单的导出方法

例 12.34 中的模块导入了一个关联函数，导出了一个 SystemVerilog 函数。

【例 12.34】导出一个 SystemVerilog 函数

```
module block;
```

```
        import "DPI-C" context function void c_display();
        export "DPI-C" function sv_display;          // 没有类型定义或者参数

        initial c_display();

        function void sv_display();
          $display("SV: in sv_display");
        endfunction
    endmodule : block
```

例 12.34 中的 export 声明看起来"光秃秃的"，因为语言参考手册中禁止带任何返回值声明或者参数，甚至不能加上函数声明通常使用的空括号。在 export 声明中如果包含上述信息会重复模块尾部的函数声明，所以一旦修改函数，就会导致两者不匹配。

例 12.35 是调用 SystemVerilog 导出函数的 C 程序。

【例 12.35】在 C 程序调用一个 SystemVerilog 导出函数

```
extern void sv_display();

void c_display() {
  io_printf("C: in c_display\n");
  sv_display();
}
```

例 12.35 先输出 C 程序中的行，然后输出 SystemVerilog 中的 $display 信息，如例 12.36 所示。

【例 12.36】简单导出函数的执行结果

```
C:  in c_display
SV: in sv_display
```

12.8.2　调用 SystemVerilog 函数的 C 函数

尽管测试平台的大部分代码是 SystemVerilog 写的，你可能还有一些 C 语言或者其他语言编写的测试平台代码，以及想重用的一些应用程序。本节创建一个 SystemVerilog 内存模型，该内存模型的驱动是一段从外部文件中读取事务数据的 C 语言代码。

例 12.37 和例 12.38 是内存模型的最初版本，仅使用了函数，所以所有操作耗费的时间为零。例 12.37 中的 C 语言代码打开文件，读取一个命令并调用导出函数。为了紧凑起见，错误检查的代码在该例中被删除了。

【例 12.37】读取简单命令文件并调用导出函数的 C 语言代码

```
#include <svdpi.h>
```

```c
#include <stdio.h>
extern void mem_build(int);

void read_file(char *fname){
  char cmd;
  FILE *file;

  file = fopen(fname, "r");
  while (!feof(file)) {
    cmd = fgetc(file);
    switch (cmd)
    {
    case 'M': {
      int hi;
      fscanf(file, "%d ", &hi);
      mem_build(hi);
      break;
    }
    }
  }
  fclose(file);
}
```

SystemVerilog 代码调用 C 函数 read_file 打开文件。文件中唯一的命令用来设置内存大小，所以 C 语言代码调用一个导出函数来完成这个命令。

【例 12.38】简单内存模型的 SystemVerilog 模块

```systemverilog
module memory;
  import "DPI-C" context function void read_file(string fname);
  export "DPI-C" function mem_build; // 没有类型定义或者参数

  initial
    read_file("mem.dat");

  int mem[];

  function void mem_build(input int size);
    mem = new[size]; // 分配动态内存元素
  endfunction

endmodule : memory
```

注意，在例 12.38 中，export 声明没有任何参数，因为这些信息已经在函数声明时给出。

本例的命令文件很小，仅含有一个命令，用于创建含有 100 个元素的内存，如例 12.39 所示。

【例 12.39】简单内存模型的命令文件

```
M 100
```

12.8.3 调用 SystemVerilog 任务的 C 任务

一个真实的内存模型会含有诸如读写之类消耗时间的操作，所以必须使用任务来建模。

例 12.40 是 SystemVerilog 代码内存模型的第二个版本。相对于例 12.38 它做了几点改进。新增了两个任务 mem_read 和 mem_write，分别需要 20ns 和 10ns 来执行。导入的 read_file 函数现在成了一个 SystemVerilog 任务，因为它调用了消耗时间的其他任务。import 语句指定 read_file 为一个关联任务，原因是仿真器需要在该函数每次被调用时创建一个单独的栈。

【例 12.40】带有导出任务的 SystemVerilog 内存模型模块

```
module memory;
  import "DPI-C" context task read_file(string fname);
  export "DPI-C" task mem_read;
  export "DPI-C" task mem_write;
  export "DPI-C" function mem_build;

  initial read_file("mem.dat");

  int mem[];

  function void mem_build(input int size);
    mem = new[size];
  endfunction

  task mem_read(input int addr, output int data);
    #20 data = mem[addr];
  endtask

  task mem_write(input int addr, input int data);
    #10 mem[addr] = data;
  endtask
endmodule : memory
```

例 12.41 中的 C 语言代码扩展了 case 语句，以便对内存命令进行译码并调用根据
LRM[*]声明为 extern int 的导出任务。

【例 12.41】读取命令文件并调用导出函数的 C 语言代码

```c
extern int mem_read(int, int*);
extern int mem_write(int, int);
extern void mem_build(int);

void read_file(const char *fname) {
  char cmd;
  FILE *file;

  file = fopen(fname, "r");
  while (!feof(file)) {
    cmd = fgetc(file);
    switch (cmd) {
      case 'M': {
        int hi;
        fscanf(file, "%d ", &hi);
        mem_build(hi);
        break;
      }

      case 'R': {
        int addr, data, exp;
        fscanf(file, "%d %d ", &addr, &exp);
        mem_read(addr, &data);
        if (data != exp)
          io_printf("C: Data = %d, exp = %d\n", data, exp);
        break;
      }

      case 'W': {
        int addr, data;
        fscanf(file, "%d %d ", &addr, &data);
        mem_write(addr, data);
        break;
      }
    }
  }
```

---

* VCS 把导出任务声明为 C 语言的 void 函数。

```
    fclose(file);
}
```

例 12.42 中的命令文件含有新的命令,用来写两个内存地址,然后读回其中的一个,命令中还包含读命令的期望值。

【例 12.42】简单内存模型的命令文件

```
M 100
W 12 34
W 99 8
R 12 34
```

12.8.4　调用对象中的方法

你可以导出 SystemVerilog 方法,但是定义在类中的方法除外。这个限制类似于对导入静态 C 函数的限制(参见 12.3.2 节),因为当 SystemVerilog 编译器转译(elaborate)代码时,对象还不存在。解决这个问题的方法是在 SystemVerilog 和 C 语言代码之间传递一个对象引用。但是和 C 指针不同的是,SystemVerilog 句柄不能通过 DPI 传递。不过你可以定义一个句柄数组,然后在两种语言之间传递数组的索引。

下面的例子构建在先前的内存模型基础上。例 12.44 中的 SystemVerilog 代码定义了一个类来封装内存模型。现在你使用多个内存,并且它们都有独立的对象。例 12.43 中的命令文件创建两个内存 M0 和 M1,接着分别对两个内存的初始位置进行几次写入,最后尝试读取这些值。注意,两个内存都对位置 12 进行了操作。

【例 12.43】带有导出方法的 OOP 内存模型的命令文件

```
M0 1000
M1 2000
W0 12 34
W1 12 88
W0 99 18
R1 22 44
R0 12 34
R1 12 88
```

对命令文件中的每一个 M 命令,例 12.44 中的 SystemVerilog 代码都会创建一个新的对象。导出函数 mem_build 调用 Memory 的构造函数,接着将 Memory 对象的句柄保存到 SystemVerilog 队列中,并将该队列的索引 idx 返回给 C 语言代码,如例 12.45 所示。因为句柄保存在一个队列中,所以可以动态地增加新的内存。这样一来,导出任务 mem_read 和 mem_write 就需要额外的参数,用以表示内存句柄在队列中的索引。

【例 12.44】带有内存模型类的 SystemVerilog 模块

```
module memory;
```

```systemverilog
   import "DPI-C" context task read_file(string fname);
   export "DPI-C" task mem_read;
   export "DPI-C" task mem_write;
   export "DPI-C" function mem_build;

   initial read_file("mem.dat");                    // 调用 C 语言代码读取文件

   class Memory;
     int mem[];

     function new(input int size);
       mem = new[size];
     endfunction

     task mem_read(input int addr, output int data);
       #20 data = mem[addr];
     endtask

     task mem_write(input int addr, input int data);
       #10 mem[addr] = data;
     endtask : mem_write
   endclass : Memory

   Memory memq[$];                          // 内存对象队列

   // 创建一个新的内存实例并将其压入队列
   function void mem_build(input int size);
     Memory m;
     m = new(size);
     memq.push_back(m);
   endfunction

   // idx 是 memq 内存句柄的索引
   task mem_read(input int idx, addr, output int data);
     memq[idx].mem_read(addr, data);
   endtask

   task mem_write(input int idx, addr, input int data);
     memq[idx].mem_write(addr, data);
   endtask

endmodule : memory
```

【例 12.45】调用带 OOP 内存的导出任务的 C 语言代码

```c
extern int mem_read(int, int, int*);
extern int mem_write(int, int, int);
extern void mem_build(int);

void read_file(char *fname) {
  char cmd;
  int idx;
  FILE *file;

  file = fopen(fname, "r");
  while (!feof(file)) {
    cmd = fgetc(file);
    fscanf(file, "%d ", &idx);
    switch (cmd)
      {
      case 'M': {
        int hi;
        fscanf(file, "%d ", &hi);
        mem_build(hi);
        break;
      }

      case 'R': {
        int addr, data, exp;
        fscanf(file, "%d %d ", &addr, &exp);
        mem_read(idx, addr, &data);
        if (data != exp)
          io_printf("C: Error Data = %d, exp = %d\n", data, exp);
        break;
      }

      case 'W': {
        int addr, data;
        fscanf(file, "%d %d ", &addr, &data);
        mem_write(idx, addr, data);
        break;
      }
    }
  }
  fclose(file);
}
```

12.8.5 上下文（context）的含义

导入函数的上下文是函数定义所在的位置，比如 $unit、模块、program 或者 package 作用域（scope），这一点和普通的 SystemVerilog 函数是一样的。如果你把一个函数导入到两个不同的作用域，对应的 C 语言代码会依据 import 语句所在位置的上下文执行。这类似于在 SystemVerilog 的两个不同模块中分别定义一个 run() 任务。每个任务都会明确地访问自己所在模块的内部变量。

如果你在例 12.34 中加入第二个模块，导入同样的 C 代码，那么 C 函数就会根据导入和导出语句的上下文来调用不同的 SystemVerilog 方法，如例 12.46 所示。

【例 12.46】简单导出例子的第二个模块

```
module top;
  import "DPI-C" context function void c_display();
  export "DPI-C" function sv_display;

  block b1();
  initial c_display();

  function void sv_display();
    $display("SV: In %m");
  endfunction
endmodule : top

module block;
  import "DPI-C" context function void c_display();
  export "DPI-C" function sv_display;

  initial c_display();

  function void sv_display();
    $display("SV: In %m");
  endfunction
endmodule : block
```

例 12.47 的输出表明一个 C 函数会根据被调用位置的不同，分别调用两个不同的 SystemVerilog 方法。

【例 12.47】含有两个模块的简单例子的输出

```
C: in c_display
SV: In top.b1.sv_display
C: in c_display
SV: In top.sv_display
```

12.8.6　设置导入函数的作用域

如同 SystemVerilog 代码可以在局部作用域调用函数，导入的 C 函数也可以在它默认的上下文之外调用函数。使用 svGetScope 方法可以获得当前作用域的句柄，然后就可以在对 svGetScope 的调用中使用该句柄，使得 C 语言代码认为它处在另外一个上下文中。例 12.48 是两个方法的 C 语言代码。第一个函数 save_my_scope() 保存它在 SystemVerilog 中调用处的作用域。第二个函数 c_display() 将作用域设为已保存的作用域，并打印出一条信息，然后调用 sv_diaplay() 函数。

【例 12.48】获取和设置上下文的 C 语言代码

```
extern void sv_display();
svScope my_scope;

void save_my_scope() {
  my_scope = svGetScope();
}

void c_display() {
  // 打印当前作用域
  io_printf("\nC: c_display called from scope %s\n",
            svGetNameFromScope(svGetScope()));

  // 设置新的作用域
  svSetScope(my_scope);
  io_printf("C: calling %s.sv_display\n",
            svGetNameFromScope(svGetScope()));
  sv_display();
}
```

上面的 C 语言代码调用 svGetNameFromScope()，该函数返回表征当前作用域的一个字符串。返回的作用域被打印了两次，一次是 C 语言代码首次被调用时的作用域，另一次是先前保存过的作用域。svGetScopeFromName() 子程序将 SystemVerilog 作用域的字符串作为输入，返回一个指向 svScope 的句柄以供 svGetScope() 函数使用。

例 12.49 的 SystemVerilog 代码中，第一个模块 block 调用了一个 C 函数保存上下文信息。当 top 模块调用 c_display() 函数时，该方法将作用域设置回 block，这样它调用的便是 block 模块中的 sv_display() 函数，而非 top 模块中的同名函数。

【例 12.49】调用获取和设置上下文方法的模块

```
module block;
  import "DPI-C" context function void c_display();
  import "DPI-C" context function void save_my_scope();
```

```
export "DPI-C" function sv_display;

function void sv_display();
  $display("SV: In %m");
endfunction : sv_display

initial begin
  save_my_scope();
  c_display();
end
endmodule : block

module top;
  import "DPI-C" context function void c_display();
  export "DPI-C" function sv_display;

  function void sv_display();
    $display("SV: In %m");
  endfunction : sv_display

  block b1();

  initial #1 c_display();

endmodule : top
```

上例的输出如例 12.50 所示。

【例 12.50】svSetScope 代码的输出

```
C: c_display called from top.b1
C: Calling top.b1.sv_display
SV: In top.b1.sv_display

C: c_display called from top
C: Calling top.b1.sv_display
SV: In top.b1.sv_display
```

你可以使用上述作用域的概念来使 C 模型知道它在何处被例化，以及区分不同的实例。例如，一个内存模型可能被例化多次，每一个实例都需要属于自己的存储空间。

12.9 与其他语言交互

本章已经介绍了 C 和 C++ 语言的 DPI。SystemVerilog 与其他语言交互的工作量也很小。最简单的办法是调用 Verilog 的 $system() 任务。如果你需要命令的返回值，使用 unix 的 system() 函数和 WEXITSTATUS 宏定义。例 12.51 中的 SystemVerilog 代码调用了封装（wrapped）system() 的 C 函数。

【例 12.51】调用封装 Perl 代码的 C 函数的 SystemVerilog 代码

```
import "DPI-C" function int call_perl(string s);

program automatic perl_test;
  int ret_val;
  string script;

  initial begin
    $value$plusargs("script = %s", script);
    $display("SV: Running '%0s'", script);
    ret_val = call_perl(script);
    $display("SV: Perl script returned %0d", ret_val );
 end
endprogram : perl_test
```

例 12.52 是调用 system() 并转换返回值的 C 封装函数。

【例 12.52】Perl 脚本的 C 封装

```
#include "svdpi.h"
#include <stdlib.h>
#include <wait.h>

int call_perl(const char* command) {
  int result = system(command);
  return WEXITSTATUS(result);
}
```

例 12.53 是输出信息并返回数值的 Perl 脚本。

【例 12.53】C 和 SystemVerilog 调用的 Perl 脚本

```
#!/usr/local/bin/perl
print "Perl: Hello world!\n" ;
exit (3)
```

现在你可以执行例 12.54 的 UNIX 命令，运行仿真并调用 hello.pl 脚本。

【例 12.54】运行 Perl 脚本的 VCS 命令行

```
> simv + script = "perl hellp.pl"
```

12.10 小 结

直接编程接口 DPI 使得你能够像调用 SystemVerilog 子程序一样调用 C 子程序，并将 SystemVerilog 类型变量直接传递给 C 程序。DPI 的开销比 PLI 要小，因为 PLI 需要创建参数列表并时刻留意调用的上下文环境，而且 PLI 的复杂性还在于每个系统任务都需要 4 个以上的 C 子程序来完成。

此外，使用 DPI，C 语言代码可以调用 SystemVerilog 子程序，同时允许外部应用程序控制仿真过程。而使用 PLI，你可能需要使用触发变量和更多的参数列表，并且不得不担心对耗时任务的多次调用会带来潜在的问题。

使用 DPI 的最大难点在于将 SystemVerilog 的数据类型映射到 C 程序，尤其是当你在两种语言之间共享结构和类的时候。如果你知道如何解决这个问题，那么就可以将几乎任何应用程序连接到 SystemVerilog。

12.11 练 习

1. 创建一个 C 函数 shift_c，它有两个输入参数：一个 32 位无符号函数输入值 i 和整数移位量 n。函数的功能是把输入数据 i 移位 n 位。当 n 为正时向左移位，当 n 为负时向右移位，当 n 为 0 时不执行移位。函数返回移位后的数值。创建一个 SystemVerilog 模块，调用 C 函数对每个功能进行测试，并输出测试结果。

2. 在练习 1 的基础上，为 shift_c 函数增加第三个参数：加载标志 ld。当 ld 为真时，i 移位 n 位，然后加载到内部的 32 位寄存器中。当 ld 为 false 时，寄存器移位 n 位。函数返回这些操作后的寄存器值。创建一个 SystemVerilog 模块，调用 C 函数测试每个功能，并输出测试结果。

3. 在练习 2 的基础上创建 shift_c 函数的多个实例。C 函数的每个实例都需要一个唯一的标识符，使用存储内部寄存器的地址作为标识符。调用 shift_c 函数时，打印寄存点的地址和参数。实例化函数两次，调用实例两次，打印输出结果。

4. 修改练习 3 的 C 语言代码，显示调用 shift_c 函数的总次数，即使该函数被实例化了多次。

5. 在练习 4 的基础上，增加在实例化时初始化存储值的能力。

6. 在练习 5 的基础上，将 shift_c 函数封装在一个类中。

7. 对于例 12.24 和例 12.25 中的代码，以下开放数组的方法返回什么？

```
svLeft(h, 1);
svLeft(h, 2);
svRight(h, 1);
svRight(h, 2);
svSize(h, 1);
svSize(h, 2);
```

```
svDimensions(h);
svSizeOfArray(h);
```

8. 修改练习 1，调用名为 shift_sv 的 SystemVerilog 导出空函数来进行移位，而不是直接在 C 函数中移位。

9. 修改练习 8，为两个不同的 SystemVerilog 对象调用 SystemVerilog 函数 shift_sv，如 12.8.4 节所示。假设 SystemVerilog 函数 shift_build 已导出到 C 语言代码中。

10. 修改练习 8，以满足：

（1）创建包含两个函数的 SystemVerilog 类 Shift，shift_sv 函数将结果存储在类级别变量，shift_print 函数显示存储结果。

（2）定义并导出 SystemVerilog 函数 shift_build。

（3）支持创建多个 Shift 对象，将对象的句柄存储在队列中。

（4）创建一个构建多个 Shift 对象的测试平台。演示每个对象在执行计算后都会保存结果。

参考文献

[1] Bergeron, Janick. *Writing Testbenches Using SystemVerilog* . Norwell, MA: Springer, 2006

[2] Bergeron, Janick, Cerny, Eduard, Hunter, Alan, and Nightingale, Andrew. *Verification Methodology Manual for SystemVerilog* . Norwell, MA: Springer, 2006

[3] Cohen, Ben, Venkataramanan, Srinivasan, and Kumari, Ajeetha. *SystemVerilog Assertions Handbook for Formal and Dynamic Verification* : VhdlCohen Publishing 2005

[4] Cummings, Cliff. *Nonblocking Assignments in Verilog Synthesis, Coding Styles That Kill*! Synopsys User Group, San Jose, CA, 2000

[5] Cummings, Cliff, Salz, Arturo. *SystemVerilog Event Regions, Race Avoidance & Guidelines* , Synopsys User Group, Boston, CA, 2006

[6] Denning, Peter. *The Locality Principle* , Communications of the ACM, 48(7), July 2005, pp. 19–24

[7] Haque, Faisal, Michelson, Jonathan. *The Art of Verification with SystemVerilog Assertions* . Verification Central 2006

[8] IEEE *IEEE Standard for SystemVerilog — Unified Hardware Design, Specification, and Verification Language* . New York: IEEE 2009 (a.k.a. SystemVerilog Language Reference Manual, or LRM.)

[9] IEEE *IEEE Standard Verilog Hardware Design, Description Language* . New York: IEEE 2001

[10] Rich, Dave *Are SystemVerilog Program Blocks Needed*? http://blogs.men-tor.com/verificationhorizons/blog/2009/05/07/programblocks/ 2009

[11] Sutherland, Stuart. *Integrating SystemC Models with Verilog and SystemVerilog Using the SystemVerilog Direct Programing Interface* . Synopsys User Group Europe, 2004

[12] Sutherland, Stuart, Davidmann, Simon, Flake, Peter, and Moorby, Phil. *System-Verilog for Design: A Guide to Using SystemVerilog for Hardware Design and Modeling* . Norwell, MA: Springer, 2006

[13] Sutherland, Stuart, Mills, Don. *Verilog and SystemVerilog Gotchas* . Norwell, MA: Springer, 2007

[14] Synopsys, Inc., *Hybrid RTL Formal Verification Ensures Early Detection of Corner-Case Bugs* , http://synopsys.com/products/magellan/magellan_wp.html , 2003

[15] van der Schoot, Hans, and Bergeron, Janick *Transaction-Level Functional Coverage in SystemVerilog* . San Jose, CA: DVCon, February 2006

[16] Vijayaraghavan, Srikanth, and Ramanathan, Meyyappan. *A Practical Guide for SystemVerilog Assertions* . Norwell, MA: Springer, 2005

[17] Wachowski Andy, and Wachowski Larry. *The Matrix* . Hollywood, CA: Warner Brothers Studios, 1999